自　助

[美]拉尔夫·瓦尔多·爱默生◎著

陕西师范大学出版社

图书在版编目（CIP）数据

自助 ／（美）爱默生（Emerson, R. W.）著 ；龙婧译
. -- 西安 ：陕西师范大学出版社，2009.10
ISBN 978-7-5613-4888-8

Ⅰ．①自… Ⅱ．①爱… ②龙… Ⅲ．①成功心理学—
通俗读物 Ⅳ．① B848.4-49

中国版本图书馆 CIP 数据核字（2009）第 176460 号
图书代号：SK9N0986

责任编辑： 周　宏
版型设计： 李小兰
出版发行： 陕西师范大学出版社
　　　　　（西安市陕西师大 120 信箱）
邮　　编： 710062
印　　刷： 北京博图彩色印刷有限公司
开　　本： 787×1092　　1/16
印　　张： 20
字　　数： 288 千字
版　　次： 2010 年 5 月第 1 版　　2010 年 5 月第 1 次印刷
书　　号： ISBN 978-7-5613-4888-8
定　　价： 22.00 元

注：如有印、装质量问题，请与印刷厂联系

目录

第 1 篇　寻求生命的价值

自助

第2篇　倾听爱的声音

第3篇　活出生活的色彩

第 4 篇　畅享读书的美妙

第 5 篇　多给自己一次机会

自 助

第**1**篇
寻求生命的价值

用饱满的热情生活

有一句话是大家非常熟悉的：妒忌别人是无知的表现，而模仿他人则无异于自杀。世界上的每一件东西都有自己的价值，我们也应该相信自己的力量和价值。每个人的能量和潜力都是巨大的，除了他自己，别人是不能够充分认识到的，即使是他自己，也是要尽力去试验，因为只有在行动之后，才能够知道自己能力的大小。

一件事情在经历之后总会在大脑中留下点什么，但是在有的人那里，也许什么都不会留下。我们应该相信自己，内心的观念来是源于自己的，如果是适合自己的，那么将会带来很好的作用。世界是不喜欢懦夫的，如果一个人做任何事情都是竭尽全力，并且干一行爱一行，那么他就会感到无比的充实与快乐。相反，如果他做事总是心猿意马、浅尝辄止，那么他的内心就会永远是痛苦的。他的才能和潜力就会离他而去，他就不会有什么深沉的情感和思想，他在生活中也就不会有什么创新，这样的人显然是没有什么希望的。

相信自己吧！上天总是喜欢帮助那些自己成就自己的人！每一个人都有自己的价值，学会坦然的接受自己的位置，融入身边的这个社会。伟大的人物从来都是这样做的，他们总是以饱满的热情生活着，敞开心扉，向他们所处的时代吐露自己的心声，表达出他们内心的感受。

他们凭着自助的力量成功了，我们同样是人，那么我们就必须以同样的心态来接受命运的挑战，而不是蜷缩在角落里伤心落泪；也不应该做革命来临时望风而逃的懦夫，那样是没有用的；而是应当做一个坚定的革命者，做一个大众的拯救者，做一个开拓者，在混沌与黑暗中奋力前行。

一个人要想成为一个真正的男子汉，他就必须做到敢于独立行事和自立自强。一个人想要拥有不朽的荣誉，成就伟大的功名，那么他就必须不为虚名所累，放松自己，自强自立，这样他将会拥有全世界。

我在年轻的时候，曾经遇到过一位很有名望的牧师，他说他的工作就是向人灌输教会那些条条框框和老掉牙的教条。我对他说："如果我能够凭着自己的独立和自恃来完整地生活，那么我与宗教又有什么关系呢？"他说："如果是这样的话，那么你生命的原动力就是来自低级的生活，而不是来自于一种高层次的境界。"我回答说："在我看来，生命力似乎并不一定要来自高层次。如果我是魔鬼的孩子，那么我就可以从魔鬼那里获取生命的源泉，这并没有什么不好啊。对我来说，没有什么规律是神圣的，除了我自己以外。"好和坏都不是绝对的，有的时候是可以相互转化的。唯一正确的就是顺从我的本性来生活，唯一错误的生活态度就是违背自己的意志生活。

一般的人会认为，美德与其说是一种规范，倒不如说是一种对规范的遵守。有的人认为自己向往并努力获取美德是在为自己赎罪。我不愿意赎罪，我只愿意正常地生活。我的生活是为了生活本身的价值而不是为了某个人的想法而存在的。我宁愿它是平淡无奇的，因此它就是真实而宁静的，我不愿意生活在动荡不安之中，我希望过一种完整的生活。我努力寻求的是一种作为人存在的基本证据。我不会为我本来应该享有的权利而付出代价，虽然我的天资可能很低劣，但实际上我还是在真实地生活着。

我所必须做的就是那些与自己的生活密切相关的事情，而不是别人认为我所必须做的事情。这种在物质生活和精神生活领域都需要付出艰苦努力才能够有所收获的事情，完全可以作为区别伟大和卑劣的

3

标准。坚持这一标准之所以是十分困难的，就是因为常常会有这样一种人，他们认为只有自己才是伟大的。在这个世界上，顺从于别人的意志是容易的。在离群索居时，顺从于自己的本性来生活却是很不容易的，然而，伟人在喧嚣的尘世中，仍然能够完全轻松愉快地保持独处时的独立性。

人们之所以要拒绝那些已经变得僵死的习俗，就是因为它总是在消耗着我们的力量，使我们的人格变得日益模糊。然而只要你从事一项符合你本性的工作，那么我就能够从中了解你。从事这样的工作，你就会逐渐地充实自己。

社会上更多的人喜欢随声附和，随波逐流，他们没有自己独到的见解。在他们的眼里，真正确切的东西是不存在的。

很多人长期生活在虚假之中，这就会把他们的弱点都暴露了出来，他们会逐渐换上一副最驯服的、像蠢驴一样可笑的表情。而有的人却不愿意与习俗同流合污，那么世界就会用它的不满对他怒目相视，因此一个人必须善于察言观色。但是如果我们与其他人的可恶针锋相对，那么他就会有所收敛。在很多情况下，软弱是不可行的。

一个性格坚定的人可以在面对任何人的愤怒时泰然处之。毕竟多数人的愤怒都是以体面和慎重作为前提的，他们总是小心翼翼，因为他们自身也有着很多的弱点。但是当愚昧和贫穷的人们被鼓动了起来时，当那种处于社会底层的野蛮暴力被触发而咆哮不已，露出狰狞之态的时候，如果你没有恢弘的气度和宽阔的心胸，那么你就不能够坦然地面对眼前的一切，把沧海横流看做是清风明月。

如果我们把言行一致奉若神灵，那么我们就不能够自助自立。因为我们总是觉得别人会从我们言行中推知我们的品格，所以我们就会过分看重自己的言行是否一致，我们不愿意因为我们言行的前后不一致而让他们失望或者损害了名声。

但是，你为什么要在任何的时候都使自己的语言和行动保持一致呢？为什么仅仅是为了不使你的话与你过去的话相矛盾，就放弃自己的思想和主张呢？即使你自相矛盾了，那么又能怎样呢？我们应该记住：永远都不要过分相信你的感觉，不要把过去带入到现在，这样我们就可以永远生活在新的一天里。

保持前后一致的愚蠢念头、喜欢纠缠那些见识浅陋的人，并且会受到那些平庸不堪的政客和教士的偏爱。一个伟大的灵魂如果被这种念头所干扰，那么他就什么事也做不成了。如果他硬要什么都要保持前后一致的话，那么他就会总是生活在不安之中。

人类拥有进行发明创造的资源，也只有人类才能够去进行发明创造，人类在创造中体现出无穷的价值。地球上，所有的工具和机器都只不过是人类肢体和感官的延伸。创造和发明，也是人类在飞逝的时间中把握生命的一种方式。

岁月无价，无论一年，十年，或者是一个世纪都是值得珍惜的。就像一句古老的法语名言所说的："上帝每时每刻都在工作。"我们一直在寻求生活的真谛，但是它却是那么深不可测，只是在重要的时刻显现。让我们摆脱生命简单机械的重复，以精神的价值去衡量宝贵的时间吧。生命不必很长，刹那间的领悟、一个微笑、一瞥惊鸿，它们才是真正的永恒。生命的顶峰和深渊就在这里。荷马说："上帝仅仅用了一天的时间，就为人类作出了命运的安排。"

在一些问题上，我的观点与诗人华兹华斯的见解是相同的："生活中没有真正的幸福，只有在智慧和美德中，才能够找到快乐。"我也认同普林尼的观点："当我们快快乐乐的做所有的事情时，生命也就在不断地延长。"我同样欣赏高尔科的见解，他说："生命的测量尺度，就是你在演说与倾听的过程中，所表现出来的敏锐与聪明。"

生活只有在充满魔力和音乐时，才是最美好的，当我们不去仔细剖析它时，才是最完美的。你必须虔诚地对待它，认真地对待生活中的每一天，而不能像一个大学教授那样不停地考问它。世界就像是难解的谜语，它包括所有的事情，据说的、了解的、在做的；我们不能够随意地对待它，而是应该以和蔼的心态来迎接一切，我们必须正确地理解世界上的事物。你必须用心去倾听鸟儿的歌唱，而不是试图去辨别歌声中的名词或动词。

当我们揭去幻想神秘的面纱，找到了岁月的意义所在，我们也就开始了真正的生活。我们的生活不仅仅是一种表面的生存，而是对生命深层意义上的追寻。我们体会到了飞逝的时光是永存的；确实是这样，思想的源泉和思想的力量会使我们的生活漫长而没有尽头。

在生活中，有三种品质是最值得人们赞叹和敬重的：

第一种品质是大公无私。也就是对诱惑的漠然和对自身独立自主的坚持，而不受他人的影响。大公无私的人是诚恳而慷慨的，他们能够经受得起任何物质财富或个人利益的诱惑。对于所有的人来说，自爱都是非常重要的，他们不会轻易相信别人对自己的慷慨付出；但是，如果事实证明，他们因此而失去了舒适、财富和地位，那么他们又会毫不掩饰对那些本可能得到的东西的羡慕之情。

第二种品质是力量。我们崇拜那些高屋建瓴者，他们能够揣测出人们的愿望，并且能够帮助人们去实现这些愿望；他们对朋友轻声细语，但是对敌人却是坚决反驳，他们对社会命运的把握游刃有余；在他们看来万事万物，犹如风中的云彩，母亲的幼儿；所有的这一切资本都会引领他们走向成功之路，而且会备受人们欢呼和称赞。

第三种品质是勇气。有勇气的人不会产生恐惧，他们乐意接受困难、威胁和敌人的挑战。他们在逆境的激励下，释放出积蓄已久的能量，以烈火般的气势去战胜那些穷凶极恶的事物，然后去收获成功的喜悦，迎接宁静和丰收。

懦弱会蒙蔽我们的眼睛，使我们看不到广阔的天空；懦弱甚至会封闭我们的思想，冻结我们的热情。畏惧是残忍的、平庸的，它会让人们变得疯狂、病态，它还会完全曲解人类的理想，使他们颠倒善恶的评价标准，让他们错误地认为最优秀的人道德败坏，是不应该存活在世上的。

然后，房屋、家庭、邻居和财产，甚至财富的积累，所有这一切所带来的安全感都消失殆尽，最终毁掉了那些本来应该受到人们尊敬的人。

真正的勇气并不是表面的浮华，不畏惧困难的人也会坦白承认他们也有胆怯的时候。那么他们又是如何凭借自己微弱的力量来战胜险境的呢？主要就是因为他们相信自己有潜在的力量可以施展。

如果一个人没有遭遇过苦难，并且能够有效地克服它们，那么他就还没有学会如何来生活。我并不是对现实进行刻意地夸张，也不是让人们去模仿他人的勇气。事实上，这也是不可能的，因为勇气是无法模仿的。

如果你怀疑世间的一切，那么就会对外界事物完全没有信心，那么你就应当勇敢一些，因为对你来说，一切都是无足轻重的。

我们在物质、思想和道德中都相信命运的存在；在日常生活中，在观念和个性中都有各自的范围或限制，就像命运也有它的统治者一样，也同样存在着限制它的极限，这种极限从上面看和从下面看是完全不同的，从里面看和从外面看也是有所不同的。因为，虽然命运是极其广阔的，是如此富有力量的，那么在现实的世界中，极其广阔就是一个事实。而如果命运有着极限的力量，那么，极限的力量迟早将会反对命运的安排。

对于人类来说，即使是在命运的统辖之下，自由也是必不可少的，哪怕是抛弃生命也在所不惜。而如果想获得自由，那么就必须首先拥有道德。精神上的力量是拒绝被分析的，然而我们却能够用一个可以看见那些事实的知觉来感知它。当强烈的意志出现的时候，它通常是起因于组织的某个个体，就像身体的整个能源和思想都在向一个方向流动。

智力不相信命运的安排。如果你在命运的边上发现了你自己，而且说自己已经把握了命运，那么我们就可以说，命运的一个部分就是人类的自由。

在我们的一生中，命运是不可预料的因素。行驶在大海中的轮船一旦解体，水手就会像灰尘一样渺小。但是，只要你学习游泳，善于劈波斩浪，锻炼出健壮体魄，你的命运也就会因此而改变。

我们不应该满足于任何一个我们已经达到的目标。我们的目标并不应该只囿于"伟大"，我们有时会虚伪、笨手笨脚和缺乏信仰，但是我们从不绝望。在每个神志清醒的时刻，我们都决不会放弃对伟大的追求。

　　自尊是伟大的前提，那些言行一致、表里如一的人，可以超脱于命运之上，可以向命运夸口。坚持自己的观点，不要让自己与地方的、社会的或者国家的罪行有所牵连，沿着天才的足迹前行，你同样可以步入天国，走向辉煌。

　　一个明智的人会明白取悦他人的想法是多么的愚蠢和邪恶。一个明智的人也不会自我吹嘘或吹捧其他人。作为一个明智的人，你不需要告诉别人你的商业处所、你的同事或你自己是多么的举足轻重，你也不需要告诉别人你知道如何与朋友交往、了解他们，你应该让别人感觉到这些，在我看来其他的话语全是多余的。你不应该列举你所结交的显赫的人物，也不要告诉别人你读过的每一本书的名字。因为别人会通过你丰富的信息和得体的举止得知你有良好的同伴，也可以从你谈话的丰富和准确程度来推断你的阅读能力。

　　年轻人可能很难理解立足现实来谈自己的思想和经验的必要性。

自 助

如果让十个人每天写一篇日记，那么我相信会有九个人对思想或结果闭口不谈。也就是说，他们会避开自己的经验，只是在错误地记述其他人的想当然的经验，却迷失了他们自己。

人们会很自然地喜爱某些能够激发他们崇敬和赞美之情的书籍或人物。但是，他们中没有人能够向你展示独处的快乐。一个精神上的导师，每时每刻都在用适当的话语和行为使你感受到这种差别。选择一条正确的、适合自己的道路、不懈地努力追求，最终都会让一个人变得伟大。在人生的道路上，我们所遇到的每个人都会在某些方面给我们一些有益的指导，也正是这些方面吸引了我们，让我们愿意去了解他、认识他。也就是说从别人身上索取的越多，那么就会越伟大。

在不同个性的人当中，伟大处处都会放射出它的光辉，而决不会囿于有教养和所谓的教化阶级。要找出拿破仑的特征是很容易的，他既不慷慨也不公正，但是他很有学识，知道事物运行的法则，拿破仑有强大的自信，他用自己的眼光来审视事物，这使我们对他崇敬有加。他对事物的辨别绝不只限于表面，而是一针见血，抓住本质。不论是一条道路，一门大炮，一个人物，一个军官，还是一个国王，他都能够做到明察秋毫。他留下了大量的手稿，大量的警句，涉及到很多的领域。他还是一个事必躬亲的人，当需要他拿出一个方案计划时，他就会调动所有的才智和能力，就像他曾经说过的那样，把聪明才智和勇气魄力应用在每一个地方。他拥有绝对的自信，他相信自己的思考和判断"不要管他们向你说了什么，你要相信一个人能够赤手空拳去迎战利炮。一旦战火燃起，对弹药的最低需求都会使你所做的一切变得一无用处。"

我发现自己很容易从拿破仑那里获得裨益。对我来说，他的官方建议比学院的记录还要有文学性和哲理性。他对他的弟弟西班牙国王约瑟夫曾经提出过这样的建议："对你我只有一个建议——成为主人。"

知识是走向伟大的阶梯，知识的精深甚至能使罪行减轻。有时我们把他人的罪行看做是一个学生的试验。因为他或许读过很多书，而英国古代的判断标准就是，当一个社会处在学识浅薄的时期，人们会宽恕一个有丰富知识的罪犯，因为在这个世界上很难找到十全十美的伟人。

我们痛恨假慈悲，我不希望用任何狭隘的、职业的或苦行僧般的方法来超越他人。我们所向往的是自然的伟大和力量。

人类因为拥有了道德和知识而变得高贵，但是这两个要素要互相熟知、互相推断，直到最后在人的身上会合，如果这个人是一位真正的伟人的话。

学者们已经领悟了伟大的真谛，他们所需要的是在伟大的创造中获得真诚和人性。他们会通过显示经验的挫败，来表达对真理的本能渴求。他通过控制自己，来控制其他人。他们在举止上是顽皮的，但在行动上却是毫不留情的。他们对自己的前途充满了信心，他们的目标总是那么远大。他在社会上吃尽了特立独行的苦头，目光中带着对未来命运的焦虑。他们就是我们要找寻的人——一个伟大的或者终将会伟大的人。

让智慧拯救灵魂

　　人对于道德情感的直觉，是一种对灵魂规律的完美洞察。这些规律是自在自为的，它们超越了时间和空间，而且不从属于任何环境。因此，在人的灵魂中存在着一种正义，这种正义的审判是迅速和全面的。如果一个人做了一件好事，那么他就会因此而变得高贵。如果他做了一件卑鄙的事情，他也会通过这个行为而具有了这件事本身的卑贱。如果一个人摆脱了污浊，那么他也就同时拥有了纯洁。如果一个人弄虚作假，欺骗他人，那么其实他同时也是在欺骗自己，在故意疏远自己的存在。一个相信有绝对善意的人，会带着无比的谦卑来敬爱上帝。

　　智慧具有迅速的、内在的能量，它的作用无处不在。它能够修正错误，改变世界的面貌，而且可以形成和造就一种和思想保持协调一致的事实。尽管它对生命的作用很难被感知和觉察，但是终究要与灵魂一样确凿无疑。凭借和依仗着这种能量，一个人可以成为他自己的上帝。一个人的个性和脾气永远都是显而易见的，不管他如何的打扮和伪装。

　　做贼人的永远不可能发财，接受施舍的人也永远不能致富；即使是再秘密的谋杀最终也要败露。哪怕是最小的做假，例如，虚荣的言行，任何试图给人造成一种好印象的尝试和企图、取悦和讨好人的外表等，都会败坏你在他人心目中的形象。但是，如果你老老实实、本本分分的，那么所有的自然和精神都会用一种你始料不及和意想不到的推动力来帮助你。所有的活生生和没有感情的事物都将会成为你的担保人。而且地下的青草的根须都会为你活跃起来，激发你的聪明与才智。我们是什么样的人，我们就和什么样的人联系在一起。受到一种亲和力的驱使，好人追寻着好人，恶人追寻着恶人。因此，灵魂按照它们各自的意向，或者走进天堂，或者步入地狱。

仁慈的行为是绝对而真实的。一个人有多么仁慈，那么他就会拥有多少财富。因为，所有的事物都来源于这同一个精神，这种精神在不同的场合被赋予不同的名字——热爱、正义、节制，就像同一个海洋沿着它冲刷的不同海岸而被赋予了不同的名字一样。所有的事物都来源于同一个精神，而且所有的事物又都因为这种精神而和谐地共处。当一个人追求善的目的时，他就会因为有了这种自然的全部力量而变得强大起来。一旦他远离了善的目的，那么他就会马上丧失力量或是依靠。他的存在也就失去了深远的渊源，他就会变得越来越小，成为一粒微尘，一个点，直到最后陷入一种不可救药的境地。

但是，为了获得真理，我们必须在事先抵御那些没有节制的善意和怜悯的干扰。这就是真理的最高形式，在这个形式中，我们可以感受这种美德。它是一种有着严格的确定性的美德，与意见毫无关系。从内在的本质到外在形式，它都是一种不折不扣的美德，所以，公正、勇敢、宽宏大度都会理所当然地从属于它，但是却没有人想到去赞颂它。

是的，当一位混世魔王偶尔做了一件好事的时候，你很可能会对他称赞不已，但是你却很少想到要去称赞一位总是做好事的天使。很坦然地把这一美德当做世界上最自然的事情来接受，这本身就是对它的最高褒扬。当正直的灵魂显现出来的时候，它们就会成为德性的皇家卫队，成为命运永远的预备部队和唯一的主宰者。你没有必要称赞它们的勇气，它们是自然的心脏和灵魂。

啊，我的朋友们！在我们身上有一种我们还没有汲取的源泉。有

自 助

这样一种人，外界的威胁反而能够使他们重新崛起成为新人，危机往往会使大多数人陷入手足无措的境地，但是对于这种人来说，危机要求人们的不是用谨慎与节俭来渡过困境，而是以含蓄、坚定与视死如归的气概闯过难关，危机最终使他们出落为端庄，可爱的新人。拿破仑在谈到马塞那时说，只有在战火发展到燃眉之势时他才会成为他自己，只有当死人在他周围成排地倒下时，他那包含各种各样因素的力量才会被唤醒，他把恐怖与胜利当做战袍穿在身上。正是在深刻的危机中，在不知疲倦的忍耐中，在从不要求同情与怜悯的追求中，天使才会降临。这种艰难困苦是我们很少能够体验到的，我们带着钦羡的目光仰视着他们。让我们感谢上帝，赞美上帝，让他们出现在这个世界上。

浮躁的人们轻视理论，就好像空洞的理论是幼稚可笑的。事实上并非如此，事物的存在是有他自己的理由的。造物主不会向大自然的威力屈服，让那些可有可无的事物存在。事物有它神圣性的一面。我们必须尊重和信任自然的规律，否则只会伤害到我们自己。人天生是相信自然的。但是人并不是为了奔波受累而生活的，我们所追求的目标是安详和宁静。只要人们始终是积极向上的，只要人们抛弃了自怨自艾，不再沉溺于过去，就会信任自然的规律和力量。

　　人类的文化对每个人都会产生影响的，它教我们不要轻易地怀疑那些具体存在的现象，如热量、水量、气体等。它教我们把精神看成是一种存在，也可以把自然看成是一种结果。

　　如果本能地把自然看做是一种绝对的存在，那么就是一种陈腐的认识。思想要做的第一件事情就是要打破这种感官主宰一切的局面。理念所展示给我们的是一个独立的自然界。在这种更高层的东西介入之前，眼睛仅仅凭借观察，就可以非常精确地看见事物之间鲜明的界限和五颜六色的世界。而一旦运用了理念的力量，这些界限和界面就会又多了一层优雅，意义也就会变得更加丰富，这些都是思考的功劳。如果人们积极地审视世界，事物的界限也就会变得透明了。透过它们，我们看到了世界的缘由和精神的存在。生命中最美的时刻大概莫过于此了。

大自然注定要和精神结合在一起来解放我们的思想。自然界某些微小的变化都能够让我们感到一种相对性的存在。当我们从行驶的船上或是从空中观看大海的时候，我们都会有一种新奇的感觉。即使是视角最微小的改变也会使整个世界变得美丽如画。

理想主义就是要把世界以自己最希望的形式精确地表现出来。这其实就是理念所看见的世界，不管这理念是推测的还是确实存在的，也不管它是抽象的还是具体的，或者只是一种虚幻而已。因为在思想看来，世界永远都只是现象，我们应该关注的是世界的本质。

在理想主义看来，大千世界里的人和物，行为和事件，国家和宗教，都不是在漫长的岁月中一点一滴地积累起来的，而是一幅画，一幅让心灵去冥想感悟的画。因此，心灵不愿意对宇宙做过于琐碎、细微的探究。心灵重视的是目的，但同时也重视过程。它对人和奇迹没有什么兴趣，对历史记载也毫不在意。它喜欢随遇而安，面对人生的好运厄运，别人的支持或者反对，都漠然置之。它会坦然地接受所发生的一切，把它们作为生活的一部分。

大自然给予人类无穷无尽的活动空间，使人们都忠实于自己的思想。自然永远都会对我们产生影响，就像是一团火，就像是我们头上的太阳。

精神往往存在于粗糙的物质状态之中，或者是存在于互不相干的现象之中，语言和思维都无法描述和定义它。本质的东西是无法记录下来的，但是当人们崇拜它时，自然最崇高的使命就会出现。通过本质，人类可以更加清晰地认识那些普遍的精神：在它的感召下，人类又回到了精神的境界。

那些令人生畏的普遍而真实的东西，既不是智慧，也不是爱；既不是美丽，也不是力量；而是一种整体和部分都能够充分揭示事物本质的精神。精神并不是让自然围绕在我们的周围，而是让自然贯穿于我们生活的始末。它就像是永不干涸的甘泉滋润着我们，在需要的时候，可以给我们无穷的力量。

　　谨慎并不只是感官上的，而是内在生活的外在表现，它把思想当做公正的上帝，按照事物本身的规律来认识和推动事物。它总是按照自身的身体状况运用适合的方式来增强身体的健康，根据自己智力的高低，在可以理解的范围内，增进自己心灵的健康。

　　按照社会准则生活的人，踏踏实实，认真生活，他们因此而得到人们的称赞。如果只有敏感的内心，充沛的感情，只是追求感官上的刺激，而不顾及社会的法则，随便放纵自己，那么这就是一种悲哀。如果一个天才人物，一个激情四射、才华横溢的人，毫不顾及社会的准则，而为所欲为，那么他很快就会成为一个为众人所不齿的圈外人，他自己也就会变得牢骚满腹，愤世嫉俗。

　　拥有善良品性的人一定是一个明白事理的人，一定是一个信守诺言的人，一定是一个具有长远眼光的人。而那些无视真理、信口雌黄的人则无异于是在自杀，即使是对于健康的社会而言，也是一种谋杀行为。诺言有时是有利可图的，但是事情的发展难免会使他遭到打击。德高以诚，为人以信，坦率的人会吸引更加坦率的人，即使是公务关系也可能会发展成为诚挚的友谊。只要把双方的利益放在一个共同点上，就会更加让人信服。相信别人，别人也会更加相信你，对你也就会更坦诚；高尚地对待别人，别人就会表现得更加高尚。

　　对于生活中所出现的不愉快的事，或者是难以处理的事情，当遇到一些很难对付的人时，生活的严谨并不是一味地回避，更不是逃避主义，而是要表现出生活的勇气，勇敢地面对一切困难。

　　人们与人们相处时不应该带着敌意和怨恨。也许你与他人的观点格格不入，甚至是针锋相对，但是不应该只盯着差别，而是要正确地把握住自己的思想，尽量站在别人的立场上思考问题，这样就会使差异走向共同和共通，也会增进相互的理解，达成共识。即使是在争论中，也要学会控制自己的思想，用适当、对路的方式来表现能力，而不是蓄意地攻击和憎恨。从本质上来说，表面上的差别虽然依然存在，甚至是相差甚远，但是灵魂却是相同的，对于智慧与爱的追求都是一样的。

自　助

　　真诚坦率，处处都表现出勇气、爱和谦逊的人，就是在严谨生活的人，他们掌握了幸福生活的艺术。我不知道世界上的物质是否都是由氢原子和氧原子所组成的，但是这个信奉礼仪和崇尚行动的社会是由一种材料组成的，那就是生活的严谨。谨慎是每个人都必须具备的品格，只要我们信奉这一信条，相信过不了多久，它会成为我们每个人的座右铭。

任何一个灵魂对别的灵魂来说都是它圣洁的维纳斯。人们的心灵都有它的喜庆日和安息日，这个时候全部世界会如同婚礼的宴会一般欢乐，但是大自然的所有音籁和季节的交替都好像是首首恋歌和阵阵狂舞。

在自然界中爱作为动机和奖赏应该说无处不在。爱的确是我们最崇高的语言，差不多和上帝同义。灵魂的一切允诺都有着它无法计数的责任等待履行；它的一切欢乐又都会上升为新的渴求。那些没法抑制、无所不在而又拥有先见的天性，在它感情的首发中，早已窥见这种仁慈，这样一种仁慈在其全部的光照之中必将失去其对所有具体事物的关注。

这种幸福的导入是通过一个人对另一人的某种纯属隐私且又多情的关系进行的，所以确实是人生的至乐；这而且在他的身心方面引发了一场巨变；将他和他的族人联系在一起，促使他进入了诸多家族和民事上的联系，这让他对天性的认识有了很大的提高，使他的官能显著增强，丰富了他的想象，造就了他性格上许多英勇和神圣的品质，缔结了婚姻，而且进而让人类社会得到了巩固和保障。

缱绻的柔情同旺盛的精力的自然结合难免会提出下面的要求，也就是将所有少男少女依照他们那惊心动魄的经验可以认定的此种结合

自 助

用光鲜艳丽的颜色描绘出来，描绘人的年纪绝对不得太老。青春的绮思丽情必定会和老气横秋的哲学格格不入，觉得它鲜红的花枝会由于迟暮和迂腐而变得了无生气。所以，我深深地明白我从那些组成爱的法庭与议会的人们那只可以获得"冷血无情"或是"漠然视之"的指控。然而值得注意的是，这里我们所讲述的这种感情，即便是始于少年，可一定不会舍弃老年，或是说绝不会让真正忠诚于它的仆从变老，而是像对待花样少女那般，让那些老人也同样积极地加入进来，不过是形式更为壮丽，境界更为深远。

由于这样的火焰既然可以将一副胸臆深处的点点余烬再次点燃，或者是被某颗芳心所产生的流逸火花所触动，一定会势焰（火亘）赫，越燃越大，直到最后，它的温度和光亮必将达到成千上万的男男女女，达到全部人们的共同灵魂，使得这个世界和整个自然都可以得到它的和煦光亮的煦煦普照。正因为这个原因，想要将这种感情描述出来时我们自己已经是二十、三十，又或是八十，都变得无关紧要。自己动笔在早期的人，就失之于他的后期；动笔于后期的人，就失之于他的前期。

所以我们唯一的希望就是，凭借勤奋和缪斯的大力帮助，最终我们一定能对这样的规律的内在美妙有所领悟，用以将如此一个永葆清鲜、永葆美丽、一直都很重要的真理很好地加以描绘，并且不管从任何角度来看，一点也不失真。

但是这样做的首要一点就是，我们不得不舍弃那种太过紧扣或是紧跟现实或实际的做法，而应该将这样的感情放进希望而不是在历史里研究。由于所有人在进行自我观察时，在其自己的想象中他的一生总是暗淡无光，面目全非，然而整个人类却并不是这样的。所有人透过他自己的往事都看得见一层过失的泥淖，可是别人的过去却往往是一片光明美好的。

现在如果让任何一个人再次重温那些完全能够构成其生命之美以及给过他最真诚的教诲和与滋养的绝妙关系，他肯定会避而不谈。唉！我也说不清楚这是为何，不过一个人阅历增长之后再回忆起孩提时的痴情难免要负疚重重，并且会让所有可爱的名字蒙尘。每一事物倘若单从理性或者真理的角度来审视通常都很优美，可是把它当做经验观之，全部的一切将是苦涩的。细节往往悲伤痛苦——在时与地的痛苦王国之中。里面的确是忧伤满地，忧患重重。不过一涉及思想，涉及理想，一切又变成了永久的快乐，似蔷薇一样的幸福。

品味记忆的美好

　　自然界中最动人的画面便是踌躇满志和慈爱宽厚的最初显现。这对于一个卑俚粗鄙的人来说无疑是礼仪和风范的滥觞。村庄里某个粗野的孩子或许平日好欺负校门前的那个女孩——可是今天他走进校门时却见到一个可爱美丽的人儿在整理自己的书包；于是他捧起了书帮她装，不过就在这一刹那间她似乎已和他远在天涯，成为了一片圣洁的国土。他对他那群常常出入其间的女孩子可以说是简慢到极点，单单只有其中一人他却没有办法轻易接近；虽然不久前这对青年邻人还厮熟得很，可现在却明白了彼此尊重。又或者，当有些小女学生用她们那特有的半似天真半似乖巧的动人姿态到村里店铺里去买些丝线纸张之类的东西的时候，于是与便利店中一位圆脸老实的杂工闲聊半天，这让谁都会掉转下眼睛去张望一下的吧？在乡间，人们正处于某种爱情所喜欢的完全平等的状态之中，在这儿一个女人不必运用任何手腕就能够把自己的满腔柔情在有趣的闲谈当中倾诉出来。或许这些女孩并不漂亮，可是她们同那好心肠的男孩中间确实结下了最让人欢愉与最信赖的关系。

　　在爱的国度里，个人便是全部，所以即便是思维最冷静的哲学家在叙述某个在这个自然界畅游着的稚小心灵借助爱情之力所得到的恩赐的时候，他都必须将某些有害于社会天性的话压制下来，觉得这些是对人性的拂逆。因为即便降落到高天的狂喜至乐只能够发生在幼小的人们身上，还有即便那种让人疑惑到如痴如狂，很难比较分析的治艳丽质在人到老年时已属百不一见，但是对这样的美妙情景的记忆，人们却通常最能经贸，超过别的所有记忆，而成为白发苍苍的额头上的花冠。不过在这里所要说的却是件很奇怪的事（且有这样的感触的不止一人），也就是人们在重温旧事时，他们便会发现生命之书中最美的一页莫过于其中一些段落所勾起的回忆，那爱情如同对一段偶然和繁琐的情节投入了某种超过其自身意义而且具有强烈诱惑的魔力。他们在回首往事的时候，他们一定会发现，某些其自身并不是符咒本身更多的真实性。

　　不过虽然我们的经历也许会千差万别，人们总是对那种力量给其心神的来袭恋恋不忘，因为这会将所有的一切都重新来过；这会是他身上所有音乐、诗歌和艺术的曙光；这会给整个大自然带来紫气溟蒙，显得雍容华贵，晨昏昼夜也会变得越发妖娆迷人，和往常有很大的区别；这个时候某个人发出的一点声音都会让他心惊胆战，可一件同某一形体稍有联系的卑小细物都要在那琥珀般的记忆之中珍藏着；这个时候只要某人稍稍露面就会让他应接不暇，可这人一旦离去又会令他思念不已；此时一位少年会朝着一扇彩窗整天凝眸，或是为什么手套、面纱、缎带，又或是某辆马车的轮轴而纪念很深；这时不管地带如何荒僻，人烟是如何稀少，也不会觉得荒僻稀少，原因在于这时他头脑中的友谊、音容笑貌比其他旧日所有的朋友（无论这人如何纯洁）所带给他的都更加丰富与甜美一些；在为此种被热恋的对象的体形举止和话言并不像某些影像那般仅仅在水中书写，而像浦鲁塔克所讲的那般，"釉烧在火中"，所以变成夜半中宵劳人梦想的对象。此时恰恰是"你尽管已去，但实未去，无论你此时在何方；你留给他你炯炯有神的眼睛和多情的心。"

　　就算到了某个人生命的中年或是晚年，每每回忆起一些岁月的时候，我们依然会怦然心动，深深感受到互相所谓的幸福的确远不是幸福，却是不免太过痛楚和畏惧所麻痹了；所以道出下面这行诗句的人可以说是将爱情的三味参透了，"其他所有快乐都无法抵得上它的痛苦。"

此外这个时候白天往往显得过短，黑夜也常常要浪费在强烈的追思回想当中；此时枕上的头脑会由于它所决意实现的慷慨行为而沸腾；这个时候就算月色也成了让人欢喜悦人的狂热，星光变成了传达情谊的文字，花香成为了隐语，和柔的清风变成了歌曲；此时所有俗务都会如同渎犯，可大街上来来往往的男女不过是某些幻象罢了。

这样一种挚情会将一个年轻人的世界重新建造。它会让世间万物蓬勃生辉，极具意义。全部大自然就会变得更富有意识。而今枝头上的所有禽鸟都正对着其灵魂恣情高歌，可那些音符基本上都有了意思可辨。在他仰望流云的时候，云彩也都露出漂亮的脸蛋。林中树木，随风摆动的野草，含苞欲放的花朵，此时也都变得十分善解人意；可他却不大敢将他心底的秘密向它们倾吐出来。不过大自然却是满腹慰藉和同情心。在这个草木繁茂的地方他总算找到了在人群中无法得到的温馨。

"凉冷的泉头，无径的丛林，这恰恰是激情追寻的地方，还包括那月光下的曲径通幽，此时鸡已入埘，空中只有蝙蝠鸱鸮。啊，夜半的一阵钟鸣，一声呻吟，这才是我们所最心醉的声响。"

请认真瞻仰林中的这个优美的狂人吧！此时他仿佛是座歌声婉转、色彩斑斓的殿堂；他气宇轩昂，多于平日；走路的时候，双手叉腰；他不停地自言自语，如同花草林木进行交谈；他在他的脉搏中找到了同紫罗兰、三叶草、百合花属于同一科目的东西；他喜欢同打湿他鞋袜的清溪絮语。

那曾经让他对自然的美的感受明显增强的原因令他对音乐盒诗歌越发热爱起来。某件通常看到的情形就是，人在此种激情的鼓动下一般可以写出好诗，可其他时候就不能。

这相同的力量还会制服他的所有天性。它会把其情感扩展开来；

它会令偷夫文雅但懦夫有志向。它会往那最猥琐龌龊的人的心中注进敢于对世俗进行鄙夷的胆量，只要他可以得到他心爱之人的支持。正如他把自己交给别的人，他才可以更多地把他自己交给自己。他现在已彻彻底底是个全新的人，有着全新的知觉，全新的和更加激切的意图，还有在操守和目的上具有宗教一样的肃静。此时他已不再属于他的家族和社会。他已获得了地位，有了自己的性格和灵魂。

这儿就请我们从性质上对此种给青年们如此大作用的影响作进一步的探索。让我们首先探讨以及欣赏一下所谓的美，而我们正在高兴庆祝着美对人类的启示——这美，如同和煦普照的太阳那般让人欢迎，不但让所有人对他产生喜悦之情，而且让他们自己也能感受到喜悦。它确实有惊人的魅力。它仿佛已无待于外。某个少年在描述他的情人时是不会按照他那贫穷而且孤独的想象的。如同一棵鲜花盛开的树木，这里面的一番温柔、妩媚和情趣本身就是一个世界；而且她也让他看到，为何人们去描绘"美"时，总是情不自禁去画爱神和别的女神。她的存在丰富了整个世界。尽管她将所有人们似乎不屑一顾地从他的视线范围摈斥了出去，然而她对他的补偿是，她将自己扩大成某种超乎个人的、宽广的和彼岸性的人物，所以对他来说这个少女成了天下所有美好事物和品行的化身。正由于这个原因，通常一个恋人看不到他的意中人同她的家族或别的人有何相像之处。他的朋友对她以及她的妈妈、姐妹甚至某一外人的相像之处看得清清楚楚。不过她的那个情人却只了解到将她和夏夜、清晨、彩虹、以及鸟鸣等联系在一起。

美一直以来都是古人所崇拜的那种神圣事物。美，照他们而言，应是德行之花。试着对那个从某个面庞和形体的眼波神态加以分析？我们只可以被一种柔情或自足感动，而无法说出这样一种精妙的感情、这样的流波指向什么。打算将它归结到生理组织的做法必定会让人的幻景破灭。另一方面它也一定不是指的普通社会所理解的或拥有的那样的友谊或爱情关系；可是，依我看，指向一个其他的以及无法到达的领域，指向具有绝对精致与幽美的关系，指向货真价实的神仙国度，指向玫瑰和紫罗兰所预示或暗示的事物。美是望尘莫及的。它几乎微妙得如同雪白色鸽子颈上的光泽，飘忽不定，稍纵即逝。在该点上，它如同世界上所有最美妙的事物那般，通常有着虹霓一般的瞬息明灭的特点，很难将它派上什么用场。当保罗·黎希特朝着音乐说："去吧！去吧！你向我讲述了好多我一生一世也都没有找到的并且以后也一定不会找到的事情，"此时他所指的难道不也正是它吗？在雕塑艺术方面的许多作品中这种情形也一样可以看到。要想雕刻一座美的雕像，只有在它已变得无法理解，当它已超出人们的评论，已不再可以依照标尺规矩来对它进行衡量，可却需要积极的想象与它进行配合，而且边做还要边指出这是什么样的一种美。雕刻师对于其手上的神祇或者是英雄的表现也常常使它成为某种从可到达的感官者至不可到达的感官者这二者间的过渡。这就首先需要这个雕像不再只是块石块。这话对绘画也同样适用。在诗歌方面，它的成就大小不在于它能够起到催眠或是赝足的作用，而是在于它可以引起人们的惊愕之感，用来鼓励人们去追求那无法抵达的事物。

让思想变得崇高

　　即便生来我们就喜欢滔滔不绝地给他人以忠告，不过，与其说生活是说教的对象，倒不如说是惊异的对象。生活中吉凶难以预料，天意难测，本性难改，任何一种命数都无法抗拒。所以，我们必须怀疑，我们基于自己经验的说教，又如何能对彼此有帮助呢？

　　一切的信仰告白，实际上都不过是某种心虚的表现。如果牧师的祷告又或是刚好将布道的某个灵魂的情形说中，他便会大喜过望；倘若可以说中两个又或是十个，那便是一次了不得的成功了。不过，当他朝教堂那边走去的时候，事实上他是一点把握也没有的，他无法了解人们症结的所在之处，也不能确定自己能否将其治好。面对某一陌生与特殊体质的患者，医生会不假思索地从他自己掌握的几种药物里开出处方，不过，他开出的仅仅是他以前在数以百计的病人身上成功运用过的补药与镇静剂而已。倘若这位病人康复了，那样一来，医生就会有兴奋与惊喜的感觉。律师给委托人提出建议，将他的经历转告给陪审团，随后等待他们去仲裁。要是结果表明他获得了胜诉，那样的话，他的喜悦与宽慰便不亚于其委托人。法官对双方的证词加以权衡，在这一案件上表现出一副果敢的架势。因为一定要得出一个结论，所以他只好竭尽所能地拍板定案，同时又期望自己维护了公正还有让社会的利益得到了满足。不过，毕竟他不过是一个公正的鼓吹者罢了。

人的一生也是这样，不过是整天提心吊胆、笨手笨脚的旁观者罢了。我们的所为是迫不得已，然而我们却用最好听的字眼来给这些行为来命名。对于自己的行为能够得到特别的表扬我们是非常喜欢的，可是我们的良心却告诉我们："赞美不应该属于我们。"

我们为彼此可做的事情确实是少之又少。我们充满同情地同某一青年来到了竞技场的入口，口中不停地向他喃喃重复着先知的古老格言。可是，不管他是获得胜利还是战死．他明显都不可以凭借我们的力量或者是古老格言的力量，他不过能凭借那种不管我们还是其他人都没法得知的、单单属于他个人的力量。一个人能够在所有搏斗中战胜对手的力量，对世界上别的人而言，都是某个极为深奥的秘密。所以，我们有关生活的说教，最多不过是描述罢了。又或是说，倘若你想这样说的话，它仅仅是某一仪式，而一定不是能够利用的法则。

可是，只要我们的思想与感情都活力四射，那样我们便会拥有力量，就能够将我们行动的范围扩大化。我们得益于所有伟大的心灵和杰出的天才；我们得益于那些用正义的行动来铸造生命和命运的人们；我们得益于那些建立了新的科学，那些用高尚的追求来给生活进行美化的人们。提供服务于我们的，是那样一些品行高尚的灵魂，而并非所谓的华丽的社会。

虚有其表的社会仅仅是某种自我保护，用以抵御大街上与小酒店里的粗俗。华而不实的社会，不但无思想，也无目标。它的贡献，仿佛一家香料店或是一家洗衣店，而并非是一座农场或是一家工厂。世间的人都翘首企盼享乐，可我却不希望享乐。我想让生命变得高贵且圣洁。我希望一日如同百年，不但充实而且芬芳。如今，我们将任何一天都看成是银行日，又或是讨还一些欠款，抑或是清还一些债务。难道我们所做的全部，就是要吸进一口气，随后再把它吐出去吗？

有一位哲人曾说过："如果我们不可以什么事情都成功、随时随地都成功，那我们如何感觉自己是人类中的一分子呢？我们一定不应觉得会有事情超过我们的力量之外。人只要可以行使他的意志，那样的话所有事情都能办得到，这便是唯一的成功法则。"不管这句话是谁说的，它的基调都是对的，不过，这并非大街上的人们所也许有的论调与智慧。在街上，我们就变得放松起来。我们遇见的人大多数都非常粗鄙，麻木不仁。绝对聪明的大脑也同样会有泛起的沉渣。善男信女当中，有多少无聊的人，有多少懂得享乐、沉迷与收藏的人，有多少卑鄙可耻的政客，有多少不务正业的家伙们啊！

倾听心灵的声音

前不久前的一天，我读了某位著名画家写的几首诗，它们标新立异，不落俗套。灵魂常常是从字里行间流露出某一诚告，先不管题材怎样。这样的诗句所灌输的情感相比它们蕴涵的一切思想更加有价值。信任你自己的思想，信任你心灵深处觉得对你适用的东西将会对所有人都适宜用——这便是天才。倘若将你隐敝起来的信念说出来，它肯定会变成一般的感受；原因是，最内在的，在恰当的时候就成了最外在的——"最后的审判"的号角会将我们刚开始的思想吹进我们耳旁。

尽管所有人心灵的声音都十分耳熟能详，可我们觉得摩西、柏拉图与弥尔顿的最伟大的功绩就在于他们对书本与传统的蔑视，并非自己想到的东西不说。一个人应学着去发现与观察从内部闪过他灵魂的微弱之光，而并非诗人与圣贤的太空中的光彩。不过他擅自将自己的思想摒弃了，就因这是他自己的东西。在天才的任何一部作品里，我们把自己摒弃的思想认出来了：它们带着某一疏远的威严返回到了我们周边。优秀的艺术作品对我们的教益并非仅仅这些而已。它们教育我们：当对方呼声最高之际，要平心静气、十分坚定地坚持我们自发的印象。否则，到了明天，某位陌生人就会十分高明地说出我们的所思所想，我们将不得不从他人那儿取回我们自己的见的，并羞愧不已。

相信你自己吧：任何一颗心都伴随着那根铁弦不停地颤动，接受神圣的天意安排给你的位置。接受你同一时代的人形成的社会，接受诸多事件的关系。杰出人士一直都是这样做的，并且如同孩子般的将自己托付给他们相同时代的天才，表明他的心迹：绝对可信的东西就在他们心里藏着，运用他们的手在活动，在其存在中占着主导地位。现在我们都是成年人，一定要在最高尚的灵魂中接受那相同的超验命运；我们并非躲在保险角落里的孩子和病人，也并非是在革命前临阵逃跑的懦夫，我们是领导者，是拯救者，是恩人，听从全能的人的努力，朝着混沌与黑暗迈进。

　　有关这一问题，在儿童、婴孩甚至是畜生面容与行为上，大自然给予了我们如何神奇的启示！那种分裂与反叛的心灵，那种对某一感情的不加以信任的态度（由于我们的算术已计算出与我们目的进行对抗的手段与力量），他们是不具备的。他们的心灵是完整无缺的，他们的眼光还没有被征服，当我们眼睛直勾勾地看着他们的面容时，我们反而变得不安起来。年少的人对所有人都不顺从：谁都必须顺从它，因而当大人逗小孩玩的时候，一个婴孩通常会让他们中的四五个成年人变成婴孩。相同地，上帝也给予了未成年人和成年人他们本身应有的胆量与魅力，让它羡煞旁人、态度和蔼可亲，让它的要求不容小看，倘若它想尊重自己的话。不要因年轻人不同你我说话，就觉得他没有本事。听！在隔壁房里，他的声音果断且清晰。仿佛他懂得如何同其同龄人说话。无论他羞怯或是大胆，他会明白如何让我们年长的人变得毫不重要。

　　小孩子不担心没饭可吃，并且如同贵族老爷一般不屑于做点或说点什么去讨好别人，这样的泰然处之的气质恰恰是人性健康的态度。孩子在客厅里就像剧院便宜的座位上的观众；无任何约束，不需要负责，躲在自己角落旁对那些从眼前经过的人与事进行观察，对他们的功过用孩子的迅速、简明的方式审讯，宣判，他们有好的，有坏的，有些非常有趣，有些天真傻气，有些能说会道，有的让人生厌。他不计后果，不考虑得失，因此可以做出某种独立、诚挚的裁决。你必须讨好他，他却无须讨好你。但是成年人就不同，可以说他们的意识将其关进了监狱。只要他有什么显著的行动或是言论，现今就等于身陷樊笼，不计其数的人在注视着他，有些同情，有些愤怒，他们的感情他一定要加以考虑。在这儿并未忘川。他多么愿意恢复他的中立地位呀！因而谁要是避开这诸多誓约，又或是虽已履行，而今又可以以之前那种不受影响、没有偏见、不受贿赂、不畏强权的纯真来履行，谁就绝对让人敬畏。他时常对现在的事态发表观点，这样的见的明显不是一己私见，而是警世明言，因而如雷灌耳，闻之生畏。

这些是我们独自居住时听见的声音，然而只要我们进入世界，它们就慢慢变弱，最后变得杳无音讯了。社会到处都在密谋对抗所有成员的阳刚之气，社会就像一家股份制公司，全部成员达成协议：为了把握更大地向所有股东提供食品，就不得不将食者的自由与教养取消掉。顺从是让人求之不得的可贵品质，自助却是它最为痛恨的东西。社会喜欢的是名义与陋习，而并非实情与开创者。

因而不管谁要做人，一定不可以做个顺民。要是谁获得不朽的光荣，一定不能被善的空名义牵累住，而一定要搞清楚它是不是就是善。从根本上来说，除了完善你自己的心灵之外，没有别的神圣之物来进行自我解放。

回到原本的自己那去，你绝对会得到全世界的赞同。在我孩提时代，有一位良师益友常常用教会古远的教条来纠缠我，我依稀还记得我是怎样不假思索来回答他的。我说，倘若我是绝对依照内心生活，那我和神圣的传统有怎样的关系呢？我的朋友启迪说："或许这些冲动从下而来，并非从上而来。"我这样回答说："我看不见得。不过倘若我是魔鬼之子，那我就依照魔鬼生活好了。"我觉得，除了我天性的法则，无任何神圣的法则可言。好坏与否仅仅是一些名目，在任何地方都能够随便挪用。凡与我性格相符的东西便是对的，凡同我性格相违背的东西就是错的。在全部的反对势力面前一个人立身行事，就像全部都途有其名，昙花一现，单单他是个例外。想到我们十分容易地向标记与虚名，向大社会与死板的体制投降，我确实觉得无地自容。

任何举止得体、谈吐不凡的个人给我的影响与震撼并非恰到好处。我应该昂首挺胸地走路，想尽办法说出豪放的真理。倘若恶意与虚荣身穿善意的外套，能行得通吗？假如某个充满愤怒、一意孤行的人僭取了宏伟的废奴事业，带着从巴巴多斯带回来的最新消息找我，是什么原因让我觉得不该对他说："去疼爱你的孩子吧，疼爱你的伐木者去吧：要友善、谦逊，要有那样的风度，一定不要用这样的对千里之外的黑人表现出的很难相信的软心肠给你那盛气凌人的野心加以粉饰。你对远方的爱便是对家的恨。"虽然这样给人致意似乎有些粗俗但是相比假仁假义这样更得体。

你的善良一定要有点锋芒——要不然的话就等于零。在呜咽哀鸣之际，仇恨论绝对要被宣扬成为友爱论的策略。在我的天才召唤我之时，我就躲开了父母妻子与兄弟。在门楣上我要写上"想入非非"。我希望最后它要比胡思乱想好些，然而我们不可以将一天的时间浪费在解释上。别想我会解释我为何想群居或为何想一个人独处的原因。也无须同现在的善人所做的那般，给我讲那些我有改变所有穷人处境的义务。他们又不是我的穷人，我告诉你，你这愚蠢至极的慈善家，将自己的钱财送给那些同我毫不相干的人我非常舍不得。

有某个阶层的人，因为有很多精神上的共鸣我能任其随意调遣；为了他们，倘若必要，就算是上刀山也在所不辞。但唯独不干你那品名繁多的廉价慈善活动；不进行愚人学校的教育；不营造那些毫无用处的教堂，何况现已经造起了很多，都无任何用场；不施舍酒鬼们；不参加那千重万叠的救济团队——尽管我无比羞愧地承认：有时我也必须破费一块钱，但那是缺德之钱，过不了多久，我便会有了不给的勇气。

面对世间的邪恶，历史同我们上的首堂课是：恶也有它善的一面。善是位好的医生，可是，有些时候恶却是位比善还要好的医生。恰恰是因为诺曼底人威廉所施行的诸多压迫、野蛮的以强凌弱的法则还有惨绝人寰的暴政，才让英国公民去促进国王约翰签署大宪章。正是由于爱德华一世敲骨吸髓、占霸城池，那些具有才能和远见卓识的人们才觉得有必要用更加快捷的方式把民众召集起来——下议院就因此产生了。要想得到国王的特殊补贴，爱德华一世就不得不要给予大众以基本的权利。在他统治的二十四年内，他曾告令天下："没有得到上议院与下议院的允许，不可以征税。"——这就是英国宪法的基础。普鲁塔克十分肯定地说：正是因为亚历山大大帝大军的挺进所带来的战争，才将希腊文明、语言以及艺术引进了野蛮的东方；恰恰是所发动的战争产生了兼并，造就了七十个城市的建立，而且把彼此敌对的民族团结到了同一政府的名下。席勒也觉得，之所以德国可以成为统一的一个国家，这要归功于长达三十年之久的战争。

　　所以，那些粗暴、自私自利的专制暴君们，也给大众带来了很大的好处。比方说，亨利八世和罗马教皇间的你抢我夺就是这样；克伦威尔那种不亚于其智慧的财迷心窍也是这样；俄国沙皇的凶残还有

34

1789 年法国弑君者的狂热都是这样。严霜能够摧毁一年的庄稼，可是，因为它把象鼻虫和蝗虫杀死了，因此它也可以拯救一百年的收成。战争、火灾、瘟疫，将一成不变的常规打破了，除掉了人类腐朽的场地和疫情的渊薮，给后人开辟出了一片朗朗乾坤。万事万物都有某种自我矫正的趋势。战争、革命或是破产，粉碎腐朽的制度，以便让万事万物可以进入到某一崭新的自然秩序当中。

大自然是一个统一的对立体，她依赖事物彼此间相生相克的法则来对秩序的稳定进行维系。苦难、阻力和危险，都是我们学习的对象。我们所得到的力量，也便是我们征服的力量。倘若没有战争，便不会有士兵；要是没敌人，也就不会有英雄。倘若宇宙并非黑暗混沌，太阳也便显现不出他的夺目光辉了。面对堕落腐败的恐怖，不但不会产惧怕，反而可以从里面获取高贵的力量，这样才可以体现出品格的光辉。大千世界一直存在着这样的美和丑、崇高和卑劣之间让人感到神乎其神的平衡。曾经有位哲人说过："苦难越多，勇往直前的人也就越多。"

我并非很看重 1849 年那些前去加利福尼亚的人们的企图和行为。那是一群冒冒失失、虎跃龙腾、潦倒贫困的冒险家。在他们中间，有的人是带着老实的目的去的；可有些人却是居心不良。不过，他们全都抱着一个非常庸俗的愿望：想找到最快捷的致富方式。可是，大自然把这一切都照看着，一件坏事都被她变成了一件好事。加利福尼亚获得了人口，获得了开发。它恰恰是用此种不道德的方式获得了文明，恰恰是在此种虚拟的谎言的基础上，某一真正的繁荣才可能扎根与生长起来。

在美国，地理环境是蔚为壮阔的，可人却并非这样。它的发明是卓越的，可发明家却往往让人觉得羞愧。开发加利福尼亚、得克萨斯、俄勒冈以及连接两个大洋的工程，都可以称得上是宏伟壮举。但是，促进这样一些伟业的动力——比方说龌龊卑鄙的自利自私、蒙骗舞弊和鬼域伎俩等——却是可鄙的。然而，大部分历史上的卓越成果，都是运用此种可耻的手段得到的。

在伊利诺伊、在广阔的西部地区，从铁路中人们所得到的好处是没法估量的，远超过了古往今来一切有意识的善举。自利自私的资本家们建造起伊利诺伊、密西西比河谷的铁路网，这不单单把土地的一切财富发掘出来了，甚且还唤起了数不清的人的冲天干劲。和此种在不知不觉中造福国家与民族的行为相比较的话，一位英明的阿尔弗烈德大王、一位裴斯泰洛齐、一位伊丽莎白·弗赖伊、一位弗洛伦斯·南丁格尔又算得上什么呢？古代有一句金玉良言："上帝把最为重大的重量挂到了最短的金属丝上去了。"

像这种发生在国家与民族身上的事，也在所有人的家里上演着。当某位绅士被朋友提醒要去注意注意他的孩子们的愚蠢行径还有他们的危险性时，他却回答道："我在孩童时代也很少调皮，可是长大以后的我却获得了成功。"所以，他对于孩子们的恶劣行为并觉得惊慌失措。虽然这是片危险的水域，可他觉得，他们就会以很快的速度触到水底，随后游到水面上来。

伏尔泰说过："相信我，错误也有它的优点。"经常我们见到这样一类人，他们依靠着某一自我主义又或是鬼使神差的力量，却清除了那些让谨慎的人畏惧不敢前进的障碍。很明显，这个世上没有哪一个人没有受惠于他自己的弱点。莎士比亚这样写到："常言说得好，最优秀的人是因他们的缺点造就的。"

杰出的教育家与立法人，特别是那些首领还有殖民地的领袖就是这样。他们觉得，有着缺点与激情之人，才是最好的可造之才。已经去世的波士顿港棒球学校的校长就是一个精力十足的有识人士，他曾经对我说："那些乖巧温顺的孩子我谁都不要，我要的是那些调皮的小家伙们。"曾有位哲人也说过："只有那些有着强烈情感的人才能拥有成为伟人的能力。"尽管激情并非某一有效的调节器，可却是一个强劲有利的弹簧。所有拥有吸引力的强烈情感，都有着摆脱每天无聊琐碎的喧嚣以及苦恼的效力。

总而言之，所有人都会时不时受益于他的恶习，就像一切的植物都需要肥料的滋养一般。可见，卑劣的天性是能够转化成更加善良的本性的。

文化的发展是以乱糟糟的状况而结束的。生活用某种无法言传的悲伤与无奈的神情看那些几个月之前被从时代许下的诺言中散发出来的色彩斑斓的光照得应接不暇的人。"在伊朗人里面，再也不能找到对的行动过程，再也不可能找到所有自我献身的精神。"我们对外界的那种否定以及批评成了我们生活的重要内容。我们对任何一个生命与行为的过程都采用的是否定态度，实用的智慧因这样一种否定的态度无所不在而显得不算很重要。事物的全部框架都在让人陷进对任何东西都毫不关心的状态之中。千万别沉湎在思考当中，而应到四面八方去闯荡。生活并非静观默想，并非品头论足，而是让身心变得饱满和充实。它带给人们最重要的好处是它可以令相处融洽的人们可以从他们所发现的事物当中体验到快乐而并非面对它提出好多问题。

自然很排斥人来窥探她的秘密，母亲们总是告诫孩子们："孩子们，把我给你们的食物吃下去，别多说什么。"她们说的这句话也恰恰是自然要告诉我们的。让我们无时无刻都非常充实——那便是幸福；让我们随时随地都变得充实，让自己没时间后悔，也没时间来自我吹嘘。

我们生活在地球的表面，生活真正的艺术是好好地在这个表面滑行。一个本地人在最古老最陈旧的传统里会和在最新兴的世界里同样可以成功地发展自己，他的成功依赖于他在所处的环境里怎样可以保持主动。他不管在哪个地方都可以把他眼前的局势控制住。生活原本就是强大的力量和规范这一力量的形式建构而成的，它不允力量和形式超出自己的范围，去占据对方的领地。完成所有瞬间，从在路上走的任何一步中了解到全部旅途的终点，尽量多地让自己的生命处在很好的状态之下，把这些做到了，你就是个十分有智慧的人。有人说，因为生命是如此短暂，因此我们无须考虑在如此短的时间里是及时行乐还是坚持原则地活着，此种人并非用人的身份却是用迷狂者又或是数学家的身份在说话。因为我们的职责是和所有瞬间联系在一块的，因而让我们珍视它们吧，好好运用它们吧。就我而言，现在的五分钟和之后一千年里的五分钟是同样多的。让我们处之泰然，拥有头脑，拥有我们自己，拥有现在。

让我们好好用心去医治这些男女们吧，将他们看成是真实的人来救治，可能他们确实是真实的。人们在他们的幻想里生活着，他们仿佛醉汉一般，双手没有力气，不停地颤抖，不可以进行成功的劳作。这是某场幻想的暴风雨，要把这暴风雨的骚扰消除，唯一的方法便是注重眼前的光阴。在我的心里毫无疑问的阴影，社交和政治引发的晕眩被排除在外，我产生了从来都没有过的坚定信念——我不应拖延下去，不应推脱，不应耽于盼望，不管在什么地方，我都应尽最大可能地发挥出自己的潜能，不管我同什么人交往，我都欣然接受我现在的同伴和环境，而无论我的同伴是怎样的卑微，我的处境是怎样的恶劣。我要如同那些对神秘主义充满信仰的教士那般生活，世界给人们的快乐对他们而言都是打了很大折扣了的。虽然同伴和环境是卑微与恶劣的，可他们对同伴和环境的欣然接受的态度就是正义的最后胜利，就人的内心而言，它是较之诗人的声音与那些令人敬仰的人们的时不时的同情更让人满意的回响。我认为，一个有思想的人不管如何深受他同伴的缺点和愚昧带给他的痛苦，他都不可以一点也不掩饰地否认所有对出乎意料的优点也有着感受力。倘若粗人和行为轻浮的人没有同情心，那么他们也有某一优良的本能，并且还会用他们那样一种盲从、变化多端的方式，用其真挚的效忠之心来尊敬这样的本能。

梦想构造生活

　　浮躁的青年总是轻视生活，这是种精神上消化不良的病症。在我还包括同我在一起的人身上却并无此种病症，在我们看来，一天的时光便意味着绝对的幸福，对同伴表现出轻蔑的神色与硬要求同伴给自己怎样的行为都极大超出了礼貌的范围之外。在我成长的路上，因为遇事喜欢设身处地，难免常常显得有点急躁与敏感，可假如让我一个人待在某一地方，那样的话我将用心地体会所有时光与这段时光带给我的所有东西，品尝每顿家常便饭，这个时候，我就如同酒馆里的常客一样有胃口。对于给予我的即便是很小的点恩惠都感激不已。

　　对于这点，我同我的某位朋友有过意见的交换。他常常希望得到世界上的所有东西，可当他得到的东西同这类东西中最好的相比较略显逊色之时，他便感到非常失望。我发现我恰好处在另外一个极端，我别无所求，就算得到十分平常的东西时我也心怀感激。我可以接受两种力量有冲突时产生的喧嚣和混乱。从醉汉、从让人讨厌的人身上我也深受教益。他们给身边的世界提供了某一现实，在瞬间即逝的世间万态中，此种现实实在是很难忽略不计。

　　早上我醒来的时候，我发现以前的世界、老婆、妈妈、康柯德以及波士顿，让人对以前的精神世界非常珍视，就连曾经的魔鬼都近在咫尺。设想某一好的东西被我们发现了而且得到了它，假如我们对这不提任何问题，这东西便会锦上添花。美妙的感受并非都凭借转弯抹角的分析产生的。全部好的东西都是依靠直觉发现的。我们生存的中心地带是温带。尽管我们也许爬到被单纯的几何学与死气沉沉的科学所管辖的贫瘠且寒冷的极地，又或是纯感觉的地域。在两者之间是条生活的等分线，也是思想、精神以及诗的等分线——那是某个窄小的条带。并且，常识也一样告诉我们，所有好的东西都并非遮遮掩掩的。一个平庸的收藏之人在欧洲全部的画店里搜巡，找寻着某幅普桑的风景画或者是一幅塞尔维特的蜡笔速写，可《基督变容图》、《最后的审判》、《圣耶洛姆的圣餐礼》还包括同这些画一样杰出的作品却挂在梵蒂冈、尤费兹与卢浮宫的墙上，在那个地方所有充当他人侍从的人都能够看得见，更别提所有街上的自然的风景了。每天的日出日落，它们一直都是毫不保留地在人们面前出现，可人体雕塑更是到处可见。

　　近来，某一收藏者在伦敦的拍卖行花了一百五十七几尼亚买了份莎士比亚的手稿。可任何学生都可以分文不花便能读《哈姆雷特》，研究《哈姆雷特》中莎翁那藏在文字背后的独具匠心。我觉得我除读最一般的书——《圣经》，荷马、但丁、莎士比亚以及弥尔顿的书——之外，再也不会读其他书了。人们对这么平淡的生活与世界感觉捺不下性子了，我们处处找寻秘密与隐秘的地方来刺激自己。对木刻术十分精通的印度人、设下陷阱的猎人和捕蜂人便属于可以让我们这种让好奇心得到满足的奇人奇事的列表里。

　　我们想象在这个世界上我们是异乡人，不同于野人、野兽、飞鸟那般同这个地球亲密无比，可人这样的身居局外的命运并同它们无缘。这样的命运也在此种爬着的、飞着的、在水中游动着的与有毛而四足的"人"身上笼罩着。在我们对狐狸与土拨鼠、鹰、鹬进行观察的时候，在世界上的根基它们并不深厚于人，它们也如同是这个世上的匆匆的过客。可新的分子学说说明，原子和原子间存在着非常大的空隙，世间万物本是彼此隔膜的，并无任何相互贯通的东西。

　　中间性的世界是最好的。就像我们知道的，自然并非宗教性的。

40

对于教堂的神圣之光，禁欲苦行主义者，印度人与印第安人，她都同等对待。她是既吃又喝而且犯下罪过的平庸之辈。她所宠爱的全部——杰出、伟岸、美都并非按我们的法律来规范的，不是按照主日学校造就出来的。我们吃饭时不但无须限量，也不用小心地遵守戒律。倘若我们可以依靠她的力量变得强大，那么我们就不应死死抓住这些让人深感痛心和受气的戒告不放，更不用说这些戒律也是从其他民族那儿借来的。我们一定要搭起立足现在的帐篷，来抵抗一切气势张狂的曾经与未来的谎言。有如此多的事没有解决，可原本这些事又是最需解决的，何况，即便是以后解决这些事，我们也仅仅是同当前一样，一点也不积极地应付而已。

而今出现了有关商业公平的争议，并且这些争论也许持续一两百年，但新英格兰与旧英格兰却也许总是照常从事它们的商业。版权和国际版权法正在如火如荼地讨论着，就在此种讨论过程当中我们将尽量多地将我们的书卖出。在讨论之时，人们讨论了书籍的效用、写书的动机还有把自己思想表达出的合法性问题，争论两方所言很多，争论正开展得如火如荼的时候，你，亲爱的学者，却有点多余地插足进来。土地所有权、财产权的相关问题正在争论中，人全召集在一起，表决马上便要开始了。正在这个时候，人们却将你的园子挖得凌乱不堪，将你的财产当成盗贼遗下的赃物又或是上天的赐予的东西作了高尚的用途。

生活原本是个泡影、一个疑问、一个梦里做的其他的一个梦。勉强接受这个事实吧，尽最大可能和其他人一样接受它。至于你，上帝的宠物却还在坚守自己的美梦！你难免受到鄙疑。他们有很多人。你要安静地在某个角落待着，直到这些人对做什么有了相同的意见。他们说，你体弱多病，你懦弱的性格会告诉你应该做什么，什么不该做。不过你要明白，你的生活原本是种漂泊，是个为了仅仅度过一个夜晚便简单搭起的帐篷，不管你的身体是否好，你都要完成安排给你的那份工作。你的确是又病又弱，可不会变得更加糟糕，可世界，哺育你的世界，将越发美好起来。

自 助

　　人的生活存在着两种成分——强大的力量和规范这一力量的形式——结合而成的，倘若我们期望这生活一直甜蜜、美满，那样的话我们就不得不严格地保持它们彼此间的比例关系。这两种成分中的任何一种假如超过这一比例要求的极限，那么它们对生活产生的危害和它们自身的缺点给生活产生的危害是相同的。任何一个优良的品质假如不与其他东西结合在一起，那它便是最次的，它便有可能带来濒临毁灭的危害。自然让所有人都有非常丰富的特性。现今我们所处之处附近全是农场，我们就将学者看成是此种蜕变的例子吧。他们是表现自然的牺牲品。你们对艺术家、演讲家、诗人都非常了解，你们会了解到他们的生命活动较之机械师或是农夫并非更优越，他们是片面性生活的牺牲品，他们的生命不但空洞而且枯燥，事实说明了他们全是些败将，他们并非英雄，而是出售假药的江湖郎中。

　　我们绝对有理由得出此种结论：这样的艺术并非是为人存在的，却是为人的病态才存在的。自然一点也不支持你。无法抗拒的自然天天都在让人们朝这一方向发展，并且让严密组织起来的集体更加容易朝这一方向发展。你认为某一正在读书、正朝一幅画或是一尊雕塑盯着看的男孩是让人喜欢的，不过对这些读书以及欣赏艺术的广大群众，我们除了称他们是刚起步的作家与雕塑家以外，还可以称他们为什么呢？倘若他们在这个方向稍微再前进一步的话，他们便会拿起笔与凿子。倘若一个人记得他是如何怀着纯洁的心情开始成为一个艺术家的话，他就可以到自然同他的敌人联合起来。一个人是一个完完全全的"不可能性"。他不得不在一根头发那样纤细的线上行走才有可能成功。智慧的人因为太过智慧而变成了蠢人。

倘若命运允许，那样的话我们将会如何轻松地一直遵守这样一些美好的限制。在已知的用原因和结果组建的王国之中，有着完美的内在体制，我们要绝对服从地调整自己，让我们和这完美的体制协调起来。在街上，报纸上，似乎生活是那么一件平淡的俗事，使得在任何情况之下我们只要依照乘法口诀做事就可以取得成功。不过这样的一天——又或是单单半小时——慢慢临近了，它用天使一样的语言在我们身边轻声细语，这轻声细语把好多民族和年月中得出的结论也推翻了。不过到了第二天，身边的一切看起来都和从前一样，俗不可耐。日常的标准又回到了原来的地方，常识又变得如同天才一般得到珍视——它变成了天才的基础，日常经验成为任何一项事业有所进展的原动力——可是，倘若他源于此种认识做事的话，那他立刻便会身败名裂。与其说强大的力量是选择和意志的关卡，还不如说是生命的另外一条道路，也就是说，它是生命潜在的、没法看见的通道。做外交家，做医生，当个在思想与行为上天衣无缝的人是十分荒唐的，没有比这更让人感到可笑的了。本来是依照一个又一个的想不到的事件构成的，倘若它并非这样的话，则它就不值得我们去体验。

上帝往往是喜欢让我们相互隔绝，让我们对以前与未来都一无所知。在川流不息的人群当中我们左顾右盼，可上帝却非常礼貌地在我们的前面与后面都扯下一道最纯洁的天幕，将我们分离开来。他仿佛在说："你将不但不能记住什么，也无法预料到什么。"一切好的谈吐，风度以及行动都源于某一自发状态，处在这样一种状态的人没法想到做件事会有怎样的用处，所以让瞬间变得伟大。自然对斤斤计较很痛恨。自然所遵守的法则是跳跃性与冲动性的。

人的生命是凭借时强时弱的波动来维持的。我们器官运动是这样，化学与大气的变化也是波动性、轮流性的，人心灵的活动是循环往复，一点也不作积累性发展，而是时涨时消地活动。偶然性让我们成长壮大。我们的首要经验永远是偶然性。那种最吸引的人是那些让自己力量深藏不露的人，而并非那些一触即发的人；是那些让人感到奇怪的人，而并非那些被世俗的标准认可的人；是那些欢乐对他们而言遍地都是的人，而并非那些凭借老老实实向生活交税而得到欢乐的人。他们的美是得天独厚的，仿佛鸟的美与早晨太阳的美，而并非如同艺术的那种人为的美。

天才的思想中总是涵盖着惊异。道德情感被人恰当地称做是"新奇"，由于它一直只能是这样。它对年纪最大的智者和对年龄最小的孩子来说是同样新奇的。"上帝的到来，并非眼睛可以看见的。"相同的道理，为了得到实际的成功，我们绝对不可以在做某事前设计过多的蓝图。你无法亲眼看到某个人做他能做的最好的事。一个人最为擅长的行为都具有一种魔力，能让他人的观察能力进入涣散的状态，因此，就算他就在你眼前做这一件事，你也没法看到其中的玄妙。

生活的艺术有着羞怯的本性，一直不愿意抛头露脸。一个人在他还没有出生的时候一直是个"不可能性"，任何一项事业在我们看到它的成功前一直是不可能的。虔敬所涵盖的热忱到最后和觉得没什么是属于我们或者是我们劳动成果的那样的最冷漠的怀疑论最后在这个观点上达成的和解：一切都是属于上帝的。就算是某片月桂树叶，自然会让我们去注意它。所有的文章都得过上帝的仁慈，全部的行动与所有的财富也都是这样。

寻求经验之路

　　我愿意成为某一有德行的人，遵循确定的准则与界限，我诚实地喜欢它们，尽我的能力与别人的意志顺从。这儿，我十分期望诚实，可倘若不是在多多少少来源于永恒的生命力当中，那在成功或者是失败里是无法看到诚实的影子的。人不能也无法推算生活的结果。年复一年的时光可以教给我们相当多每天无法教给我们的东西。结成了某个整体的人们彼此交流着，熙熙攘攘，构想并进行着形形色色的事情，在某一程度上全部这一切共同产生一种结果，不过这是某一无法想象到的结果。单个的人总是犯错误。他构思了诸多事物，作为一位学徒从别人那儿获取教益，与某一部分的人或是全部的人争辩，好多事都做错了，也有做成的。整体总要比个体高明点，不过单个的人往往要犯错误。后来他得到的结果是同他起初与自己许诺的大同小异。

　　古人被人类生活的成分全部不被人的谋算所把握这样的观点深深地触动，就将偶然事件赋予了神圣性。如此就将事实上不过是一闪就灭的火星当成了一团长久燃烧的火焰，可宇宙就是被潜伏着的同样的火温暖着的。生活的奇迹将不能够加以解释，它依旧作为奇迹存在着，它引进了某一新成分。我觉得，埃维拉德·侯姆爵士在创建他的理论刚开始的时候就注意到进化并非发端在一个中心点，却是用三个或者是四个点一起作用而产生的。

生活并无记忆。那种不断进展的生活也许会被记住，不过那种和其他生活一同存在的由某种比较隐秘的原因产生但人不可意识到的以及不知道它的发展趋势的生活都无法记住。因此，它有时让我们觉得摸不透，不具备统一性，仅仅因为它们湮灭在表面的形式上，并且好像又全是一切平等却又敌对的价值所产生的。它有的时候又因接受精神性规律而变得拥有宗教的确定和统一。它涵盖着这样的分歧，涵盖着部分共时性的发展。

会有那么一天，形形色色的生活将成为某个整体中的成分，服从着相同意志。它们将我们的注意力与希望全部固定在那样一个唯一的意志以及神秘的原因之上。生活有时被转成某种期待或是某种宗教。在不和谐并且无足轻重的诸多细小因素之下，隐藏着某种音乐般的完美。理想的旅行往往伴随着我们，通往那毫无裂缝的理想天国。我们要用心留意自己是如何驱除心灵上的黑暗的。

在我同某一个深刻的心灵交流的时候，又或是在独处时，我得到了某种好的思想，我并非马上就感到了彻底的满足，这就如同在我渴了的时候，就算喝了水，我也不会说是立刻觉得不渴，又或是，在我觉得很冷的时候，就算来到火炉旁边，我也不可能马上便感到寒意全消。是的，

我并未觉得满足。我不过是首次认识到我接近了某种新的、非同一般的生活境界。由经持之以恒的读书或是思考，这样的境界更进一步同我展示了它的意味；它仿佛是被闪电照亮，它那深藏不露的美和沉静一会向我表现出来，这一过程仿佛当某一正在行走的旅行者看见笼罩山顶的云雾慢慢消散，山的形状断断续续地露出来，寂静的、亘古如斯的青草地在山脚下延伸开来，成群结对的牛羊在这个地方吃草，牧人们在这个地方吹笛弄箫，唱歌跳舞。立于思想的这个领域所看到的所有景象都让人觉得是空前的，并且全部景象都预示着某一"续篇"。我并未将它创造，我仅仅是到达了那儿，仅仅是看到了早已存在在那个地方的东西。我将它创造了！噢，我并未创造它！当这同爱与忠诚

同样古老，和生命的生命一般年轻的激动人心的辉煌首次朝我敞开之时，我带着孩子般的欢乐与惊奇拍手称快。它同我展示的是怎样的一个未来！我觉得某颗新的心脏带来的对崭新的美的强烈地跳动。我愿在自然中死去，又一次降生在这一崭新却又不容易认识的亚美利加，这个我在西方发现的亚美利加——

这些思想的产生既非在眼前也非在昨天，

它出现在遥远的从前，

没有人确知它们从何而入。

假如我已将生活描写成为某条情绪流，那样的话现在我一定要补充一句：在我们心中还存在着一种不发生变化，并且调理着全部感觉与心灵状态的情绪。这一在所有人心中的意识是某种有伸缩性的标准，有的时候它将人和第一因相提并论，有时它把人与自身的肉体混为一谈。一种生命之上还有另外一种生命，这样的层层推进的关系永无止境。情绪所产生的感情格调决定着人做任何事情的尊严。问题永远是：你做某件事又或是制止某件事是出于怎样的动机，而并非你做了或是制止了某件事。

命运，密涅瓦、缪斯、圣灵——这些都是些古怪的名字，它们的意义太狭窄，不能包含这个无限的本体。陷进困惑的心智一定要静静地跪在这一原因前，甘于受命。这样的原因不愿被命名——这个无法言说的原因，所有卓越的天才以前企图用一些象征性的符号来代表它，泰勒斯用"水"代替，阿那克西美尼用"气"代替，陶那克萨哥拉用"奴斯"代替，琐罗亚斯德用"火"代替，耶稣与近现代人用"爱"代替；一切隐喻都成了某一民族性的宗教。

中国的孟子比不上前面所说的先知有概括力，他完完全全用某种具体的描述来将他的思想表达出来。"我明白语言的奥妙，"他说，"并且善养浩然之气。"他的伙伴说："我想问一下你所说的'浩然之气'指的是什么？"孟子说："非常难解释。这气至大至刚。将它好好保养，不让它受到伤害，它就可以充塞在天地间。这气同正义与理性相连接而且侍奉于它们，渊源不断，没有尽头。"——有更加好的文章概而称之为存在，这是我们的思想可以到达的最深的地方。它完全可以让我们得到我们在无边无际的海洋而并非在一面墙那儿所获得的欢乐。

我们的生命与其说是为了它原本的状态而存在，还不如说是为某一更高的目的存在着，它不是为了这些把自身浪费其上的琐事上，而是作为对那浩然之气的某一种暗示而存在的，生活的大多内容仿佛单单是人的内在能力的对外展示，这展示提醒我们千万别廉价地出卖自己，它时刻提醒着我们，我们是伟大的。因为在局部，我们的伟大不过表现为某一趋势或者是方向，而并非表现成某种行动。这便是说，我们相信某一规则却不相信规则的特例。我们就是如此从不高贵的事物身上了解到了高贵。因而，在我们接受情感引导之时，我们所相信的并非有关灵魂的不朽性或诸如这样的观念，而是有关"促使人相信的一般的力量"，它是人信仰的物质环境与这一地球的历史上的主要事实。让我们将此种原因描述成某个对世界产生直接作用的原因吧。

精神并非孤单无助的，它也无须什么中介物。它有足够的力量与直接效果。无须解释我便被解释了，无须行动我便被感知到了，不用亲自去往某一地方我便已在这个地方了。所以全部正直的人注重的是他自己对自己而并非他人对自己的赞美。他们不愿意解释他们自己，由于他们明白他们之后的行动就会自动实用这一职责。他们确信人和人彼此间真正的交流是无须语言甚至是超越语言的，我们的一切行动都可以触动我们朋友的思想和感情，无论我们和他们相距多么远，由于行动带给人的影响力所达到的范围是无法用英里来计算的。莫非我们不过是因为某一特列情况让我们不可以如愿参加某个聚会便会自我抱怨吗？倘若我没有出席这次聚会，那样的话就算我和我的那些朋友各奔东西，我对于这一作为友谊联盟的这群人同作为智慧联盟的这群人是同样有用的，我身在这个地方就是身在别的地方。

在一切地方我发挥着相同性质的力量，因此我走向了处在我前面的可以赋予我极大力量的理想。我们从来没有听说过这给予我们力量的理想是在我们身后而并非在我们前面。所以人都不曾有过某种一旦体验就永久满足的经验，恰恰相反，他目前得到的美好体验预示着他以后的更好体验，这样不断推进，永远不会有止境。在得到自由感的那瞬间，我们意识到，一幅全新的生活和责任的前景是可能的，构成这幅图景的要素已存在在你身边的好多人的心灵当中，它们形成了某种人生警示，它们将超越我们目前存在的已形成文字的警示。新的警示形成的不但是社会的信仰而且是社会的怀疑主义，从没有信仰状态里会产生某一信条。由于怀疑主义并非没有缘由的形成或不遵从所有规律，它不过是对那些独断的命题施加某一限制，新的哲学一定要把它们吸收进去，而且将独断的命题清除掉，它清除独断的程度恰好和它涵盖最古老信仰的程度相对等。

我们存在的境况被我们自己发现了，这是某种十分让人不快却又不可更改的境况。这个发现被称做是人的堕落。有了此种发现，我们便开始对我们观察的手段加以怀疑。我们已了解到，我们并非直接地却是间接地看这个世界的，对于存在在我们和世界间的这些有色的而且是很有歪曲性质的透镜带给我们观察的差异我们毫无办法消除，也毫无办法计算出它们会产生错误的数量。有可能这些主观的透镜拥有某一创造性的力量，又或是原本就没有什么绝对的客观。我们曾一度生活在我们所看见的地球上，但而今，某一新的力量所蕴涵的贪婪或许威胁着要吞灭全部的事物，同时也和我们进行着战争。自然、艺术、人、文学、宗教、东西接二连三地崩溃，上帝也仅仅是它的某一观念罢了。

自然与文学是主观现象，所有恶的与任何一个善的事物都是我们自己投射的影子。大街上到处弥漫着对尊严的羞辱。当某个纨袴子弟让他的小弟们穿上他的衣服，让其在餐桌旁边侍候他的客人，这样的打扮中蕴涵的那种如同气泡一般从浅薄无知的心灵产生出的鄙陋性马上被大街上的男士与美女们、被店员和宾馆的酒吧招待接受，要挟、伤害我们身上容易受到威胁和伤害的地方。我们对其偶像的崇拜也是这样。人们忘了，恰恰是眼睛将眼前的视野创造出来，并且具有让所看到的东西进一步完善能力的心灵之窗，让这个或另外一人成为慈爱的典型或代表，并将其冠以英雄或者是圣哲的名字。

耶稣，这样一个"与神感通的人"，是位善人，相当多的人都一致觉得，此种视觉规律对他产生了作用。有一部分是凭借爱，还有一部分是凭借对抗磨难的耐力，在某段时间之内我们就可以看见他处在我们视线中心，他给予我们也可以让那种视觉规律对我们产生作用的力量。不过最长长久久的爱情或者是厌恶也是极为短暂的。博大的、永不停息的自我扎根在绝对的自然当中，将一切相对的存在都代替，将全部容易失去的友谊和爱情建构的王国毁灭。人同世界是无法密切结合的，由于任何一个主体和全部客体间是毫不平等的。主体是神性的接纳者，在主体和客体的所有对比中，主体绝对都感受到了被神秘的能力突现了的上帝的存在。即便这个本体并非依靠能够直接作用在我们的力量形式，却是凭借某一显灵的方式提供给我们的，不过我们可以并且只可以用感觉的方式与其产生联系。一切心智的力量也不可将在所有主体内部沉睡又或是醒着的神性归附在客体上。爱什么时候都不可能让意识和推想在力量上达到等同。所有主体和主体间的差别就像原物和原物的图画间的巨大差异。宇宙是灵魂的配偶。一切隐秘、纯个人的感触全是不全面的。两个各自有其独立品质的人就如同两个球，他们只可以在一个点上彼此接触，当他们产生关联时，所有"球"上的别的点都固定不动。可这两个"球"一定会相触转动的，某一局部联盟维持的时间越久，在这局部的联盟以外的部分得到可以促进它们进入这一联盟里的推动力便越多。

生活能够被想象，可是不可被分割或是放大。所有人为干涉到达它的统一性里引发的只能是混乱。灵魂一定不是孪生的，它是独生的，即便它出生时在形式上表现的是一个孩子，又或是说，以某一孩子的形式出现，不过它是个根本性的、普遍性的力量，不允许其他东西和它分享其位置。任何一天，所有行动都让隐秘起来的神性透露出来。我们常常信任自己而不信别人，我们往往为我们模仿的所有事开脱，对某种行为，我们在其他人身上将它发现了，我们便称它为罪恶，在我们身上把它发现了，便称其是充当学费的"试验"。人从来都不像他们思考罪恶那般轻松地议论罪恶。这样的事实表明了我们常常是忠实我们自己的。另外，所有人都觉得自己渡过的惊涛骇浪对他人来说都是在所难免的，这也表明了人往往是在不自觉地迎合自己。

某一行动在当局者和旁观者看来是大不相同的，不管是从它内在性质来看，还是从其引发的结果来看，都是这样。谋杀的念头对一位谋杀者而言和对诗人与具有传奇色彩的作者而言，它的危害性也是十分不同的。在通常的生活当中它不会让你忐忑不安，惊慌不已，不过它最后会让所有的一切都陷进可怕的慌乱里面。此种当局者迷、旁观者清的境况在因爱情而产生的犯罪中表现得特别显著，倘若就犯罪人的角度来看，他的行动不但正确而且公道，不过他的行动很明显对社会造成了非常大的危害。没人绝对会相信自己走火入魔，换句话来说，人们确信，就算他们犯罪也不会像那些残暴凶恶的人那般犯罪，由于人的心智往往会给自己的行为方式赋予道德上的合理性。

就人的心智而言，不存在犯罪的行为。它是非道德论者又或是非法律论者，它如同审判事情真相一样地审判法律。"有比犯罪更坏的，那便是愚蠢。"拿破仑站在心智的这一方面这样说。就心智来说，世界是一个数学问题，又或说是有关数量的科学所解决的问题，它将赞美、责备以及全部脆弱的情感都放在一边。一切的偷盗全是比较而言的。倘若你较真的话，那么你可以保证谁没有偷过他们的东西呢？圣哲们觉得悲伤，原因是他们从良知的角度而并非从心智（思想的某一骚动）的角度看到了（就算是在他们深思之时也不例外）人的罪性。就思想的角度而言，罪性是种缩变，又或是种缩小，就良心又或是意志的角度而言，它是堕落或败坏。心智称之为萎缩，称之为神性之光的缺乏，并不觉得它有怎样的本质。良知一定将它看成是某种本质来人知，从良知上看，它是某种本质上的恶。在此种意义上而言，它并不存在，它有某一客观的存在，却没有主观意义上的存在。

宇宙就是如此不能避免地带上我们给予它的色彩，任何客体接二连三地坠入主体本身里面。主体存在着，扩大着，全部事物先后都进入到主体当中。我如何存在着，我就如何看着，我们使用何种语言，我们就仅能说出我们是什么——赫尔米斯、卡德摩斯、哥伦布、牛顿、波拿巴全是心灵牧师。

　　在我们遇到某位伟大的人物的时候，从其身上我们感受到的并非是贫困，这位新来的人被我们当成是某位正在考察地质情况的地质学家，他看重的并不是我们的财产，让我们看的却是周围荒野上的石块、石灰石以及无烟煤。

　　任何一个强大的心灵在某个方面的偶然活动如同是某一指向客体的望远镜。知识的全部都会毫不例外地产生片面和过量的发展，直到灵魂得到了预期的圆满性。你见过小猫十分有趣地追它尾巴的情行吗？倘若你可以用它的眼睛来看的话，你也许会看见有几百个人物在它身边，演绎着复杂的戏剧，运用的是悲剧与喜剧的题材，长长的对白，诸多各具性格的人物，形形色色的悲欢离合——但事实上仅有这猫与它的尾巴。

　　要过多久之后我们的化装舞会才可以结束，让那手鼓的喧嚣声、欢笑声和吼声停下来，并且最终我们可以透过这喧嚣的表面，发现它是场十分单一的表演？一个主体与一个客体——让电路彻底畅通费了那样多的事，可电量却无任何的增加。开普勒和星球，哥伦布和美洲，一位读者和他读的书，一只猫和它的尾巴——全部这些代表着什么呢？

确实，一切的诗情、爱以及宗教都不喜欢这样的发展，并且将想尽办法惩处那种把他们在实验室里研究出来的秘密公开的化学家。我们不可以无视我们品德中一直都存在的那样一种站在个人立场看世间万物、让世间万物染上我们个人色彩的绝对性。

上帝是生活在光溜溜的岩石里的土著。极其的贫乏在道德上创造了自我依赖的第一美德。我们一定要固守这样的贫困，无论这会招到怎样的鄙视，依赖更具活力的自我复苏，在一大串的突击性的行动以后，更紧紧地把握住我们生命的轴心。本性上的真理是冷冰冰的，并且显得如此悲沉，可是它并非眼泪、悔恨与心慌意乱的奴隶。

它并未尝试去担当其他事物的职责，也未曾将其他事物的事实收归己有。从别人那儿知道你自己所有的东西，这便是智慧的最主要的一个教导。我已懂得，对他人所拥有的事实我无生杀予夺的权利，可我有把那个安慰我自己，让自己别去理会他人对我否定的钥匙，并且他们每个人也有相同的钥匙。

一个容易受别人影响的人总是处在进退两难的境地，如同一个处在好几个频临淹死的人当中的游泳的人，全部这些快要淹死的人都跑来如同救命稻草一样抓住他，倘若他竟将腿或者是手都给他们，那他们会让他也淹死。原因是他们期望死死抓住别人、给别人产生的伤害的行为中而并非从死死抓住别人这种行为本身用以得救。假如慈善行为用在这样的"病症"上便一点意义都没有。某个聪明且有主见的医生就会说："立刻脱身吧！"用这作为他的首要劝告。

在这样健谈的美国人之中，我们善良的品行和对一切意见都毕恭毕敬地听的态度让我们陷进毁灭。此种顺从让原本有很大作用的力量消失殆尽。

一个人应直接地、绝对不东张西望地看这个世界。某一坚定的注意力是对来自他人永无止尽的轻浮言行的独一无二的回答。这注意力针对的就是那种让他们的需求变得无比轻浮的力量的。这是个神圣的答复，没留下什么能够商量的余地，也无须花费精力去思考。

幻象、性情、持续性、表面化、奇特、现实化性、主观化——这些全部都是时间织机上的线，这些全是生活的主人。我无法对它们的先后次序妄加排列，可当我用我自己的方式将它们发现的时候，我便说出了它们的姓名。我明白我毫无必要去追寻完美的图景。我是个断片，但我发现的这样的"线"又是我的断片。我可以信心满满地宣布许许多多的法律，这诸多法律都十分有条理，非常规范，可在有些老年人看来我又过于年轻，不可能编纂一部法典。我在心中想着永久性的事务，可又对我身边的一切品头论足。我看过的好多美好的景象对我都是相当有益处的。我生活在某个让人欣喜若狂的年代。我并非是我刚满十四岁时的样子了，也并非是我七年前的样子了，我已并非一个稚气未脱的新手。

让其他人去问"成果在什么地方？"我不过是要找到有关我自己的成果便可以了。这便是个成果——我意识到我不应指望从自我的省思，向别人的讨教以及大堆真理中就可以立刻得到什么有价值的东西。对那样一种要求从这个镇和别的县里获得某一确定的收获，想在短暂的一个月又或是一年中便取得一种结果明显的人生态度，我应觉得十分可怜。原因是隐藏很深，它经过很长的时间才体现出来，结果也是这样。它要持续的时间很长，人的一生将在这漫长的事情当中湮灭。我懂的一切是我从外界接收来的。我存在并且我拥有——但我并不占据什么，并且当我臆想我得到了什么之时，我发现事实上我什么都未得到。我十分惊异地对那伟大的命运充满崇拜。我可以接受到的东西数目非常庞大，所以从来没有因大量地接受这种或那种东西而觉得力不从心。倘若一个天才可以接受这句谚语——获得一个磨坊，绝对会得到一百万——那样的话我便和他有相同的语言。倘若我获得了一件新东西，我是不会麻烦我自己的身体马上来作出回报的，原因在于倘若我死了，我又将怎样用支抵收呢？人刚出生时获得的好处大大超过了人的功劳，由于人还未做什么事便被赋予了生命，至此之后人获得的好处也大大超出他所付出的。并且我下断言，所说的功劳原本在某种程度上也是接受。

我认为，追求某一公开又或是务实的效果是在背叛自己。我真心实意地想把这种最毫无必要的行为舍弃。生活常常作为一幅幻象在我眼前呈现。最肯定、最不好辩驳的行为也仅仅是种幻象。我们身边的事物全是梦幻，它们间的差异仅仅是一个轻微梦幻和一个梦幻间的区别。人们不看重"知"，不看重心智性的生活，却对"行"加以重视。我却十分看重"知"，我所追求的就是可以"知"。"知"是某种十分高贵的精神活动，它将长期让我满足。对这世界了解一些就会足够我们活在地球上之用了。我经常听见亚德那斯帙规律，"任何一个已获得真理的灵魂在下个周期开始之前都可以免受灾难"。

我明白，我在城市与农场之中交谈的世界并非我头脑中所想的那样一个世界。我看见了它们间的此种区别，我还会看到我与其交谈的世界。终会有那么一天，我意识到此种区别的价值和规律。不过我发现，那种为了了解精神世界而进行的一本正经的尝试并未带来怎样多的收获。好多性子急的人接二连三地用此种方式进行了尝试，最后让自己变得十分可笑。他们染上了某种放肆的性情，他们大肆吵闹，心生怨恨，把一切都否定掉。更加糟糕的是，从人类的历史上我无法找到一个这种尝试取得成功的例子。面对这样的尝试，我想说：你们为何不去对自己的世界加以了解呢？可绝望是同我没有缘的，这样的绝望仅仅是以繁琐的经验来下短视的结论——产生这种绝望的原因，是由于除了通过了解自己的世界而对全部世界的方式进行了解以外，并无什么尝试以前取得过成功。

经过一次次的忍耐，最终我将获得成功。我们一定要对时间因素产生的欺骗保持非常高的警惕。吃饭、睡觉或是挣满一百美元都要花掉我们非常多的时间，而仅剩余极少的时间给我们来获得某种希望与洞察力，而希望和洞察力才是将我们生命照亮的光。我们布置我们的花园、吃饭、和妻子讨论家务，可全部这些事在我们心里都没有留下印记，一个星期之后我们便将此事忘得干干净净。可是，当一个人回到一个人独处状态之时，他便会神清气爽，得到上天的启示，他将带着这样的精神状态，带着这样的启示朝一个新的世界走去。千万别在意他人的嘲弄，不要在意被其他人打败；再站起来吧，经长时间磨炼的汉子！——它仿佛在说，天道终酬勤，世界将会看到真正的传奇：人的超常脱俗的天才转化成了付诸实用的伟大力量。

第②篇
倾听爱的声音

自助

珍惜生命中的财富

　　有三种人的欲望永远无法得到满足的：一是富人的欲望，他总希望得到更多的财富；一是病人的欲望，他们总是希望能够再活得长久一些；一是旅行者的欲望，他说："除了这里，我愿意到任何的地方去"。总有一天我们对欧洲的热情也会逐渐衰退，取而代之的是对美国的向往和热爱。

　　随和的举止、亲切的言语能够使人很快地适应任何环境。对于生命的最高奖赏和人生的至上财富，就是与生俱来的对目标的追求。不论是编织、造物、修运河、制定律令或者是音乐作曲，只要专心致志地工作，就一定能够获得幸福。所以我更加坚信苏格拉底的断言，他说艺术家们看上去并不聪敏，但事实上却是唯一真正聪明的人。

　　在童年时代，我们幻想着只要我们能够长途跋涉，我们就能够到达任何的日月星辰。通过努力，地平线终于飞离了我们的视野，我们被抛弃在一片广阔无垠的干涸的土地上，看不到任何的庇护。奇怪的是，我们竟然还固执地相信地平线仍然围绕着我们，我发现，人们在追求幸福时总是有着很多的幻想。

　　人们在不断地寻找，追求着幸福。来到农场寻求幽静，来到城市寻求繁荣。但是古代的圣贤却说"清远而幽深的地方仍然会有人生活，只有朋友才能够给人以深远的感觉。"

我们所生活的这个时代，很难找到真正的朋友，他们有时会一个接一个地离你而去。

旅行所带来的好处只是偶尔和短暂的，但是它却能够让我们收获到一种最佳的果实，那就是交际，交际是我们生命中不可或缺的一个部分。真正的朋友不需要很多，如果能够心心相印，只要有一个贴心的朋友就足够了。有些人会在不知不觉中伤害到我们，他们可能剥夺我们的思想，关押甚至囚禁我们的精神，而朋友则是帮助我们摆脱束缚，打碎枷锁的人。

一个恶毒阴险而又争强好胜的傻瓜常常会给全家人的理智造成伤害。我就曾经见过一个原本平静和睦、通情达理的家庭，却因为受家庭内一个无赖的牵累，而全都变得精神失常。精神反常的人往往会顽固地坚持他的错误，甚至连最优秀的人也可能被激怒，十足的傻瓜才会相信只有自己才是最正确的。如果谁要是抨击他，傻瓜就会勃然大怒。如果谁与他交往密切，那么很快也就会变得反常。

怎样和并不合适的伙伴们一起相处呢？自我保护是人的本能，就是要做到不受他的影响，让他们把疯狂全部都消耗光——他是他，我是我。

我们应该知道，交际是一门艺术，一个人生活在这个世界上，其实每天要做的事情就是交际。

拥有一个知心的朋友，就如同拥有了一盏明灯，他能够用思想照亮黑沉沉的住宅，为我们显示出天然的财富和天资，让我们相信自己具有战胜自然的神奇力量，告诉我们有什么捷径可以进入诗歌、宗教和掌握那些用来塑造美好性格的力量，唤醒我们对生活真正的感觉，那么，我们就能够从封闭的生存状态中走出来，进入无比辽阔的天空。

生活中最美好的经历，莫过于和富有智慧的人们开诚布公地进行交往。这种交往会使我们相信，有一种精神的力量正在召唤着我们，比那些被我们称为哲学或文学的东西更为灵验；更值得我们欢欣鼓舞。在令人激动的交往过程中，我们会领略到灵魂的真谛——就像在安第斯山脉看到的那种风光：万里长空中电光在闪烁，刺破了弥漫在天地间的黑暗。当我们进入沉思冥想中时，这种体会是极其难得的。

生存不但需要意志和气质，还需要友谊。朋友的功劳就是能够激励我们竭尽全力去完成我们的工作。真正的朋友身上都有一种强大无比的磁力，能够把我们身上的美德给吸引出来，展现出来。根本就不需要说任何多余的话，这才是真正的友谊。

哈菲兹对友谊有过一段精妙的论述，他说："除非你真正了解友谊，否则你就无法知道任何秘密，因为圣洁的知识决不可能进入任何不健康的肌体。"生命对于友谊而言显得是那么的短暂。友谊是一件严肃而高贵的东西，它不像一位马车夫的晚餐那样随意和简单。友谊如同爱情一样是需要珍惜的。同一流的人物相处，就会对友谊有更加深刻的理解力。

生活会赋予每个人不同的任务。不论你选择的是什么职业，种植、建筑、诗歌、贸易或政治——在相同的条件下，只要你选择的是你所擅长的，那么这一切就都会如你所愿，甚至取得非凡的成就。只要你能够按部就班地进行下去，那么一切就都会顺理成章。

对待工作，我们必须忠诚执著，生命中没有什么比这两种品质更可贵的了。

年轻人的抱负是美好的，他们总是能够提出很好的见解和计划，但是是否能够持之以恒呢？我想在这个世界上不会有任何一个人能够永远坚持；面对困境他们往往会背信弃义，在犹豫不决时，他们早把曾经立下的誓言抛在了脑后。

人类是伟大的，理想是崇高的，但是有的人的意志却是十分薄弱的。英雄就是那些面对任何困境都毫不动摇和坚定不移的人。人与人最大的区别就在于：有的人可以承担起义务，我们可以信赖他，而另一些人却并非如此。由于他的内心没有固定的法则，所以你也就没有办法把他同他的义务联系在一起。

所有美德都有某一相同的支点，那便是正直：正直能够让个人的才干自愧不如。人会让别人觉得畏惧的原因，不是功绩，而是力量；

并非在规定的时间与公共场合中所采用的态度，而是在任何时候都会采取的态度。很多人，包括霍恩·图克都说过："如果你想变得强大而有力量，那么你就首先必须装成一个强大而有力量的人。"

不管是穷乡僻壤的山村，还是流光溢彩的都市，都存在这一些伟大的灵魂。我们崇尚伟大，逃避世俗的虚假；我们要用勇气来成就我们自己；我们应热爱纯真与美；自主独立，和他人和睦相处，服务人类，造福于人，这才是最最重要的东西。

死亡是人类无法回避的永恒话题，在这方面我们所有人都接受过一条相同的教育：一个人，从他出生的那一刻起，就开始走向死亡。更为严重的是，那些从野蛮民族收集到的关于死亡的大量恐怖现象，进一步增加了人类阴暗忧郁的情绪。现在这种状况已经发生了巨大的变化。死亡已经不再可怕，而是被看做很自然的事情，人们也坚信这一点。在我们这个时代，有一位智者让别人在他的墓碑上写着："思考生活"，反映了人们在观念上的进步。没有了对前世和来世的过分忧虑，只是努力地把握现在，使现在的生命更加多姿多彩，这才是你活着的职责所在。不要把生命浪费在怀疑和恐惧上，而应该专心致志地干好眼前的工作，要坚信现在的良好表现可以为未来的日子奠定一个最坚实的基础："死亡并不可怕，只要你知道怎样去生活。"

　　一个有思想的人对于生活会很执著，但是对死亡也要有充分的心理准备。我认为，这主要是由于他已经觉悟到了生的价值与死的玄妙，从而才能够坦然地面对它们。一个世俗而平庸的人是害怕死亡的，甚至是对死亡充满了恐惧，这大概是因为他还没有参透人类生死的玄机。

　　小鸟因为胆怯而不相信自己的翅膀，但是几次试飞的经验马上就能够使它抛弃这种恐惧。马可·奥勒利乌斯有一句格言："如果上帝与我同在，那么死也是辉煌的，如果失去了上帝，那么即使活着也是悲伤的。"我想所有卓越的人都有着一种坚定的信仰，那就是：如果你认为生命是最有价值的，那么最有价值的生命将会伴随你一生；如果你认为生命是没有意义的，那么毫无意义的生命也会与你相随。米开朗琪罗的一位朋友曾经对他说，他为艺术所做的不懈奋斗肯定会使他认为死亡是一件遗憾的事情。但是米开朗琪罗却坚定地反驳："决不是这样，如果生命是快乐的，那么死亡也是上帝对我的召唤，一点也不会让我感到悲伤。"

让我们再来看看孟德斯鸠的观点吧："即使灵魂不灭是错误的，我也决不会因为信仰它而感到一丝的懊悔。我坦率地承认我不像无神论者那样卑贱。我不知道他们是怎么想的，但是对于我来说，我决不愿意放弃灵魂不灭的观念来换取某一天的幸福。我很高兴地相信，我自己能像上帝一样不朽。这种信仰与形而上学的观念给予我永恒生命的无穷希望和活力，我永远不会放弃它。"

生命是美好的，既然生命如此美好，那么就让它继续下去吧，每个热爱生命的人都会希望生命存在。

通过对思想和信仰的进一步探究，我们发现，热爱持久和永恒是人类的本性。从科学诞生的那一天起，永恒的信念已经在人类健康的头脑里扎下了根。人们生活在这个世界上，每天都在体验着喜、怒、哀、乐。对周围易逝的事物和自己短暂的生命常常会感到惴惴不安。我想，那些自然科学家们不是为了自己而是为了信仰才去探索那些关于宇宙的奥秘，他们要用自己的发现来确定永恒的价值，聆听上帝伟大而又美好的祝愿。

人们总是渴望时间能够无限，渴望事物能够永恒。我们热爱永恒，希望万物都能够不朽。然而，沧海桑田、物是人非又真真切切地发生在我们的周围。如果事物轻易就走向灭亡，那么你是无论如何也无法唤起人们关于永恒的想象的。例如一支蜡烛，不管是一英里长还是一百英里长，都无法把它与永恒联系起来，因为人们明白，蜡烛早晚都有燃尽成灰的一天。只有永不熄灭的火焰和永远长明的灯盏才能够使人们联想到永恒。太阳和恒星就是这样，因为我们还没有探知它们产生的时间，所以也就无法知道它们还能存在多久，所以我们一直对它们保持着神秘的崇拜心理，并把它们看做永恒的象征。但是，星云理论却对太阳和恒星在人们心目中已经形成的永恒形象和地位构成了威胁。人们逐渐认识到，太阳和恒星就像动物和植物一样，终有一天会消失的。

我们能够从事物永恒和灵魂不朽的追求里获得什么呢？上帝对此总是保持沉默，在我们看来，这些所谓的永恒与不朽不过是某种象征，它能够使人们从日常的琐屑生活中找到生命的价值与意义。试想一下，如果我们每天都在思考着人是必然会死亡的可怕结局，那么我们所有的激情与奋斗，看起来都会是那么的荒谬和可笑！如果是这样，傻子将会成了最荣耀最幸福的人了。自然的法则就是如此，它用象征永恒的事物来指引人们前行。

我们热爱生命、知识和力量，因为它们都是美好的，相信事物的永恒将会使我们在生活的追求中永远不会放弃。

生活时刻在教育我们，即使是在尚未知晓的时间和空间里，仍将会体验到更多的美与幸福。人类创造的艺术与文明哺育着我，给予我心灵的慰藉。我们决不应该画地为牢，而应该把眼光放得更远一些。上帝创造了万物，我们看到的只是其中的一小部分，然而我相信上帝，相信我无法看到的事物，也许那些事物是更宏伟更壮观的，那是上帝为我们准备的，等待着我们去认识。未来取决于我们所掌握的各种才能和努力的程度，取决于我们的智慧、激情、希望、想象与理性。世俗的生活并不能够限制我对精神和理想的追求。我们都希望伟大地活着，而不是卑贱地苟且偷生。我不愿意只为了我的安乐窝、果园、牧场和名画而生活。我希望过一种高尚的生活。

发现善的本身

　　一切真正名副其实的人，必须都是不落俗套的人。所有采集圣地棕榈叶的人们，都不应该限制于名义上的善，而应发现善的本身。除我们心灵上的真诚外，别的其他东西归根到底都不是神圣的。将自己解脱，自我皈依，也就绝对会得到大家的认可。我记得，当我还年纪很小时，有个十分受人尊敬的师长，他习惯不停给我灌输古老的宗教教条。一次，我忍不住回了他一句。当他听到我说，倘若我完全凭借内心的指点来生活的话，则我要那些神圣的传统有什么用呢？我的这位朋友提出说："不过，内心里的冲动也许很低劣，一点也不高尚。"我这样回答："我认为不是这样的。可是，假如我是魔鬼的孩子，那样的话我就要依照魔鬼的指点来选择生活的方式。"除了天性的法则外，依我来说，所有的法则都不是神圣的。好和坏，仅仅是个名声而已，无须吹灰之力，就能够把它从这个人身上转移到另外一个人身上。唯一正确的是顺从自身结构的事物；唯一错误的便是逆反自身结构的事物。一个人对于与之相反的意见，她的举措应该是除了自己以外，别的所有的一切都是过眼烟云。令我感到惭愧的是，我们是那么容易成为招牌与名份的俘虏，成为巨大社团和了无生趣的习俗的俘虏。无论哪一个正派、谈吐优雅的绅士都比一个十全十美的人更能影响我、牵制我。我应该坦诚正直、充满生气，通过各种方法直抒没有经过粉饰的真理……

我不得不做的是所有与我相关的事情，而并非是其他人希望我做的事。这一条法则，在现实生活与精神生活中都是一样艰难的，它是伟大和低微的全部区别。它应当会变得更加艰难，假如你经常碰到某些自认为比你更加明白什么是你的责任的人。依据常人的观点在这世界上生活非常容易；依照你自己的观点，离群索居也不难；可是如果置身在人间，却可以尽善尽美地保持个人的独立，却只有伟人才可以做到。

抵制你觉得已了无生趣的习俗，是因这些习俗将你的精力耗尽了。它消磨你的光阴，隐藏你的性格。倘若你上了无生趣的教堂，给毫无生气的圣经会捐钱，投大量的票反对或拥护政府，摆餐桌同粗俗的管家无任何区别——这样的话在全部这些屏障下，你到底是个什么样的人我就很难准确看出。是的，这样做的话也会从你生活的本身当中耗掉相应的精力。但是，假如你做的是你想要做的事情，那样我就可以看出你到底是怎样的一个人。做你自己的事，从中你也就将自身增强了。一个人一定要想到，随波逐流无异于蒙住了你的双睛。如果我知道你属哪一个教派，我便可以预知到你会运用的论据。以前我听某位传教士宣称，他的讲稿以及主题的题材都来自他的教会的某项规定。难道我不是早就知道他完全不可能是即兴说一句话吗？……算了，大多数人都用各种各样的手帕把自己的眼睛蒙住，让自己依附于某一社团的观念。保持这样一种一致性，使得他们不单单在某些细枝末叶上弄虚作假，说些假话，而是在全部的细节上都造假。他们的一切真理都不是很真。他们所说的二并非真正的二，他们所说的四也不是真正的四：他们所讲的任何一个字都让我们失望透顶，可我们却又不知该怎样去纠正它。这个时候，自然却十分麻利地往我们身上套我们所尽忠的政党的囚犯的衣服。我们都板着相同的面孔，摆着一样的架式，慢慢学习到最绅士并且又愚蠢得如同驴一般的表达方法。特别值得一提的是某种丢人现眼的、而且也同样在历史上将自己印记的经历留了下来。

我所指的"傻傻的恭维"——我们同一些人相处不舒服时，脸上就流露出这样的假笑；当我们对那些没有什么兴趣的话题搭腔的时候，脸上浮现的便是这样的微笑。面部的肌肉并非自然地运作，而是被某种低级的、处心积虑挖空心思的抽搐所制约，在面庞外围肌肉绷得很紧，带给人们的是一种最不愉快的感觉：一种受指责与警告的感觉。这样的感觉，不管是如何勇敢的年轻人都一定不想体验第二次。

世人用不满对不落俗套的人进行鞭挞……对一个坚强的深谙世事的人来说，容忍有教养的绅士的愤怒并非难事。他们的愤怒正派得体，谨慎稳重。由于他们自己本身就十分容易招致责难，因而他们胆小怕事。不过，要是激发他们那女性所特有的愤怒，他们的愤慨就会升级；假如无知与贫困的人们被唆使，假如处在社会最底层的非理性的野蛮力量被怂勇狂吼发威，那就需养成宽大为怀与宗教的习惯，如同神一般将它看成无关紧要的琐事。

还有一个让我们不自信的恐惧便是我们想要随波逐流。这是我们对自己以前的所作所为敬畏的感情，原因在于在他人眼中能用来判定我们行为轨迹的凭据，只有我们的所作所为，可我们又不想令他们失望。

然而，你为何要往回看呢？为何你总是要抱着回忆的僵尸，生怕说出和你以前在某些公开场合说的话有点冲突的话呢？假如你说了些自相矛盾的话，那又如何？

傻傻地坚持随波逐流是心胸狭隘的幽灵的表现，是弱智的政客，哲学家与神学家们所崇拜的东西。伟人们根本不会随波逐流。可能他对自己落在墙上的影子更加关心。嘿！看管好你的那张嘴！把双唇用包装线缝起来！要不然，你如果想要做个真正的人，今天你愿意说什么就说什么，如同打机关枪一样；明天你也可以同样斩钉截铁地说你想说的话语，就算和你今天说的全部都是完全予盾的。哈哈！老夫人，你就嚷嚷吧！你绝对会让人误解的！误解，偏偏是一个傻瓜的代名词。让人误解就那样糟糕吗？毕达哥拉斯让人们误解，苏格拉底、耶稣、路德、哥白尼、伽利略以及牛顿，所有单纯而又聪明、曾生活过的人以前都被人误解过。要成为伟人，就肯定会让人误解……

挑选礼物的技巧

　　听说世界各地都处在一种破产的境遇，世界所欠下的债务已到了世界偿还不起的地步，因此应该上衡平法院将其拍卖。这种全部破产状况多少会涉及全部的居民，可我并不觉得这便是圣诞节、新年或是别的特殊时候在送礼时产生困难的原因所在；因为即使还债十分令人头疼，可是慷慨大方总会让人心情愉快。不过在选礼物时多少会遇到一些麻烦。倘若什么时候我突然想起：我应该给某个人送一份礼物的时候，对于应该送什么我总是拿不准，结果却错过了最佳时机。美丽的鲜花和可口的水果总是合适的礼物；那是因为鲜花宣称：美所折射出的光辉胜过世界上任何实用品。与普通天性的严厉面孔相比，鲜花的快乐天性和它形成了鲜明的对比。那如同从一座贫民窟传来美妙的音乐。

　　大自然对我们并不溺爱，我们仅仅是孩子，并非宠物，她不是很喜欢，对于我们，全部的一切都是依照严格的宇宙法则来处理的，不但不怨恨，而且也不偏爱。可是这些娇艳欲滴的鲜花看上去如同爱与美的戏弄。人们总是对我们说，我们喜欢恭维，即便对于恭维，我们也从不上当，因为它说，我们是有分量的人物，应该得到别人的奉承。鲜花带给我们的就是这样的快乐，它将甜美的暗示展示给我，我是怎样的一个人呢？水果也是一种十分受欢迎的礼物，原因在于它们是商品之花，并且能够给它们附上不同凡想的价值。假如有人命令别人来请我走一百英里路去拜访他，而且在我面前摆放一篮子上等的夏季水果，我会觉得辛苦与报答还是很相符的。

每天都为普通的礼物创造适当的美是很有必要的，当某一需要不允许某人选择时，他还是十分高兴，因为门口那人没有鞋子穿，你就不需要考虑你是不是可以给他弄个颜料盒。看到某人在家里或者是户外吃面包、喝茶总是让人欣喜的事情，相同的，提供这样一种第一需要总是一件快乐的事情。定要将所有的事都办得非常好。在我们大家普遍依赖的情况下，让请求的人来判断他的需要，并且即便非常不便，仍会满足他的全部要求，看起来仿佛是一件很英雄的行为。假如那样的愿望是荒唐的，最好将惩罚他的任务交给别人。我能够想到许多角色，相比复仇女神的角色，我更喜欢扮演。除必需的东西以外，我有个朋友规定的礼物的原则是这样的：我们能给某个人送他符合其性格，并且极易与他的思想有所联系的东西。可是，大多数我们表示敬爱的纪念品都很粗俗。

戒指与别的珠宝不算是礼物，不过是充当礼物的替代品而已。唯一的礼物就是你自己本身的一部分。你一定要为我流血。所以诗人送诗给自己；牧人送他的羊羔；农民送稻谷；矿工送珠宝；水手送珊瑚与贝壳；画家将画送给自己；姑娘送一块亲手所缝制的手绢。这很正当，也让人感到欣慰，原因在于，当某人的传记在其礼物中得到表现的时候，任何人的财富是他优点的标志之时，这就极大程度上让社会恢复到它的基本水平了。不过，当你在商店给我买些东西，它所代表的并非是你的，而是金匠的生活与才能的时候，那就单单是某一冷若冰霜、了无生趣的交易。将金银饰品当成某一具有象征意义的罪恶赠品或是敲诈回报赠送，仅仅适合国王与代表国王的这些有钱人，适合某一虚假的财政状况。

恩惠的法则是条艰辛的渠道，需认真、仔细地航行，船只也要牢固。接受礼物并非某人的职责所在。你怎敢赠送礼物呢？我们希望看到的是自给自足。对于一个个赠送者，我们不大原谅。给予我们好处的那只手有被咬伤的危险。我们能接受爱所给予的一切东西，原因在于那是某一接受我们自己所给的东西而并非接受觉得是在送礼的人所给的东西的方式。有时，我们对我们吃的肉表示憎恨，原因在于凭借它生活仿佛有点仰人鼻息的感觉。

> 兄弟，倘若天神送一件礼物，
>
> 小心，从他的手中你却无法得到兑现。

所有的这些我们全都要，少任何一点我们都不觉得满意。假如社会在土、火、水以外，不给我们大家机会、爱情、尊重以及崇拜的对象的时候，我们就对社会加以指责。

要是谁可以很好地接受一份礼物，谁便是好人。对一份礼物我们或许高兴，或许遗憾，这两种情绪都是不得体的表现。当我们对某一礼物表现惊喜或失望的时候，我想，这无疑是对感情的伤害，对人格的侮辱。当侵犯到我的独立，又或是对我的精神不了解的那样的人送来某一礼物的时候，我深感遗憾，所以也就不会支持这样的行动；倘若这份礼物让我喜出望外，我便会感到羞愧，因为赠送者揣摩到了我的心思，明白我所喜欢的是他送的礼物，而并非是他。

确实，这份礼物一定是馈赠者流向我的水，也就是说我的水流向他。当水处在同一平面上时，我的东西便传送给了他，他的东西也就传给了我。他的全部都是我的，我的所有都是他的。我这样和他说，当你的油与酒便是我的油与酒的时候，你如何将这罐油或是这瓶酒送给我呢？这份礼物仿佛对我的哪一种信仰进行否定？从这就可以看出美的食物而非有用的东西适合作为礼物。这样的馈赠是断然的侵占，所以，假如受益人背信弃义，就如同全部的受益人都憎恨全部的泰门一样，完全不用考虑礼物的价值，而不过是回头窥探礼物的更大来源时，我宁可同情那受益人，而不同情泰门老爷的愤怒。原因在于，希望其他人感恩戴德是可鄙的，所以，不断受到受赐者麻木不仁的惩罚。

可以平安无事、心安理得地摆脱一个不幸要让你照顾的人真是莫大的幸福。这一受惠于人的处境是某个大包袱，欠债的人自然而然想打你一耳光。将这些至理名言的一句给先生正是我对佛教徒推崇备至之处，佛教徒从来不表示感激，他说："不要奉承你的施主。"

我觉得产生这些矛盾的原因在于人和礼物的水火不容。对一个大度的人来说，任何东西你都给不了。你刚为他效劳过，他又马上用他的宽宏大量让你欠了情。倘若一个人给他的朋友的帮助，和他所了解的他的朋友所打算要给他的帮助相比较，是自私微小的，就同他还没开始帮他的朋友一样，也同现今一样。和我对我朋友怀有的好意比较起来，我能给他的好处似乎是微不足道的。更何况，我们彼此所起的作用好坏都有，但都很随意，所以当我们听到某一想为某个好处表示感谢的人的谢意的时候，不免会问心有愧。我们经常都不会直接表现，因而不得不满足于某种婉转的手法；我们极少提供给人某一直接的好处，可是，正直在五湖四海播撒恩惠，自己却不得而知，获得所有人的感激反而觉得惊奇。

我害怕对爱的威严有所冒犯，原因在于，它是礼物的守护神，我们绝对不能够假意向他发号施令。让其一视同仁、不带偏见地赠给王国或者花瓣去吧。有的人，我们常常希望从他们那获得玲珑可爱的纪念品，这种期许我们还是要继续。这是特权，我们市政规则不会限制于它。至于其他的，看到我们不能被买卖是我所喜欢的。殷勤大方的精华并非在意志，而在命运里。对你来说，我发现自己算不了什么；你并不需要我；你无法感觉到我；随后别人把我从门里推出来，尽管你提供给我房屋与土地。帮助不存在任何价值，有价值的仅仅是相似。当我打算凭借于帮助与别人结合时，事实表明，那不过是一种智谋——不过如此。他们将你的帮助如同苹果一样吃掉，随后又将你忘得干干净净。不过你爱他们，他们便会感觉到你，而且是永远喜欢你。

爱情是水一般的柔情同炽热的欲火自然的结合体。这一结合给人们作出了下面的要求：为了用绚丽多姿的色彩把少男少女们那感人肺腑的爱情经过描画出来，一个人不能够年纪太大。青春的美好遐想，完全不允许有任何深思熟虑的冷静，那是因为后者会用年迈的迂腐来冷冻他们那如花般的青春年华。所以，我深深懂得自己或许会招致罪名，那些"爱的法庭与议会"的会员们可能会觉得我似乎太过于冷酷与淡定。然而，我要躲避这些让人可怕的洗垢求瘢的家伙们，向那些比我年纪大的长辈们求助。可以这样认为，虽然我们所讲述的这种激情是在少年时代萌发的，可并不会在老年就放弃。又或是说，它一定不会让对自己尽职尽责的仆人变得老态龙钟，而是让年老的人也来分享爱情的甜美，并且他们不亚于那些妙龄少女们，仅仅是表达的方式有所不同而已，甚至可以说境界还要高雅一些。

　　爱情犹如一团熊熊燃烧的火焰，它才刚刚在一颗心灵深处化成了灰烬，却又被另外一颗火热的心灵里所迸发出的游离火星给再次点燃。它火光炽烈，来势凶猛，直到烈焰照亮和温暖成千上万的男女和全人类共有的心灵，因此也将全世界和大自然照亮了。因而，不管我们是想描绘二十岁、三十岁时又或是八十岁的激情，都毫无关系。假如你描绘它的起初，就会将它的后期错过，而描绘其末期就绝对会丢失它的一些早期特征。所以，唯一的希望就是，凭借耐心与缪斯的帮忙。我们能够了解到它的内在规律。它肯定会将青春常驻、韶华永存的真理描绘得更加美丽，使得不管你从哪一角度去看，都会清晰可见。

对任何知名人士来说，最能引起大家兴趣的是什么呢？这就莫过于他的情史中的那些风花雪月之事了。在图书馆中流行的是哪方面的书籍呢？当我们品读那些浪漫唯美的爱情小说之时，我们是多么地如痴如醉啊！在日常生活的交往之中，有哪些能够比两情相悦的章节更引人入胜的呢？也许我们同他们素不相识，今生也无缘相会，可是，当我们看到他们暗送秋波或脉脉含情的时候，相互间就不会再觉得陌生。我们能够理解他们，并且对这段罗曼史的情节进展富有很大的热情。世人都爱有情人。

这儿有个很奇怪的事实：相当多的人在回顾自己的人生经历的时候，仿佛都会觉得，在他们自己的生活篇章之中，最美好的华章莫过于对某段甜蜜爱情的美好回忆了。在那儿，爱情赋予了诸多偶然的、繁琐的事情以某一神奇的魔力，这种魔力竟超过了爱情本身所产生的吸引力。在回顾往事时，他们也许会发现，对于求索的记忆来说，某些原本没有魅力的事情却比把这些事情记在心里的魔力本身还要真切得多。

可是，不管我们的具体经历是怎样的，没有人能够忘怀那种力量对我们心灵的有力冲击。它的大驾光临让万物开始更新；它是某个人身上的音乐、诗歌、以及艺术的黎明；它让大自然满面春风，使得晨昏交替，呈现无尽魅力。那个时候，稍有响声就会让他的心跳加速，和一个身影有关的最繁琐的小事也会变成深嵌入记忆中的琥珀。在那个人出现之时，他就会眼睛都不眨一下；当那人离他而去的时候，他便会魂牵梦萦，牵肠挂肚。那个时候，那位少年整天守在窗边深情地凝望，就算不过是见到一只手套、一条纱巾、一根缎带，又或是一辆马车的车轮，也都会因此心驰神往。对他而言，那时候没有哪一个地方是太过偏僻，没有哪一个地方是太过寂寞的，原因在于，在他的思想之中有了更加丰富多彩的交往，更为甜蜜的对话，而这是所有老朋友都给予不了他的，虽然他们都是最优秀的、最纯洁的人。可是因为，这个他情有独钟的对象的外表、谈吐、举止，都不像其他的昙花一现的形象一般，而是正如普鲁塔克所说的一样，是"用火烧了瓷釉"的形象，是他魂牵梦绕的对象。

虽然你已离去，却还依然在身边，

不管你现在身在何方，

你将你那凝望的眼眸，深情的心，

留在了他身上。

当我们处于人生的壮年与暮年的时候，每每回忆过往，我们仍会禁不住怦然心动，那是因为那时的我们还并未尽情地欢乐过，并且肯定是被那痛苦和恐慌的滋味给包围了。曾有人如此评说过爱情：任何其他的欢乐，都比不上它带给我们的痛苦。

那个时候，白昼真是太过短暂，因而黑夜也都花费在了痛心的回忆中了；那个时候，由于打定主意打算慷慨行事，因而辗转反侧、难以入睡；那时，月色是让人心中充满无限欣喜的狂热，星星犹如文字一般，花朵成了密码，微风也被谱成了华美的乐章；那个时候，一切事物仿佛都得不到要领，而一切在大街上颠沛流离的男女们都仅仅是一些幻想而已。

激情为青年将世界重建。它让世间万物生机勃勃，意味隽永。就算是大自然也具有了意识。而今，树枝上的每一只鸟儿都在对他的心灵在欢乐地歌唱，一声声音符婉转清晰，明白如话。他抬头仰望天空，看到一朵朵白云也绽放出了它们的笑脸。树林里的树木、摇曳的青草、羞赧的花朵，都有着它们的灵性，似乎都在引诱着他将心中的秘密说出来，因此他被弄得难免心生怯意。不过，大自然一直都很善于抚慰，具有同情心的。在这样一片绿色幽静里，他找到了某一比与人相伴更加可爱的家园。

那让他对大自然产生爱美之心的激情，也让他由衷地爱上了音乐和诗歌。有个屡见不鲜的事实：人们在爱的激情召唤之下创作出了很多优美的诗歌，这是在其他任何条件下都做不到的。

爱能够让他的天性饱含力量，爱能够让情感得到延伸，爱能够让粗俗的人变得文雅起来，让胆怯的人变得更为勇敢。为了获得所爱的人的芳心，就算是一个可怜、卑微的人，也都会拥有征服世界的决心和勇气。尽管爱已把他交给了另外一个人，不过更多的是把他交给他自己。如今，他已是一个全新的人，拥有了新的感受和新的更加急切的意图，他的性格和目标也有了某种虔诚与庄重。

我们赞颂美带给人们的启示，我们就像欢迎阳光一般地欢迎它的到来。它让任何一个拥有它的人变得愉快和富足。一位姑娘会让她的意中人明白，为何美会被描画成她步态的优雅。这个世界因为她的存在而变得丰富起来，尽管她让他心无二用，让他的视线中不再有别的人与物，不过她又通过自己作了补偿。如此一来，站在其面前的这位妙龄少女就变成了一切美德的代表。

古人把美称做是"品德开出的花朵"。谁可以分析出从某一面庞与体形上所折射出的那种难以形容的魅力呢？我们很难接近美，原因在于，美的本性就仿佛雪白鸽子脖子上的光泽，闪烁不定、稍纵即逝。

有这样的一种说法："假如我爱你，那样的话对你来说这代表着什么呢？"我们这么说的原因在于我们发现我们的爱不在你的意志中，却是在你的意志之上。它是你的光辉，而不是你，它就在你的身上，不过你却意识不到，甚至是永远也无法知道。

所以，青春的光环被上帝送到了灵魂面前，如此一来，它就能够凭借美丽的肉体来充当自己回忆天上美好事物的依托。因而，当一个男人在某个女人的身上看到它的时候，就会朝她飞奔而来。在观察这个人的体形、动作和智力时，他就找到了巨大无比的快乐，原因在于它向他展示了真正寓于美中的事物的存在，以及美的起因。

不过，如果灵魂与物质的对象有太多的交流的话，它便会变得俗不可耐，就会把自己的满足错误地寄托在肉体上面，如此一来，它所得到的便只有哀伤了。因为，肉体无法履行美所作出的承诺，可是，假如接受这些幻象的暗示以及对美给其心灵所提出的建议，那样一来，灵魂便会通过肉体，开始对性格的诸多表现进行欣赏。而恋爱中的人们就在他们的言行举止里彼此观照，随后他们就进入了美的真正殿堂。对于美的热爱的火苗越烧越高，而且用这样的爱熄灭了卑微的情感，就如同炉火在太阳光的照耀下熄灭了一般。因此他们就变得更为纯洁和神圣了。

通过和原本就代表享有优越感、高尚、谦虚、正义的事物来交流，热恋中的人便会对这样的事物给予更多的热爱和理解。因此，他将爱一个人身上所具有的这样的事物，推广到了爱所有人身上所具有的这样的事物。所以，一个美丽的灵魂不过是一扇门，他从这扇门里走过，步入到那经一切纯真灵魂所组建的世界。在其伴侣所在的那个世界里，他对所有的斑点、污迹会看得更为清晰。让他们两人都感到开心的是，他们俩都可以指出彼此之间的缺点，甚至可以在克服同一缺点之时彼此帮助、彼此安慰。由于在诸多的灵魂中看到了这种圣洁的美，由于在任何一个灵魂中把神圣的事物同它在世间沾染来的污点分开，所以恋人们就沿着经过革新的灵魂这个梯子，登上了高尚无比的美，登上了对神性的钟爱和认同。

一双男女从开始的暗送秋波，到互献殷勤，然后到热情如火、山盟海誓，最后到结为连理。激情让他们的灵魂和肉体完全地结合在一起。

如果罗密欧死去了，他应化成了一颗小星星去装点天空。恋人们喜欢亲密相处，喜欢山盟海誓，喜欢将各自的体贴相互比较。独处的时候，他们就会追忆恋人的影像，用来自我安慰。对方是否和我一样也在仰望让人销魂的相同的那颗星星、相同一朵正在消逝的云朵呢？对方是否正在品读着让我万分欣喜的同一本书、感受着一样的情绪？

可是，这些年轻人的身上掌握了人类的命运。危难、悲伤、痛苦，一一朝他们来袭。爱在祈求，为了他这个至亲至爱的伴侣，同"恒久的力量"订下了誓约，因此就缔结了姻缘。它将自然界里的任何一个事物都被赋予了某种新的价值，它给关系网中的所有线都镀上了一层金色的光辉，它让灵魂沉醉在某种新的、更加甜美的境界当中。不过，这样的结合仍然是一种暂时状态。美丽的鲜花、名贵的珠宝、优美的诗歌，甚至包括另一心灵里的家，都满足不了那颗定居在肉体里的让人十分敬畏的灵魂。最后，它把自己唤醒，摈弃那些耳鬓厮磨，就仿佛抛开一件玩具，随后穿上铠甲，去追寻那些更加远大而寻常的目标。

我们会情不自禁地感受到，爱情仅仅是一个提供我们在外留宿一晚的帐篷罢了。有的时候，爱情会将我们制服、吸引过去，并把自己的幸福依靠在别的人身上。可是，很快，我们就会看到心灵那勃勃的生机——万盏长明的灯火将它的穹隆照耀得金光四射，而那仿佛乌云一样掠过我们心头的浓郁的爱情，其明确的特性便会随后和上帝交融在一起，以得到自身的完善。漂亮和迷人的爱情，只有被更加漂亮、更加迷人的灵魂的善、品行与智慧所替代，所充盈，才可以得到永生。

在友谊中寻找崇高

　　是钻石就让它发光，而不是去期待它的永恒性。友谊需要的是一种宗教的审视。我们经常谈到对朋友的选择，其实，朋友更多的是自我选择的体现。把朋友看做是自己生活中的一道风景。也就是说，他所具有的优点是你所不曾有的亮点。给这些优点一个存储的空间，让他们能够升华与扩展开来。要把朋友看做真正的财富，并用心去体味一种瞬间而丰富的快乐，而不是一味地去追寻丰厚的物质利益。

　　我们可以从廉价的友谊中得到不同的政见、茶余饭后的谈资以及左邻右舍的便利。我们的交往为什么就不能像自然本身一样，给予我诗一般的、纯洁而普遍的伟大与高尚呢？与远处的地平线上飘着白云或大河两岸的碧草相比，难道我就应该感到我们的关系被亵渎了吗？我们不应该贬低友谊而是要提高它的标准。我们要相信，轻蔑的行为并不会伤害我们的尊严，反而是增强与提升了我们的尊严。

　　我们对神圣的友谊法则无比敬重，就是不要对完美的友谊之花产生偏见。我们要想成为别人，首先必须成为一个真正的自我。按照一个拉丁谚语的意思，至少在罪犯的心里还存在一丝的满足——你可以用极其平和的语言与你的同谋交流。罪犯的心理状态，起初是厌恶但是逐渐就会习惯。对那些我们羡慕和敬重的人们，我们不可能一开始就喜欢上他们。在两个精神并存的领域是不可能存在深层的宁静的，也不会存在所谓的相互尊敬，只有直到他们的语言交流可以代表整个世界时才是可以的。

美德唯一的报偿就是高尚的美德；得到朋友的唯一途径就是你首先必须是一个能够让别人信得过的朋友。你可以走进一个人的家里，但是你却无法真正地走进他的灵魂深处。如果是这样的话，他的灵魂就会远离你，并且永远也无法捕捉到他的一丝真正的眼神。我们看着崇高的灵魂远离而去，并且他们总是不让我们接近；我们凭什么要闯入别人的视野呢？所谓爱，就是人把自我价值与他人价值加以对照。人们有时可以和他们的朋友交换各自的名字，似乎他们这样就能够表示对友谊的重视和崇敬。

有的人喜欢把友谊放在一个极高的位置上，因此我们就很难与他们建立起紧密的血肉联系。一个庄严的希望激活了充满忠爱的心，也许在其他地方，灵魂正在活跃、持久而大胆地存在着，他们忠爱着我们，我们也爱着他们。我们也许会庆幸自己过去的愚昧、过错与害羞，现在都已经消逝了，当我们变成成熟的男人以后，我们就会抓着英雄般的手而走向成熟。我们可以从我们所见到的东西中得到启示。历史的经验告诉我们，不要与毫无廉耻之心的人建立友谊，因为和他们不可能有真正的友谊存在。在有些时候，我们的忍耐会暴露出我们的轻率与无知，友谊的结盟里是没有上帝的参与的。坚持按照自己的路走下去，尽管有可能会损害到你的利益，但是你却会赢得更多更大的利益。在适合的环境中，你可以尽情地展示自己，以便把你从错误的友谊关系中解脱出来，并把你重新带入一个全新的灵魂境界。

有些人可能会担心我们把与朋友的关系搞得过于神圣化，这种想法是极其愚蠢的，因为他们并不了解爱的真谛。朋友可以发现并纠正我们的缺点，也会大度地容忍我们，尽管看起来朋友的做法可能是剥夺了我们的某种快乐，但是最终我们将会得到更多的回报。朋友是典型的两面神；他关注着过去与未来。他是我们经历的见证，也是即将到来的预言，是更为伟大的朋友即将到来的先兆。

我与朋友共事就像是在与我的书本打交道一样。我可以在我需要他们的地方找到他们，但不一定要经常用到他们。我们自己来决定所需要的交往，并以非常微弱的理由来承认或排斥。我无法对朋友许诺给予他更多，如果他的人格是伟大的，那么他也会使我变得一样伟大。我应该把自己奉献给我的朋友，走进去了，我就可能抓住他们，走出去了，也可能捕捉到他们。我唯一担心的是失去我的朋友。怕他们消失在天空中，在那里，他们仅仅是一丝亮光而已。

　　我为我的朋友感到自豪，但是我却无法与他们对话并探究他们的视角，我害怕丧失了自我。尽管它也许会给予我某种家庭的天伦之乐，但是这又可能会让我放弃崇高的追求，停止对精神宇宙或星际的探索。

　　如果说现在的我有所成就的话，那么我将会把这些归功于与我交往的朋友们。我从他们那里获得了他们的帮助而不是他们拥有的财富。他们给予我的东西，是从他们那里生发出来的。

　　伟大的人物都明白，真正的爱是不可能没有回报的。真正的爱永远都是超越了物质、房子以及庸俗的思想的，而当穷人们提出享用鹿肉的要求时，我们感到的不是悲哀，而是感到地球母亲的损耗以及自信者的独立。友谊的真谛就是毫无保留的、彻底而宽宏大量的信任。友谊决不是臆测或提供某种虚弱的东西。

我们拥有的友爱比别人说的要多得多。尽管仍有如同寒风一般令世界突然变冷的自私，全人类的整个大家庭依旧还是沐浴在某种如同纯净的爱的元素里。有那样多的人在我们房子里相遇邂逅，尽管我们极少与他们说话，不过我们尊重他们，他们也尊敬我们。有那样多的人在大街上看到，有如此多的人在我们教堂里坐在一起，虽然我们缄默不语，却因可以和他们相处而备感荣幸！读读那些游移不定的目光所说的话语吧。心是很清楚的。

　　将这种人间情谊放纵，得到的结果就产生了一种打心眼里的快乐。在诗歌中，在一般的交谈中，人们感受到对别人的慈爱与满足的感情被比作火的物质效果；这种内心的微妙光照就是如此迅速或者还要迅速很多，活跃很多，让人感觉十分舒畅。从最高程度的炽热爱情，到最低程度的善意，生活都被它们充满了美满和甜蜜。

　　随着我们的情感增长，学者坐下来写作，许多年的苦思苦想没给他提供任何精辟的见地或者某一满意的表达；这就有给朋友写一封信的必要了——顷刻就浮想联翩，信手拈来，绝妙好词自动出现。请注意，在任何一个讲德行与自尊的家里，某位陌生来客的到来将引发一场慌乱。某位被别人引见的陌生人被期待着，随后宣告他的到来，因而介于欢乐与痛苦间的某一不安进入一家人的心田。他的到来基本上给要欢迎他的、好几个人的心带来了困扰。房子打扫了，所有东西各归其位，脱去旧的衣衫换上新装，要是有能力，他们还一定要设宴接风。对于一个得到推荐的生客，只有其他人说的好话，只有我们听到的好的消息、新的消息。就我们而言，他代表着人性。他正是我们全身心向往的东西。将他想象、揣摩之后，我们就产生了此种疑问：在谈话和行动上我们应如何投其所好，而且备感忧心，坐立不安。相同的考虑升华了同他的对话。我们的谈吐比以往要高雅。我们的思路十分敏捷，记忆更为丰富，我们的沉默寡言一时之间就悄然离去。我们能将一系列诚挚、文雅、丰富的交流持续很长时间，这些都是从最老、最隐秘的经验当中总结出来的，因而我们的家人与结识的人当中有人坐在一边，肯定对我们非凡的能力惊讶不已。只要这位生客在谈话中提及他的癖好，他的解说，他的缺点，一切就算过去了。他已将他想从我们这里听到的起初的、最后的、最好听的话都听到了。而今他不再是生人了。俗不可耐、愚昧无知、误解都成了家常便饭。如此一来，当他到来的时候，他依旧会得到礼遇，会设宴为他洗尘——不过，心的悸动、灵魂的碰撞却不复存在了。

　　这些感情的喷发又给我创造了一个年轻世界，怎样的东西能让人这般惬意呢？有哪些东西可以像两个人用相同的思想和感情，正当、稳定的邂逅这般美妙呢？才华超群、心胸坦荡的人的步伐与身影朝这颗狂跳的心走近，那是多么美妙的事情啊！每每我们放任自己的感情的时候，地球也同样为此变形；不存在冬天，也没有黑夜；全部悲剧，所有厌烦，荡然无存——甚至一切义务；除亲爱的人的欢天喜地的身影，任何东西也无法填满这不停进展的永恒。让灵魂确信在宇宙的某处，它应同它的朋友再次相逢，它会独自满足、欢乐千年。

　　今天早晨，我一觉醒来，对我的朋友，不管是老朋友，还是新朋友，从内心深处感到无比的感谢。我能把上帝变美吗？原因在于他每天将他的赠品给我展现出他的美？我并非很难同别人打交道，我喜欢独处，可是我还不致这样不识趣，竟不去看那些时常从我家门口经过的睿智的人、可爱的人、品行高尚的人。谁愿意听我话，懂得我，谁就是我的人——一笔永久的财产。大自然还不致贫穷到连这样几次的欢乐都不给我，这样，我们在编织我们的交际线，一个崭新的关系网；并且因为好多新思想不间断地证明自己的根据。不久后，我们将在一个我们自己建造的新世界里屹立着，不再是一位传统星球上的漂泊者与陌生人。还没有寻访，我的朋友便已自己找上门来。杰出的上帝将他们交给我。据最远古的权利，据德行与它神圣不可侵犯的亲缘，我将他们找到了，又或是确切地说，并非我，而是我与他们身上的神嘲讽且勾销了每个人性格、关系、年纪、性别、环境的厚墙，凡这样的一些他往往表示默许，而今却化多为一。

超群绝伦的恋人们，我对你们感激不尽，由于你们代我将这个世界指引到新的高贵的深度，将我的全部思想的意义扩大化了，这些人便是万代诗宗的新诗——永无止境的诗——圣诗、颂诗、史诗，照样流动不止的诗，阿波罗与缪斯们依旧吟颂的诗。这些人同样会又一次与我分离，还是其中一部分会同我分离？我不清楚，可是我一点也不害怕；因为我与他们之间的关系是这样的纯洁，因此我们是依靠单纯的亲和力联系在一起的，我的生命的天才因为如此热爱交际，相同一种亲和力将会在所有同这些男男女女一样高贵的人身上获得力量，不管我身在何方。

友情给我们的启示

　　我不否认在朋友这一点上，我的天性相当脆弱。对我而言，将感情里"误喝下的酒里的甜毒挤出"无疑是相当危险的。就我来说，一位新人是件大事，让我无法入睡。我常常对带给我美好时光的人相当喜爱，不过这样的欢乐白天便结束了；它产生不出任何结果。它也并未产生思想，我的行动也极少改变。我不得不对朋友的成就感到无比自豪，如同它们便是我的成就一般——并且似乎是他的品行中的某一特性似的。他得到赞美时我心里暖洋洋的，就仿佛情郎听到别人夸奖他的未婚妻一般。我们将我们自己朋友的良心估价太高。他的善良仿佛胜过我们的善良，他的天性仿佛更为美好一些，他的诱惑似乎不多。属于他的全部——包括他的姓名，他的体态，他的衣着、书本和工具——幻想都将它们美化了。我们自己的思想出自他的嘴巴便更显博大新鲜。

　　可是心脏的收缩和扩张同爱的消长并非没有相似之处。友谊如同灵魂的永垂不朽，好得让人无法相信。情郎看见了他的心上人，不过是略知一二，并非他所崇拜的真正对象；可是在友谊的最佳时刻里，就算是些微弱的怀疑与不信我们都觉得非常讶异。我们疑心是不是给了我们的英雄以发光的美好品质，随后又去崇拜我们觉得圣灵用来安身的那种体态。严格说来，灵魂尊重他人没有它对自己那么尊重。从

自 助

缜密的科学意义上来说，一切的人都处在同一遥远无比的状态中。莫非我们害怕挖掘找寻这座天国圣殿的形而上的基础会将我们的爱冷却？莫非我将看不到如我所见的事物那般真实？倘若是这样，我不会害怕知道他们的真相。他们的本质同他们的外形一样的美，虽然要懂得它还需更为敏锐的器官。

就科学而言，植物的根一点也不难看，虽然要做花冠、花球我们依然要将茎剪短。而我不得不冒险在这样悦人的想象中提供如此直白的事实，虽然事实表明它或许是我们宴会上的埃及骷髅。某一和自己思想维持一致的人便会妄自清高。他意识到的是某种通常的成功，就算它是经由一直以来的特殊失败而获得的。一切优点，所有能力，黄金与力量，都不可与之相媲美。我只好依赖自己的贫困，而并非你的财产。我不能让你的意识同我的一样。只有恒星光彩耀眼；行星不过有一种月亮一样的微光。我听到了你对你所赞美的那一方让人敬佩的才华与得到磨炼的气质所讲的话，不过，我虽然知道他身穿紫袍，但依旧不会喜欢他，除非最终他就是某个像我这样的一无所有的人。

朋友啊，我不能否认"现象"的强大阴影也将你概括在它色彩杂乱，参差不一的无限当中，与你相比，其他的一切不过是影子。你并非"存在"，而"真理"、"正义"却是——你并非我的灵魂，而是灵魂的某幅自画像。最近你才来到我这儿，可你已拿起你的帽子与外套打算离开了。灵魂生长出的朋友就如同树木长出树叶一般，一会儿工夫就生出新芽，将旧叶赶走，莫非不是如此吗？自然法则便是永久的交替。所有让人感到震惊的状态都会产生相反效果。灵魂被朋友包围着，如此一来便能够进入某种更为可贵的自我认识或者孤单境地；它独自活动一段时间，如此一来它能够将他的对话与社交加以升华。这样的方式伴随着我们个人关系的所有历史将自己表露无疑。感情的本能将我们和自己的伴侣结合的希望重新点燃，回归的孤独感又将我们从追求中召唤回来。这样，所有人在找寻友谊中度过了他的人生，假如他将自己的真实情感记录下来，他能够给一切他要钟爱的对象写下这样一封信。

亲爱的朋友：

　　倘若我相信你，信任你的能力，必须要让我的心情同你的保持一致，我便再不会想到和你的交往的一些繁琐事宜了。我不是很聪明；我的心情完全能够企及；对你的天才我充满敬仰；在我来看来，它到现在还是深不可测的；可是我不敢妄为揣测你对我就非常了解，所以你对我仅仅是一种舒心的苦恼。一直属于你的，或永远都不属于你。

　　可是这样一些忐忑不安的欢乐与细小尖锐的痛苦是因为好奇，并非为了生活。不可让它们放任自流。这相当于结网，而不是织布。我们的友谊慌乱地得出一些可怜浅薄的结论，因为我们已将它们变为某种酒与梦的组织，而并非人心的坚韧构造。友谊的法则十分严厉，永恒，同自然法则与道德法则隶属同样的一个网。不过我们瞄准的是急功小利，吸吮某种突然的甜蜜。

　　我们获取上帝的整个花园中结出的最迟的果子，好多年才可以让它成熟。我们寻友并非抱着圣洁的目的，而是抱着某种要将他占为己有的邪恶的激情，徒劳无功。我们全身用险恶的对抗武装这一切，我们一见面，它便开始产生效应，把所有诗歌变成了陈旧的散文。差不多全部的人都屈尊相见。所有交往注定是某种妥协，最差劲的是，当他们彼此接近之时，所有美好的天性之花的精华与芬芳就马上消失。

　　现实生活中的社交是种怎样永久的失望，就算是德才兼备的人的社交也在所难免！会见用卓越的见识完成之后，没过多久，正处友谊与思想的鼎盛之时，我们就不得不屡受挫折的打击与折磨，受出乎意料、无任何道理的冷漠的折磨，受机敏与血气的癫痫的折磨。我们的才干把我们欺骗了，双方都用孤独来解救。

　　我应该可以应付所有关系。我有多少朋友，我在同任何一位交往当中可以得到怎样的满足，就算其中有位我难以应付，这一点关系也没有。倘若我应付不了局面从某场比赛中退出了，那样的话我在别的任何对抗中产生的乐趣就变得懦弱卑鄙起来。我应该恨我自己，要是那时我将其他的朋友都当做我的避难之所的话。如此一来，我们的暴躁就会被痛斥。

害羞与冷漠是一层坚硬的外壳，某种细嫩的组织在其中得以保护，用来避免提前成熟。假如所有最优秀的灵魂还没有发展到了解并拥有这个组织的地步，可它先知道自己，那样的话它便会丧失。将那naturlangsamkeit 尊重，它花费一百万年的时间将红宝石变硬，并坚持工作着，在这种进程中阿尔卑斯山与安第斯山如同彩虹一般出现，消亡，消亡了又再出现。我们生命的美好精神没有与鲁莽的价值等价的天堂。爱是上帝的本质，所以它代表的不是轻浮，而是人的整体价值。让我们千万别在我们的体贴中拥有这样的幼稚的奢华，而要有最简朴的价值；让我们同我们的朋友接近，大胆信任他的真心，大胆信任他宽广的基础，那是无法被推翻的。

这一论题的吸引力是无法抗拒的，因此暂时我先丢开对次要的社交效益的所有概述，专门讲一下那种非凡、神圣的关系，由于它太过绝对，甚至让爱的语言都变得可疑，成为了家常便饭。这样的关系要纯洁很多，任何事物也没有这般神圣。

维系情谊的纽带

　　我不想将友谊精雕细琢，仅仅想大而化之地进行处理。假如友谊诚挚，它便并非玻璃丝，并非窗上的冰花，而是我们所了解的最为扎实的东西。总结了几个世纪的经验，到如今，对于自然界，还有我们自己，我们有怎样的了解呢？对于解决自己的命运问题，人们还没有迈出一步。人类就异口同声对愚蠢进行谴责。可是我从我的兄弟的灵魂此种结合当中汲收来的那样甜蜜、真诚的欢乐和和平便是果仁本身，而所有性格，所有思想不过是外壳。祖护某位朋友的房屋有福了！不如将它建成喜庆的园亭或者拱门，招待他一天。假如他了解那种关系的庄严，并尊重它的规律，那它就更有福气了！谁主动提出订立那样的盟约，谁便会如同一名奥林帕斯神一般前去参加重要比赛，在那儿，世上年纪最长的人全是赛手。他主动要求参加各种各样的竞赛。"时间"、"匮乏"、"危险"都一一列举在那名册上，只有性格充满真诚，能将他美艳不受任何损伤地保护起来的人才是获胜者。运气这一说也许有，也许没有，可是那种比赛中的一切速度都取决于固定给他的高贵与对琐事的蔑视。两种元素将友谊组成，任何一种都至高无上，使得我竟分不出孰好孰坏，提名时也无任何理由区分前后。一种就是"真"。朋友是一位我能够与其推心置腹的人。在他面前我口无遮拦。我终于到

91

自 助

达一个人的面前，他是如此真诚，如此平等，我竟能够扔掉假面具、礼貌以及深思熟虑这样的贴身内衣，那是人们一直都不会脱的东西，并且能够跟他用一个化学原子与其他一个化学原子相遇的单纯与完整打交道。真诚如同王冠与权威，是级别最高的人才允许享受的奢华，只有那样的人才准许说实话，那是因为在此之上再无任何东西好企求，好遵守的了。任何人独自一人时都是真诚的。另外一人一涉足，伪善便产生了。我们使用问候语，闲话，娱乐，以及挑逗来进行回避、不让我们的同类到来。我们将自己的思想紧紧地遮裹起来，不让他了解。我结识一个人，他由于对某一宗教的狂热，将虚饰这层面具扔掉，省去了所有的恭维与客套，对他遇见的所有人的良心说话，并且还带着洞察与美说话。最开始，他遭到抵制，所有人都说他是疯子。但是他坚持这样做，由于他确实由不得自己，长久地，他尝到了甜头，他指引他所认识的所有人同他建立某种真正的关系。没有人想同他说假话，又或是与他闲聊什么市场与阅览室这样的事而将他搪塞过去。可是这样多的真诚强迫所有人有了类似的坦白率真的举动，他如何热爱自然，他有怎样的诗情画意，他有哪些真理的象征，他自然而然地要表现给任何一个人。

可是对我们大部分人来说，社交让人看到的并非它的脸与眼，却是它的侧身和后背。在某个虚伪的时代中，同人们保持某一真诚的关系就等同发狂，难道不是的吗？我们很理直气壮地走路。我们遇见的所有人差不多都需要一种礼貌——需要迁就；他有某种名气和才气，脑海中有某种宗教或是慈善的奇思异想，这都是不用怀疑的，可这恰恰把他所有的谈话糟蹋了。不过，朋友是一位意识清醒的人，他利用的并非我的机敏，却是我本人。我的朋友招待我，而一切条件都不要求我答应。所以，朋友是自然界的某种悖论。我独自存在着，我在自然界是个穷光蛋，可自然界的存在我能够用与我的存在相同的证据来证明，如今我看到了我的存在的近似物，不管高度、品名与奇特性都相似，仅仅是用一种外来的形式再次表现出来，因而一个朋友不妨能够看成大自然的杰作。

友谊的另外一种元素便是柔情。我们被所有纽带，被血统、自尊、恐慌、期望、财富、情欲、仇恨、赞赏，被所有环境、标志与琐事同人们联系在一起，可是，我们不易相信别的人能有如此多的特点，使得让爱来吸引我们。莫非另一个人可以如此神圣，我们可以如此单纯，以致可以向他表示柔情？当一个人获得我的喜爱之时，我便达到了幸运的目地。我发现书本上的知识极少直接同这一问题核心相触及。不过我还是有句必须铭记在心的名言。我喜爱的作家说过："我将自己勉为其难且迟钝地奉献给那些人，事实上我便是他们的，我对谁最忠心耿耿，奉献得便最少。"我希望友谊不但应有眼睛，有口才，而且应该长着脚，它首先一定要脚踏实地，然后才可以跳过月亮。我期望它先如同一个平民，随后再像一个天使。

我们对那个平民进行指责，原因是他把爱制造成了一种商品。它是某种礼物交换，某种有用贷款的交换；它是一位好邻居；它通宵达旦守护病人；它在下葬时扶柩；却将这样的关系的微妙与崇高忽视了。可是，尽管我们无法发现那跟随小贩伪装下的神灵，但另一方面，倘若诗人把线纺织得太细，不可以用公平、守时、忠诚、可怜这些市政美德让他的传奇得以充实，我们也不可以原谅他。我讨厌滥用友谊之名去代表时髦、庸俗的联合。我喜爱农民子弟、铁皮小贩的结识远好过引人注目、乘坚驱良、灯红酒绿地去庆祝他们相识的日子的那般香艳迷醉的和气。

友谊的目标便是一种可以参加的最为严格、质朴的社交；比我们所历经的所有社交都更严格。它是经由一切关系与生死离别所追求的帮助与安定。它适合平静的日子、高雅的情趣与乡间的畅游，可是，也适用于弯曲的道路与简单的饮食、沉船、贫穷与迫害。它欣赏妙语连珠，也让宗教的人们无比佩服。我们要给予大家日常需要与人生职责以尊严，用勇气、睿智和和谐为友谊增添光彩。它永久都不应当落进成规俗套里面，而应敏锐机智，饱含创造性，为单一乏味的生活添加韵律与情理。

友谊能够说出诸多极端稀奇、贵重的天性，任何一种都匀称调和，适应裕如，并且境况很好（有位诗人说，即便在那种具体情况之下，爱要求任何一方完全成双配对），因而难以满足它的要求。有些对此种热门心理学比较精通的人说，在多于两个的人中间，它达到不了完善的境地。我对我自己的定义并非很严格，或许因为我一直都没有像其他人那样有过如此的深情厚谊。我宁愿让我的想象满足某一种相互关系不一样的、超凡入圣的男女组建的圈子，他们之间有着某种高超的理解。不过我发现此种一对一的方法是不容违反的，而对话就是友谊的实践与完成。别把水搅得太浑浊。把最好的放在一起同好坏相混同样糟糕。你将这两个人分开，分别同其中的一位交谈，绝对是大有裨益，让人高兴的；可是让你们三个人凑一起，你便不会有句新鲜知心的话。两个人能说，一个人能听，可是三个人不可以进行一场最为真挚、推心置腹的交谈。在融洽的交往当中倘若没有第三者在场，两个人对着桌子说话的情况一定不会出现。

在和谐的交往当中，每个人将他们的自负都融进一个同在场的诸多意识范围完全等同的交际灵魂当中。朋友对其朋友的偏爱，兄弟对姐妹、妻子对丈夫的无限爱恋，在那儿无一是中肯的，却是恰恰相反。只有能在这群人的相同思想上扬帆航行，而并非可怜巴巴地被自己的细想局限住的人，那时才可以讲话。如今良知所要求的这样的集会打破了非凡会话的高度自由，因为这样的对话要求双方灵魂完全融为一体。

只有两人单独待在一起，才可以进入某种更为单纯的关系当中。可是，决定哪两个人交谈的却是性格的相似。彼此毫不相干的人是带给不了对方欢乐的，他们也永远不会认为所有人有潜力。有的时候，我们谈及某种会话的非凡才华，如同它就是一些个人身上的一笔永恒财富一般。会话是某种暂时的关系——仅此而已。一个人被认为富有思想和口才，虽然这样，可他对他的表弟或是叔父却一句话也说不出来。他们责斥他的沉默就如同责怪阴影下的日晷毫无意义是同样的道理。在阳光的照耀下，日晷会写明时刻。在那些对他的思想非常欣赏的人中间，他又会开口讲话。

友谊需要那种类似和不类似间的中庸之道，它用一方所表现的能力刺激另外一方。令我一无所有直到世界末日的到来，而无须我朋友的一句话或者是一瞥目光超越他真正的同情。对抗与跟从一样都对我造成了障碍。让他显明自己的本来面目，刻不容缓。我从他的也就是我的当中获得的唯一欢乐便是：不属于我的反而就是我的。在我找寻某种果断的促进，又或最少是某种果断的对抗之处，我不喜欢找到一块软绵绵的退让。宁可做你的朋友肋间的荨麻，也不愿成为他的回声。层次更高的友谊所要求的条件是拥有独立工作的能力。职务高所需要的是杰出、超绝的本分。一定要先有真正的二，随后才会有货真价实的一。让它先成为两种互相凶相毕露、望而生畏、又大又凶的天性的结合，随后它们才在结合它们的这些不同之处下进行深刻的认同。

尊重你的朋友

只有品行高尚的人才配得上这样的社交；只有相信卓越、善良而且是经济的人才配这样的交际；只有不着急对他的命运进行干涉的人才配这样的社交。让他别对此干涉。让钻石自我决定它的生长期吧，也千万别指望促成永久的诞生。友谊需要某种宗教式的对待。我们侈谈选择我们的朋友，不过朋友都是自己选择的。尊重就是其中的很重要的一部分。将你的朋友看成一场景观对待。当然他的优点不是你的，你也没法尊重那样的优点，假使你一定要把他搂入你的怀抱。往边站；为这些优点腾出地来；让它们长高、变大。对一颗博大的心而言，在成百上千件具体事情上他依旧是位陌生人，如此他才能够在最神圣的地方靠近你。让孩子如同财富一般地对待朋友吧，让他们去吸取某种短暂的、破坏所有的欢乐，而去享受最珍贵的利益。

让我们用长时间的见习获取进入这个行会的资格吧。为何我们要用打扰的方法对这些美丽高尚的灵魂进行亵渎呢？为何强行与你的朋友间建立诸多轻率的个人关系呢？为何要去他家拜访，又或是认识他的母亲、姐妹兄弟呢？为何要让他来你家呢？对于我们的盟誓来讲，这样的东西都是实质性的吗？别进行这样摸摸碰碰、抓痒牢骚的举动。让他在我心里是某种精神，某种启示，某种思想，某种真诚。他朝我投来的一瞥，我需要，可是无须新闻，无须肉汤。我能够从低级的伙伴那得到有关政治、闲谈与邻里的很多方便。

对我来说，莫非我的朋友不应该如同大自然一般富有诗意、圣洁、平凡、伟大？莫非我应感到我们的联系同躲在天边的那一抹云彩相比，与分离小溪的那团摇曳不定的草相比，一点也不圣洁？让我们别将它贬低，而是将它抬高到那样一个标准。那窥视一切的巨眼，他那神态与行为的自命不凡的美，让你觉得自豪并非减少，却是增强。对他的种种优越感充满崇拜之情；希望他什么都别减少，而是将它们所有的都珍藏起来全部诉说。把他作为你对等的人物来守护。让他在你的心中一直都是美好的敌人，桀傲不恭，让人有种肃然起敬的感觉，而并非某一不足挂齿的便利设施，很快便成了过时货，被废弃在一边。蛋白石的颜色，金刚石的光辉，倘若眼睛靠得太近，是看不到的。我写了一封信给我朋友，又收到他的一封来信。对你而言，这是一桩小事。可它却满足了我的需求。那是一件他值得给，我也值得收的精神礼物。它什么人都不亵渎。心会相信这些热情洋溢的语言，由于它不想说出口，有某种存在比任何英雄主义的历史已考证的还要神圣，心便会说出对它的预言。

因而尊重此种友情的神圣要领就不致因为你没有耐心而将友情的两性花加以损害，开放不了。我们一定要是我们自己的，然后才可以成为别人的。依照这样一句拉丁文谚语，在犯罪当中至少存在着这样的满足——你能够用平等的地位与你的同僚对话。Crimen, quosinquinat equat. 最开始的时候，对那些我们爱慕的人我们无法做到。可是在我看来，自制的最细微缺点也将所有关系破坏了。两种精神只有在它们的谈话当中，任何一个都代表全世界，他们间才可能有深沉的和平，彼此的尊重。

什么如同友谊那般伟大，就让我们将它与我们可以得到的壮丽精神全都占有吧。让我们保持沉默——如此，我们便能够听见众神的低声细语。让我们不受干扰。没有人要你考虑你应同伟大的灵魂说些什么，又或是怎样对它们说？无论怎样聪明，无论怎样文雅和气，愚蠢与睿智分三六九等，对你而言，不管说什么都很轻浮。等着吧，你的心绝对会说话的。德行唯一的报酬便是德行；交朋友的唯一做法就是做朋友。进入某人的家并不表示接近这个人。倘若并无相似的地方，他的灵魂不过是会更快将你躲开，你一直也看不到他真挚的一面。我们看到高贵的人们都离我们很远，他们对我们都很排斥；为何我们还要闯进去呢？很晚——很晚之后——我们才发现社交的诸多安排，诸多引荐，诸多惯例与风俗，都无助于让我们同他们建立某种我们所神往的关系——可是，只有我们身上的天性升华到同他们身上的天性一样的高度，我们才会像水与水那般相遇；假如那时我们遇不上他们，我们也会不需要他们，原因在于我已成为他们了。从根本上说，爱仅仅是某人自己应得的尊重从他人身上反映出来而已。有时候，人们与他们的朋友交换姓名，如同他们想表示：在他们的朋友身上所有人喜爱的便是他自己的灵魂。

对友谊的格调，我们要求越高，呈然，同血肉之躯的人建立友谊就越不易。我们在世上踽踽独行。我们所向往的那种朋友仅仅是梦境与寓言。不过崇高的希望一直在鼓舞忠诚的心，所以在其他地方，在普通力量的别的领域，可以爱我们，也可以被我们所爱的灵魂们正在活动，或是忍受和挑战。值得我们庆幸的是：青年时代、愚昧的时期、不正确的时期、耻辱的时期已经在孤寂中过去，当我们成为成功人士时，我们将用英雄的手与英雄握手。只是要听你已看到的事物的劝告，千万别用低级人物将友谊的联盟破坏了，由于在那样的人身上不会有友谊存在。我们被我们的浮躁出卖给草率、愚昧的团伙，那是上帝嗤之以鼻的。坚持走你自己的路，虽然你略有所失，却有很大的收获。你表明心迹，以便将虚伪的关系拒之门外，世上最德高望重的人被你吸引过来了——在自然界中，这些稀少的漂泊者在同时仅有一两个在畅游，芸芸众生在他们的面前看上去仅仅是幽魂与阴影罢了。

害怕将我们的联系弄得有过重的精神气味，仿佛这样做了，我们便会失去一些真正的爱一样，这真是愚蠢至极。不管将我们从观察中得到的流行观点如何纠正，大自然也绝对会证明我们这样做是正确的，尽管这样做貌似把我们的某些快乐剥夺了，可大自然还给我们的欢乐会更加大一些。要是我们愿意，就让我们感受下人的绝对孤立。我们确信我们身上拥有全部的一切。我们去欧洲，我们跟随某些人，又或是我们读书，由于我们本能地认为这么做将能把我们身上的一切唤醒，将我们进行自我揭示。全是乞丐。那些人与我们相同，那个欧洲仅仅是死去的人们的一件褪色的旧衣；那些书仅仅是它们的幽灵而已。让我们舍弃这样的偶像崇拜。让我们摒弃这样的乞讨生活。让我们同我们最亲爱的朋友作别，并对他们不屑一顾，说道："你算什么？把我放开，我再也不向任何人依赖了。"啊！兄弟啊，莫非你无法明白我们这样分别，不过是为了在高层次上的另外一种重逢，仅仅是为了更多地隶属彼此，由于我们目前更多地属于我们自己，一位朋友有两副嘴脸。他不但回顾过去而且也展望未来。他是我所有昔日时光的产物，也是未来的时光先知，也是一个更伟大朋友的先驱。

因此我对待最好的朋友就如同我对待我的书籍一般。我在什么地方发现他们，我就拥有他们，不过我极少使用他们。我们不得不依照我们自己的方式进行社交，只要有一点儿理由，就能够将谁接纳或舍弃。我不可以与我的朋友说很多。要是他伟大，他便也会让我相当伟大，因而我就不想屈尊交谈。在不平凡的日子里，很多预感都在我们面前的天空里回旋。我应为它们奉献我自己。我走进去是为了将它们抓住，我走出来也是为了抓住它们。我仅仅担心它们会从天空里消失，它们如今在那仅仅是一片更为明亮的光。再说了，尽管我对我的朋友很珍视，我却不可以同他们交谈，将它们的想象进行研究，以防我把自己也都失去了。

将这样高尚的求索放弃掉，此种精神的天文学，又或是对星球的研究探索，那些对你表示热烈的同情，确实会给我某种天伦之乐；然而，到那个时候，我清楚地明白我将会永远为我的大神们的消失而备感哀伤。是的，下星期我会情绪低迷，到那个时候，我会致力于无关紧要的目的；到那个时候，我会为你心灵深处湮没的文学深感懊悔，希望你再一次在我的身边。可是，假如你来了，或许你不过是往我心灵填满新的想象，并非注入你自己，而是注入你的光辉，同此时一样，我还是没有办法和你交谈。这样，此种短暂的交际就要全凭借我的朋友们了。从他们那儿我将得到的不是其财产，而是他们本身。他们要给我的恰恰是他们给予不了的，可那是从他们身上散发出的东西。不过，在微妙、纯洁方面，他们与我维系的关系毫不逊色。我们相遇时，就像我们从不相识，我们分开时，仿佛我们一直都没有分开过。

一方崇敬地坚持某种友谊，另一方步调不一定一致，而今看来仿佛是行得通的，这是我没有料到的。我为何要对接受的那一方没有度量而懊恼，这不是自讨没趣吗？太阳从来不懊恼他的有些光线普照大地，白白地落入不懂得感恩的地方，仅仅是一小部分落到可以反光的行星上。让你的伟大对那些粗鲁、冷漠的友伴来进行教育吧。倘若他很难与其为匹，很快他就会走开；可是你却被自己的光照扩大了，不再同蛤蟆、虫豸在一起，而同天国的诸神一起翱翔，发光。

没有回报的爱被认为是耻辱的。可是杰出的人将会明白真正的爱是不能来报答的，真正的爱把那不相称的对象超越了，谈论、思考的是永久，可那可怜的置于其中的面具破碎之后，它一点也不感到悲伤，而是觉得把如此多的泥土扔掉，觉得自己的独立更为可靠。但是，提及这样的事就不免带上某种背叛关系的味道。本质上友谊是完整的，是某种绝对的大方与信任。它一定不能够臆测或是供养虚弱。对象被如同神灵一样地对待，如此它就将双方都神化了。

第**3**篇
活出生活的色彩

自 助

社会运行的目标

　　优雅风度的最佳训练者就是自然。一个举止优雅的人，即使是在入睡以后、埋头工作时、或者会心一笑时，也会表现优雅的风度。

　　风度举止可以显露出一个人心灵和性格中的秘密，表现出他对不完美的不满和对完美的追求。通常情况下，在我们的生活经验里，每一个小小的变化都会立即在我们的气质个性与行为举止中体现出来，这就好像是时间总要把自己的流逝用指针在钟表上显示出来一样。我们也许是对人们举止中的这些变化太敏感而忽视了它，但是它是确实存在的。

　　对名利的追逐使我们不得不承受太多的痛苦。生命是如此的短暂，只有抛弃身外的浮华，才能够达到高雅的境界。自制可以算得上是一种主要的优雅风度了，保持平静，你就能征服每一个人。

　　在谈话中避免夸大其词，是举止风度所要掌握的另一个原则。一个人可以通过激情与自信来使自己从低俗走向高雅。那么你为什么要重复别人说过的话，而不是说出你自己的想法呢？大胆地讲出你的观点，不要怕出错。其实态度是最主要的，你要让你的同伴相信，不管是好是坏，你都会真心诚意地把你自己所知道的最好信息告诉他，来与他分享。

自控是培养风度的一个重要原则。肉体的本能欲望常常会冲击你平静的心灵，但是你必须能够压抑住这种本能，并把它的所有力量都转化成美好的东西，变成你高雅风度的一种推动力量。

　　爱与友谊使我们得以生活在天地之间。在与人交往时应该尽量回避消极的方面。永远都不要用你的痛悔或者是对社会与政治的阴暗观点去无谓增加别人的烦恼。即使你自认为那些谈论是不伤大雅的，也尽可能的不要提及那些危险的话题，要知道也许你在不经意间说的话，就可能会使那些为自己健康过分担忧的人感到忧心忡忡、耿耿于怀。

　　在讲话之前是需要深思熟虑的。不要重复别人的观点，应该先思考一下自己想说什么，如果还没有完全考虑清楚，那么就索性什么也不要说。我们所关注的不是要对你的活动或者思想进行干预，而是希望你能够传达出真实的信息。

　　在一些重要的时期，如果发生了政治或者社会危机，如果一个人能够洞察事态的变化，而且具有不同于常人的远见和卓识，那么这常常是依靠他丰富的阅历和天生的潜能。当人们向你咨询问题的时候，那么他们是不会希望你手忙脚乱地去临时想出答案的，而是希望能够借助你的经验和智慧去解决当前所面临的难题，避免卖弄学问和无谓的争论，因为善于与人交谈的人所说出并不是一个个的词语，而是要抓住问题的要害，达到表情达意的目的。风度是第一位的，其次才是交谈。要知道，如果生活中没有了风度，那么也就没有了交谈。风度是表现于外部的，而谈话则是偶然的，它们都需要有一定的物质条件。

　　就像人类劳动是为了吃、穿、住、用一样，总之一句话，为了舒适与幸福，只有在此基础上人们才能够发挥出其他方面的才能和力量，任何社会里的人们都非常渴望拥有财富，这是无可厚非的，它恰恰是人们对知识和劳动创造价值的一种认同。

　　人类普遍认为应该去征服自然，并且利用自然来为人类服务，从而增强人类的力量。在美国，所有成年人的头脑里都有这样一种普遍的信念：每一个年轻人，只要有聪明的头脑和良好的品行，再通过锲而不舍的奋斗，那么最终就一定能够发财致富。如果他去经商，对投资中的机遇能够敏锐地把握并加以利用，他就可以逐渐地积累起越来越多的财富。

言谈、举止、劳动和公共行为构成了我们这个文明社会的基础，我们的社会有太多的遗憾，有太多需要完善的地方，但是我坚信，等待我们的一定是一个更加美好的社会。

当思维活动折射到我们的精神世界时，当我们用理性的思维来探视自身的时候，就会发现，我们的生活原来是如此美丽祥和的。回顾我们的身后，就像来时所走过的路那样，一切东西都仍然保持着愉悦的状态，如同空中逝去的白云。

在这样的时空氛围里，灵魂就会显得非常伟大而不会被那些表面上看起来伟大的任何东西所取代。宇宙的存在就是为了让心灵不受伤害。无论是烦恼还是灾难，都不能够剥蚀我们的诚心。没有哪个人可以轻描淡写地述说自己的苦难。因为他们要考虑到，大多数不幸的苦难者都有着本能的夸张，以及各自都会受到隐含在心底的内在因素的驱使。只有那些受到一定限制的人才会在他所经历过的苦难中得到锻造与磨炼，而那些所谓的不和会受到任何约束的人却只能够把希望寄托于无限延展的睡梦中。

如果人能够过上一种自然的生活，而且不会把外在的烦恼带到精神领域，那么智力的生活就可以保持一种清新而健康的状态。人没有必要在思索的过程中设置困惑，让他去做和说出属于他内心世界的话或事情来，虽然从一定的意义上看是忽视了书本上的知识，但是他的本质并不会使他产生任何的智力障碍和疑问。

礼貌是为了有利于生活，剔除障碍，带给人们以纯洁的活力。它们都是有利于我们进行交往和交流的，就像铁路是有助于旅行一样，排除掉了路上所有可以避免的障碍，除了纯粹的空间，再也没有什么可以去阻碍我们。并且这些形式很快就会被固定下来，一种良好的礼节意识就会被特意的培养起来，结果它也就成为了一种社会和文明的标志。时尚就是这样形成的，这具有亮丽的外表，最具有势力，也是最奇异和轻薄的、也是最令人生畏而又被人追逐的。道德和暴力都来攻击它，但是最终却都是徒劳。

伟大的人物一般不会待在圣殿中，而是驰骋在战场上。他们在工作，而不是在获取和享受奖赏。时尚是由他们的后代来形成的，是由这样的一批人形成的：他们为某一个伟大的价值和美德的名字套上一层光环，从而获得一个鲜明的特征的标记，也就谋得了一种很有教养又很慷慨大度的行为方式，同时，他们的体形外观的健壮和优势也确保了他们能够如此，即使不能够获得最高的执行权力，也能够享受到很高的待遇。这些有权的阶级，这些行动的英雄们，如科尔特斯、纳尔逊、拿破仑，他们看到的是对他们的庆贺和永久的颂扬，他们明白时尚其实就是一种长期的才能，他们明白现在正辉煌显赫的名字，就是源于五六年前他们自己那风云一时的功勋。

时尚的目标看起来或许是有点轻薄，或者说也许是没有目标的，但是这种选择的本性却是既不轻薄也不偶然的。

对于具有良好教养的人来说，仁慈善良和独立精神的结合还是不够充分的。我们所急切需要的是一种对美的知觉和敬重。在乡间野地和工厂里还需要其他的美德，但是，我们对我们身边的人来说，一定程度的品位却是必不可少的。我宁愿与一个尊重真理或法律的人一起进餐，也不愿意与一个不修边幅和登不了大雅之堂的人一起进餐。道德品质在统领着这个世界，但是如果近距离的感觉它，它却像是在横行称霸。同样的那些不适合的以及不公正的待遇渗透到了生活的方方面面，只是没有那么严厉罢了。知识阶层的共同精神就是具有良好的知觉，是在某些限制之中和为了某种目的而采取的行动。它有着一种天资和禀赋，它的本性就是热衷于交际，它尊重那些有利于人的团结的一切东西。它喜欢适度和分寸，爱美主要就是爱那种分寸和协调。

人只是自然万物中间非常渺小的一个东西，然而，通过他的面部表情所辐射出来的道德品质，却使他具有威严，就如同是这个世界的君主。我曾经见到过一个人，他的礼貌尽管是属于上流社会的范畴，但是绝对不是从那儿模仿过来的，而是与生俱来的威严的，并且可以提供一种自我保护的功能。他不必求助于法庭的诉讼，他的眼睛里充满了快乐和自由；他敞开了生存方式的大门，充分展开他的想象，他摆脱了礼仪的约束，就像罗宾汉那样快乐自由、神采飞扬，如果有必要，他还会摆出一副帝王的样子——镇静、严肃，万众瞩目。

我们所说的事物价值必须能够正确地说明我们爱好的理由。在荣誉的起源上，在头衔和尊贵的创造者那里，也就是在爱心的面前，任何被称之为时尚和礼貌的东西都会感到惭愧。这是一种高贵的血统，在所有的国家，在一切可能的情况下，这种东西将会按照自己的属性来发挥作用，并且征服了接近它的一切东西。这给了每一个事实一种全新的含义，这使得富人变成了穷人。

时代进步的同时也促进了个人主义的发展，一个饱经风霜的人曾经说过："越是野性的人，也就越具有美德。"

崇拜对一个人的影响是至关重要的。伟大的时代都是拥有信仰的时代，每当出现一位精神领袖，出现大规模的运动，那么也就必然会产生出伟大的人物和伟大的艺术。这些伟大的人物，都具有执著的精神，就像军人持剑、文人执笔、匠人拿瓦刀那样坚定。

心智与道德是密切相关的。良知影响着人们的健康，支配着人的精神状态。良知的作用要大大优先于技巧、言辞以及风貌，良知与理智是相辅相成的。

人们对原则的理解一旦有所偏离，那么就会滑入危险的境地，一旦意志无法控制欲望，那么结果将是不堪设想的，野心膨胀的人往往会执迷不悟。只有仁爱和良知才是改变错误、医治蒙昧和罪恶的最好方法。有多少爱，就会有多少理智。因为仁爱是至高无上的，它的本质也就决定了它能够拯救所有的灵魂。

道德水平的高低也就决定着健康的程度。假如你能够有永恒的追求，那么你的才智、行动必将会体现出来，那将是一种极其崇高的美，是任何人都望尘莫及的。

意志薄弱的人总是愿意相信运气的好坏，希望得到其他人的施舍。而意志坚定的人则是相信事物的因果关系。他们会对事物细加分析，完全不相信运气。

每个人都应该用精神武装自己。只有藏在身体最深处的武器才是最锋利的。不要指责别人，也不要去伤害任何人。因为改造一个坏世界的最好方法，就是去创建一个好世界。

有能力的人还需要有耐心，因为总有一天你会得到承认和赏识的，我们还要坚信，自己的能力是不会被浪费掉的，努力工作才是胜利之本。生活中并没有什么机遇，无论身在何处，只要能够尽心尽力地去完成工作，那么胜利就会到来。人们是相伴而生，相依而存的，有的人能够独自思想，独自行动，独自欣赏。但是人们是需要在相互的扶持中才能够共同走过人生的。

人们热爱诚挚，并且不希望被人欺骗或者取笑。在个性的发展过程中，对于道德情感的信任也在不断地增强，年轻人会羡慕那些才华过人和出类拔萃的人。可是随着年纪逐渐增长，我们也会开始器重道德的力量与个人的影响。于是我们也就有了全新的眼光和全新的标准。新眼光可以透过事物的表面，一直深入到行动者的内心里去。而新的标准不是依据人们的口头表白，而是根据人们的实际行动。

真理是冷静的，也是客观的，我们不怕犯错误，我们怕的是离开真理。党派竞争，科学法则，都应该遵从于真理。真正的伟人可以很容易得抓住行动的本质，生活对于天才是友善的，所以总会为他们带来朋友和声誉。

爱、谦恭、信仰这些组成人类荣耀的情感，都是圣灵的光辉在物质上的反映；只要人是正义的，那么在他的灵魂深处就会产生出坚定的信念。就像在花开的时节会香气四溢一样，当所有的岩石和土壤都散发出气息的时候，地球上就会出现一种美妙的气氛。人可以为了正义的事业而去面对风险。也能够闯入火焰和枪林弹雨之中，让使命来指引自己。神圣使命的召唤和鼓舞，会让每个人都信心倍增。

如果在生活中失去了目标，那么一切都会变得非常糟糕。崇高的目标就像药剂一样，对生活中的一切挫折和灾难都具有治疗的作用。歌德说："拿破仑去看望那些染上瘟疫的病员，鼓励他们只要能够击退恐惧，那么就能够战胜疾病。因为意志的力量是非常强大和不可思议的，它能穿透肉体，压倒一切有害的影响，而这些影响恰恰就是由恐惧所引起的。"

意志坚强的人非常欢迎不幸，因为他们懂得逆境造就伟人。他将在黑暗中工作，而不顾失败、痛苦与侮辱。

道德可以使一切人平等。也可以使每个人都变得富有和坚强。如果钱币能够收买一切，那么人们就会千方百计地赚钱。虽然要受到皮鞭的抽打，但是奴隶仍然觉得他与圣人和英雄是平等的。在巨大的贫困和灾难中，人们会惊讶地感觉到自己具有一种精神的力量，它会令人感受不到痛苦。

我不能低估了自己，而任由环境来支配。我也不愿意仅仅是为了获得一个灵感而绞尽脑汁，搜肠刮肚。假如灵感来了，那么我会恰当地对待它。我不愿意乞求美人的爱情，也不愿意乞求朋友的友谊。

奇迹总是会降临到那些信仰虔诚的人身上，而不是其他人的身上。而我所关心的是另外一些了不起的人物——他们影响了我们的想象力，他们并不在乎那些具体的东西，他们却向人们揭示了人类的精神事业，他们同历史对话，他们的声音可以穿透悠远的时空。

联想到未来的某个时刻，当黑夜降临到我们的身旁，那么我们将会大彻大悟。人类对他们的生存一直是心怀感激的。

人们在紧张忙碌的时候，很难想到不朽的概念。在人们自我感觉良好的时候，也不可能想到会出现意外。有一种崇高的精神那就是，如果上帝让我们活下去，那么我们就会很充满激情地活下去。如果人有了这种信念，那么人也就会变得崇高，这要比那种希望能长生不死的梦想崇高得多。在我们的生命问题之上，还有一个更高层次的问题，那就是人生的意义或者价值。

我想生命的最后一课，应该是所有的生灵和天使们合唱的挽歌，应该把死亡看做是一种必然的解脱。而人则是由造就世界的那些物质组成的，当他的心灵受到启迪时，良心就会变得仁爱，人们将会快乐地投入到和谐的秩序当中，并且主动地遵照上天的旨意把自己当成一块石头去发挥他应有的作用。

得到别人的赞美我们会非常高兴，但我们心里应该清楚，赞美是不应该属于我们的。我们真正能够做到的事情太少了。我们陪伴着武士来到竞技场，嘴里不断地重复着那些古老的格言。但是，无论他是胜利或者是战死，他依赖的都不是那些古老格言的力量，他只能依靠自己的力量。

只要我们的思想和感情充满活力，我们就会富有力量，每一颗伟大的心灵、每一位超凡的天才都会像太阳一样照亮我们。

社会并不是公正的，对于我们有恩的是灵魂高尚的人，社会是华而不实的，既没有思想也没有目标。它是一片排斥异己的领地，它不讲原则，注重的只是一些琐屑无聊的风雅。对于一个人来说，除了身上干净的衬衫之外，还有其他衡量自尊的标准。社会是崇尚享乐的，而我却不愿意享乐，我追求的是生命的高贵和圣洁，我希望生命中的每一天都过得充实又弥漫着芳香。波菲利对生命有一个非常精辟和独到的定义："生命就是要把各种事物都很好的结合在一起。"命运、爱情和理性都是沿着生命的渠道清晰可见地流动着。

米拉波曾经说过："我们是人，所以我们必须成功。决不能够以为会有什么事情是我们的力量所做不到的。人只要能够行使他的意志，那么任何事情都是能够办到的。——这就是走向成功的唯一法则。"在生活中我们会变得玩世不恭，我们周围的人也在变得粗俗和麻木。

富兰克林说过："人类是非常浅薄和懦弱的，只要遇到了困难，他们就会灰心丧气甚至是逃走。他们不是没有能力，关键是看他们怎么使用这些能力。"

假如我们知道如何来判断善恶，对于所有的人来说，那种判断就会是一种启示。兽性的力量有时也是能够改造世界，教育人们的。

人生全部的智慧和目的就是应付各种障碍：例如苏格拉底，整天在装疯卖傻；而培根却是终生一副愚不可及的样子，至今也无人可比。

道德是缺陷的，只有不合时宜的。有这样一句古老的谚语："愤怒是人们的爆发剂。"毒药也可能成为药品，它也可以抑制疾病，拯救生命。

缺陷铸就了那些最优秀的人，贫穷和孤独有时可以激发人的才能。聪明的人是不会因为这种贫穷或孤独而感到遗憾的。弗隆托曾经说过："出身高贵的人往往会失去善良。"对无知者的亲切关怀才能够体现出一个人真正的修养。

查理·詹姆斯·福克斯曾经对英国作出了这样的评价："这个国家的历史向我们证明，家境富足的人往往是缺乏警惕、活力和勤奋，但是如果没有这种警惕、活力和勤奋，下院就会失去它最大的影响力和重要性。人性是倾向于放纵和享乐的。社会公益事务一般都是由那些生活条件一般的人来完成的。"

仁慈的胸怀和健全的心灵和身份是没有关系的，一个拥有超人智慧的人是决不能够视野闭塞的。他必须了解穷人的茅屋和艰辛的工作。第一流的伟人如伊索、苏格拉底、塞万提斯、莎士比亚、富兰克林，都曾经有过穷人的情感和耻辱的经历。富人的一生是不会缺少钱财的，也不会遭遇寒冷、饥饿、战争，但是却必须经受精神的苦痛。过分的娇惯，过多的享乐，是他们一种致命的缺陷。伊索、萨迪、塞万提斯是勒尼亚尔曾经有过被海盗抓住的经历，他们或者是被丢弃在一旁等死，或者是被卖身为奴。他们对人生的残酷是十分清楚的。

我们的生活和文化，一切都是逐渐成形和成规模后被人们所使用——激情、战争、反叛、破产都是这样的，愚蠢、错误、侮辱、倦怠也是这样的。生命是一种特权，当你付出了票款，走进你的生活时，你却无法猜出将会遇到什么样的好朋友。

如果说让我来给生活制定一些规则的话，我不会像其他人那样重复节俭的话题——尽管它已经一而再，再而三地被人们所提到，也被人们广泛地接受——我要说的是健康。我们必须珍惜健康，疾病会吞噬掉一切生命和青春。疾病是一个苍白的、狂妄的幽灵，它是极端自私的，它会对一切善良和伟大造成伤害，它遗失了自己的灵魂，于是就会用卑鄙和郁闷来折磨其他的灵魂，以满足自己无聊的欲望和贪婪。约翰逊博士曾经严厉地说过："人一旦得了病，就会变成一个恶棍。"不要对疾病顾虑太多，要给它以明智的治疗，用刚毅来对待疾病。

高雅的气质对于健康是至关重要的。就像阳光对植物来说，比什么都重要一样。为了让你的知识发挥出它的最大价值，你就必须学会快乐地面对生活。每当你尽情地享乐，人生也就得到了滋养。精神的喜悦就意味着力量。所有健康的个体，他们的心境都是舒畅的。天才是在娱乐中工作的，所以也就拥有了精神的力量，他就不会变得意志沮丧。相反，会变得生龙活虎，雄心勃勃，但是那些心灰意冷的人，就必然会精神不振。

潮湿空气中，阳光也就显得尤其宝贵了。快乐或愉悦的心情也是这样的，地球上的热能是取之不尽、用之不竭的。灵魂的力量是无法估算、无法耗尽的。人们注意到：精神的颓废会在个人和民族的肌体中孳生出病菌。

"人们要始终保持愉悦的心境。"早在很久以前人们就对人生有了这种正确的认识。那些饱经沧桑的人很容易表现出一副深沉的面孔，并且会嘲笑那些充满乐观精神和梦想的人们。力量只要与快乐同在，那么就会使我们充满希望，使我们对工作充满自信，而绝望却会使积极的力量丧失掉。一个人应该努力让生活变得更加美好，否则，他就会枉费一生。

真正的财富就是对自己已经拥有事物的使用。只有对大自然的一切有价值的东西都加以运用，这样才能够创造出更多的财富。对于我们来说，辛勤的劳作是必须的，因为这是我们的安身立命之本，但更为重要的是精心计划，果断行动。

人天生就渴望能够得到巨大的财富，即使是青蛙、小树也都渴望拥有更多的东西。每个人时刻都在产生着新的需求，他们希望得到更多的自尊，希望能够掌握更多的技能。虽然我们提倡清心寡欲，而且也确实是大有好处的，但是一个人怎么会始终满足一点点财物的获取或者是仅仅满足于生活的需要呢？在大千世界中，在日常的生活中，金钱的影子是无处不在的，我们也总是充满发财的欲望。没有温饱的想温饱，而温饱之后又想暴富。其实，只有那些能够充分利用事物的价值，发挥自己特长的人，才能够成为真正富有的人。

事物的存在也就有它的价值。各种物质对人类都是有好处的。就拿大海来说吧，追求海洋霸权的人费尽心机，极力地进行扩张，但是却怎么也不会想到会受到海洋的报复。大海说："如果你想统治我，那么就请你当心我会成为淹没你的水。"所以，积聚财富也是要顺其自然的，而不能强求一律，更不能够以牺牲他人的利益为代价。那些只知道从他人身上获取利益的人，并不能够成为真正富有的人。

坚贞不屈，勇往直前的人是自傲的，他也是完全有资格自傲的。他在逆境中站了起来，当他在困难面前打拼的时候，他自然就会有一种自傲的感觉。因为他知道，他的拼搏是会得到回报的。每个人在这样的时候都会对生活充满信心，而其他人只能是对他更加敬佩。娴熟的工匠在转动如飞的机器上气闲意定，神情自若；高超的艺术家对自己的技艺也是信心满怀，而不会去在意别人的说三道四。在一般人看来是不可战胜的困难，在他们看来，只要能够找到要害所在，就能够战胜它。

现在有一种流行病，很多人把个人的财富看做社交界的通行证，似乎财富就是一个人的面具，这其实是十分幼稚的想法。因为这些人只是在进行自我标榜，追求人生的享乐，并且会对其他人产生负面的影响，以为这就是生活的本身，甚至还会步其后尘，追求同样的生活方式，这是非常可悲的。我们注重获得财富的方式，同时也应该给财富足够的尊重，但是不能够成为它的奴隶，相反，它应该为我们服务，使我们变得更有实力。对于理性的人来说，财富不是目的，而只是一种手段而已。

在不同的时代，人们的思想里对财富、权力的认识也是不相同的。文化其实是产生于财富之中的。恺撒大帝、法兰西皇帝、塔斯坎尼大公、苏格兰的郡主，都是富人的代表，他们带动了属于自己的那个时代。在普通人看来，梵帝冈和凡尔赛宫都是富丽无比的，但大英博物馆、国会图书馆也是人们所需要的，这些才是人类共有的财富。前人所做的伟大事业和各种探险活动，对后人都具有重要的意义，而我们现在的生活又多数是依赖于他们的工作。可惜的是，现在的人们已不再节俭。

大自然中，事物的运行自有它的规则，我们的消费也一样有着规律可循。生活中单靠节俭和节制是不能够完全解决实质性问题的。但即使是收入巨大的人也不能够没有节制，因为这不是同一个问题的两个方面。衡量成功的关键不是财富的多少，也不是收入的多少，而是是否能够摆正收入和支出的关系，并且协调好两者之间的比例。

117

自 助

　　真正的理财就是一种高层次的财富观，不仅仅是节俭，而是要在满足正常的生活需要以后，进行不断的投资，进一步来创造财富这才是充满智慧的财富意识，还有就是要把钱财花在精神的满足上。我们说到的富裕生活，并不是仅仅在于物质上的自我满足，而是要通过自身力量的增强，来感受成长与成熟的快乐，体验那种生命的活力，以及由此带来了愉悦。这也就说明，我们已经踏上了一条通往最高精神境界的光明大道，而不只是做一个守财奴。

掌握雄辩的技巧

　　雄辩术是必须要有吸引力的，否则它就什么也不是。书的优点就在于具有可读性，而演说家的优势则在于他演讲的趣味性，这都是大自然的馈赠。例如，狄莫西尼斯是最勤勉的学生，他写下"祝你好运"几个字，并把它刻在盾牌上作为自己的座右铭。他这样做也就意味着他觉得这是很必要的。就像我们所知道的那样，某些人的演讲魅力可以达到具有魔力的地步，虽然这种魔力是并不能够持久的。而这种魔力又是必须要有多方面的才能混合叠加才能够产生的。

　　真正精彩的雄辩是既不需要用命令把人们集结在一起，也不需要警察去强迫人们不要离开的。你可以依靠自身的魅力把孩子们从玩耍中吸引过来，可以让老人们离开扶手椅，让病人们走出温暖的卧室。他能够迅速地把人们聚集起来，并且紧紧地吸引着他们，使其欲罢不能，他们的记忆力已经被控制了，也就记不起那些令他最让他感到痛苦的事情了，他们的信念也已经被统治了，所以就不会承认任何与演说家的演讲相抵触的观点。

　　吸引力的程度是各有不同的，但演讲的内容却至少是要让人感兴趣的，而且一定不能够让听众感到迷惑不解。作为展示个人优势和魅力的方式，雄辩术的吸引力就在于，它可以显示出一种整体的结合的力量,这种力量是极其少见的,因为它要求人们必须同时具备各种力量:智慧、意志、同情、传媒,等等。

一个人如果具有演讲的天分,但是却缺乏人格的魅力,那么这个高水平的演讲者就可以正确地领悟听众的意思,并能够把它完美地表达出来。当普通人听到自己的思想被热情洋溢的演讲者进行了一番精心润饰之后再表达出来的时候,心中肯定会高兴万分。但是,如果一个人除了具有演讲的天分以外还具有人格魅力的话,那将又是另一番景象了。在演讲者的面前,听众就像小学生一样天真无知,都会被演讲者的魅力所征服,也会像孩子一样追随着他,听他讲那些慷慨激昂的话。

在演讲中如果能够非常巧妙地运用陈述、技巧、比喻、选择等方法,再加上很强的记忆力和处理事情的能力以及对事情进行解释的能力。还包括通过嘲弄或转移大脑的注意力来淡化他们的能力、快速的归纳能力以及幽默感、同情心,这些都是一个演说家所应该具备的素质。虽然这些优秀的才能本身并不是雄辩术,但是如果缺少了这些东西,那么却一定会阻碍一个人成为优秀的雄辩家。如果我们能够真正地走进它,去了解它的实质,并揭去它神秘的面纱,那么也许我们就会说真正的雄辩家其实是一个能够和自己的精神进行交流的心智健全的人。

如果一个人具有非凡的雄辩才能,那么给他捕捉事情的能力、博学的知识、快速的反应能力、讽刺嘲笑的本领、巧妙地引经据典、频频地举例说明,所有这些才能都使他成为一个影响力巨大、魅力迷人的人,将会有着和演说家一样能够影响听众的能力。

如何才能够成功地运用雄辩术,这是有很多要求的。演讲者对事情必须有强大的支配力量,才能够给人以理智和命运双倍的力量。如果把一个人请求已久的事情完全放给他去做,那么他蓄积已久的力量就会一下子全都爆发出来,并且很快就发挥到极致。这就像是火山的爆发和熔岩的喷涌一样,必须有一个热量的积累过程。

辩论的艺术还必须以朴实清楚的叙述作为基础。因为毕竟演讲不是诗歌创作,除非它能够把各种各样的事情、各种各样的人都能够很好地表达出来，才能够被大家所接受。但是，归根结底，它必须以陈述事实为根本。因此，从这个意义上来说，雄辩家就是一个叙述家，他必须根植于事实之中，如果不能够做到这一点，那么他也就无法真正地去打动听众。

演讲空洞无物往往就会失去人们的宠爱，这是聪明才智、博学多识以及举例说明都无法弥补的缺憾。但是听众们要求演说家要完全做到这一点当然也是公平合理和可以理解的。悦耳动听的声音或者华丽的辞藻仅仅能够使人们集中精力去听一会儿，但是，很快人们就会问：“他到底在讲些什么呢？他的目的又是什么呢？”

如果演讲者什么也讲不出来，空洞乏味，既不去赞同什么事情，也不去反对什么事情，那么人们就会弃他而去。而对于他们所信任的人，或者是一个言之有物的人，他们都会长时间地听下去。但是演讲者的犹豫，迟疑则会使他的演讲失去对听众的吸引力。

如果一个人想精通这门说服人的艺术，那么他就必须把重点放在对人格洞察力的培养上，而不是强调一般性的技巧。要让他明白他的演讲是要和他的行为结合起来的；在他进行演讲的时候，他其实什么也没有做，只是在清洁自己的思想和身体，努力使自己变得更加健康。

雄辩术的最高要求就是演讲要能够激发人们的道德情感，这被称做永恒的真理，能够在最大程度上鼓舞和激发听众，引起听众心灵的共鸣。演讲者所应该传达的是这样一个信息：演讲者身上存在着一种永恒的东西，应该让听众感到演讲者的演讲是建立在这样一种东西之上的，当其他东西都流逝殆尽的时候，它依然能够保留下来；时间的流逝、地点的转换、政党的更迭都不会对它产生任何影响；在道德情感面前，每一个与他相对抗的东西都是不堪一击的。

雄辩术的伟大之处就在于，即使是最冷酷的人也会感受到它的气息，一旦有人能够为大多数下层社会的人民作出点贡献，那么道德情感的力量也就会从中体现出来。道德的因素应该、也必须被考虑在内，将要、也必定会发挥出巨大的作用。

雄辩术和其他的任何一门艺术一样，是建立在最确切的、固定的原则之上的。它是表达思想的最佳形式。也许把它看做是大脑中所有雄伟的、不朽精神的解说者会更为恰当。如果它不能够变成这样一种方法和手段，而只是向往成为它本身的一个部分，并且为了显示炫耀而闪闪发光，那么它将会是不正确的和没有力量的。当正确地运用雄辩术的时候，它就会拥有灵活柔韧的、永不枯竭的力量，它的力量随着我们感情的扩张而膨胀。这才是真正的雄辩术。

感受自然之美

在希腊人的眼睛里，世界是美的。美是世间万物所共有的特征。一切都源于美而又都会产生美。我们在美的欣赏中会产生出愉悦的感觉，在美的力量下，天空、山石、树木、动物都表现出美的形式，我们从它们的外形、颜色、运动中体会到了美的东西。

美是事物的共性，但是每一个具体的物体又有自己美的形式，都有着光彩夺目的一面。

首先，人在感知各种自然形式时就可以产生出一种愉悦感。对于那些善于发现的眼睛，大自然每时每刻都会体现出它那独特的美。即使是在同一个地方，也可以在不同的时间里看到不同的美。天空在变化，植物在不断地成长；花开花落，时光飞逝，目光敏锐的人都可以从中感受到美的存在。昆虫、飞鸟也是这样，在与自然的对应中会交替出现自己的生命周期和活动范围。

这些都是能够看见、能够被感知的美，其实大自然的美只是很少的一部分。无论是白天的景象：早晨的日出，还是彩虹、果园、大山，无不向世人展示着美。如果我们刻意地去展现这样的美，那么也就难以抓住到美的真谛了。如果你是刻意地去发现月亮的美，走出去一看，这时的月亮只是一个发着光的装饰品，此时的月亮是无法向你显示出它真正的美的。如果你刻意地去寻找美，那么美就会离你而去。真正的美是难以言表，难以抓住的，只可以欣赏，只可以静静地感受。

高层次的美没有丝毫的矫揉造作，完全是与人的意志力结合在一起的。美是意志力的标志。每一个自然而然的行为都能够透露出美，就像每一个英雄行为都是正直的表现，他的风采吸引了周围的人。每一个理性的人都可以拥有自然的美，如果他想得到自然，那么自然就在他的心中。他可以背弃这个世界，但是就他的能力来说，他是完全有能力拥有大自然的。他的思想有多深刻，意志力有多大，那么他就可以在多大的程度上感受到自然的美。罗马历史学家塞勒斯特说："人类正是通过耕作、制造、航海等活动来寻求自然的美。"英国历史学家吉本曾经说过："风浪常常会向最精明的航海人屈服。"

每当一人完成了一个壮举的时候，那么自然也就会表现出相应的雄壮之美。就像斯巴达国王利奥尼达斯和他的三百勇士在与敌人同归于尽的时候，太阳和月亮也为他们送行，为他们致哀。当瑞士的民族英雄温克利挺立在阿尔卑斯山上，迎着风雪，充当奥地利人的枪靶子时，山峰也为之感动。当哥伦布发现新大陆的时候，欢迎他的当地土人，蓝色的大海，以及远处的高山，这些美景都是与这样的壮举相称的。

自然永远都是在为人的英雄行为作装点和修饰。暴君查理二世为了禁锢人的思想，让策动反抗的罗素游行示众，但是人们却从罗素的身上感受到了美德和品质。不管是多么偏僻的地方，也不管是在多么低劣的环境中，只要产生出一个真理或者是出现一个英雄行为，大自然都不会吝啬它的赞誉，可以用整个天空来作为纪念的庙宇。用雄壮的外表呵护着他们，用玫瑰和紫罗兰来取悦他们。

拥有崇高品格的人与他的工作是十分和谐的，他们可以成为自己生活环境的中心。在日常生活中，我们可以看到，一个个性鲜活、才华横溢的人可以轻松自如地支配着环境，而周围的人、时间、自然物都像是他的随从。

世界是美的，美可以对人的思想和心智产生作用。相对于人的心智来说，世界也是美的。对于人来说，只是潜心地寻找真理，那就不会有感情的成分。人的思想与行为似乎是不相容的,而且是互相排斥的。美与行动也是一样,但美也渴望心智的力量和行动的勇气。所有美的事物都不会死去,所有的美都只是在变化着不同的形式。这样的变化正是为了进行新的创造。

所有的人都会在心中保留着自然的印记,有的人可以从大自然中得到快乐,也有的人对美产生出一种超常的爱,并不满足于对美的敬仰和欣赏,而是尝试以种新的形式来表现美。他们的创造是以艺术的形式表现出来的。

每一个艺术作品都像是人类奥秘的反映。艺术作品是自然的缩影,也是大自然的外在表现,同时也是自然变化的结果,以一种具体的形式表现了出来。自然在本质上是相通的,虽然作品不同,形式各异,但是都能够表现出美与和谐,这就是共同的美。一片树叶,一缕阳光,一处风景所产生的美,在人的心中留下的痕迹其实都是一样的。

任何事物都不可能离开整体而独具其美,只有在和谐的整体中才能够显示出它的美。诗人、画家、雕塑家、音乐家、建筑师都是以自己的艺术形式来表现自然的美,实现自己对于美的追求,正是这样的美使他们投入到创作之中。艺术来自于自然,同时又高于自然,是人化了的自然。同样,大自然通过艺术作品实现了它的美,它又通过人的意志来完成。

自助

人与自然的和谐

　　一个人如果要想成为真正的隐士，那么他就要从社会中彻底地隐退。因为在他读书、写作的时候，他仍然会对社会产生影响，这不能够算是彻底的隐退。他应该凝神静气，在仰望宇宙时得到启示，这样才能够使他一人独居，与世隔绝。有的人甚至会认为：大气之所以是透明的，那正是为了让人们能够看见神秘的太空。在城市的夜晚可以看见满天的星星，这是多么令人惬意和激动的夜景！如果繁星点点的夜空要一千年才能够出现一次，那么我们又将会产生怎样的崇敬之情呢？但是，星星作为美的使者，它们每天晚上都会来到我们的头顶，发出它那耀眼的光芒，人们又怎么会去珍惜呢？

　　天空中的星星是可望而不可及的，人们因此而产生了敬畏的感觉。自然的心胸是宽广的，当人对它敞开胸怀的时候，它也会以同样的真诚来回报我们。但是聪明的人类是不可能达到自然之美的尽头的，也不可能对大自然永远都保持着好奇心。对于智慧的人来说，大自然是探索不完的，就像那盛开的花朵、奔跑的动物、巍峨的群山，可以让他们调动自己的聪明才智去进行探索，这样的活动会让他感到无比的喜悦。

　　如果以这样的心态去感知自然，那么就会在心中产生出一种诗意的情绪，那么地清晰，那么地动人。这是各种反应的综合，但是不同的人又会有不同的感觉。就像诗人眼中的森林和伐木工人眼中的森林是肯定不一样的。庄园主虽然拥有大地和农场，但是他却不会拥有这片风景，因为他完全觉察不到自然的美和风景的美。这个时候，也只有那些能够透过外表看到内在本质的人才会有这样的情绪，才能够有这样的精神享受，这样的人只能是诗人。

严格地说，大多数的人是看不见自然之美的。他们甚至从来没有真正欣赏过太阳。虽然他们的眼睛看见了，但也不过只是视而不见，没有真正用心灵去感悟，也没有用头脑去思考。对于大人来说，太阳只是照亮了周围的环境，而在孩子的眼睛里，太阳却可以直达他们的心灵深处。

如果谁能够真正热爱大自然，那么他的内心就是与大自然相通的。这样的人即使是到了老年，但是他仍然拥有一颗不泯的童心。他的心与自然是息息相通的，与自然倾心交谈已经是生活的一部分，一种愉悦的感觉。虽然生活中会产生出一些麻烦和悲伤，但是他只要与大自然联系在一起，那么就会时时感觉到快乐。这样的人与自然是共存的，心灵的波动与自然也是对应的。

大自然有时也会变得激动和消极，这就像戏剧中有喜剧也有悲剧一样。如果一个人身体健壮，那么大自然就会使他精神振奋。即使是在天气阴沉的时候，情绪也不会受到什么影响，而是能够切实地感受到一种幸运和快乐。

一个人在野外，在森林里，这时他就可以变得无拘无束，就像孩童一般快乐。这个时候，森林里就好像存在着永褒青春的良药。如此看来，森林里像是在举行一个盛大的活动，每一个参加者都会乐此不疲，永远都不会感到厌烦。在这里，没有丑恶，也没有倾轧，有的只是人们的理性和诚恳。

站在这旷野中，我的精神沐浴着自然的灵光，思想提升到了一个至高的境界，所有拙劣的念头都消失了。我好像成了一个透明的物体，可以看见一切，自己的一切也能够被别人看见。在这里，人与自然是合二为一的，人显得是那么的渺小和陌生，只有自然才是永恒。我也就成了一个至美的热爱者。在这里，人们变得更加亲热，更加理性，可以看到隐藏在本性最深处的美，这些东西原本是在生活中难以发现的。

当人置身于空旷的田野或森林深处时，最大的感受就是在那时所表现出来的人与自然的关系，是那么的神秘。在那里，人并不感到孤独。每一棵树，每一棵草都在与人交谈，都在向人致意。自然界里的所有物体对我来说都是既熟悉又生疏，既亲热又遥远的。这时候，可以肯定，令人快乐的力量并不在于自然的魔力，也不在于个人，而是在于人与自然的和谐。我们需要这样的快乐。但是大自然却并不总是能够让人表现出愉悦之情的。同样的时间，同样的地点，昨天还是鸟语花香，今天却是一片沉闷。对于一个人来说，历经艰难和忧伤，却仍然能够埋头苦干，辛勤劳作，那么他的生命就会体现出一种悲壮的色彩。

谱写华美的生命乐章

亚里士多德曾这样说过："人是衡量世间万物的尺度，手是他们测量的仪器，大脑是其思想。"人类有着进行发明创造的诸多资源，可人类仅仅在这样的创造过程当中，才可以显示出自身所拥有的数之不尽的价值。地球上的一切工具与机械，都仅仅是人类肢体与感官的某一延伸。创造和发明，是人类在悄然而逝的时间之中把握住生命的某个方式。

是的，创造与发明的能力能够权衡一个人的个人价值，我们不可仅依靠一个人所取得的成果来对他加以评价，技术与智力并非衡量某人的唯一标准，我们还应该找寻另外一种判断的标准。

人类所获得的一些成果能否改变人类的品格与价值观念呢？人们是不是变得更为善良了呢？可是，有时候我们必须怀疑，伴随着科技的发展，人类的道德水平是不是反而已跌进谷底了呢？我们看到的，大部分是某些成果显著可品质低劣的人。伟大产生了平庸，成功的背后没有文明的踪影。物质上所得到的，本应伴随着精神上的升华，然而，现实生活中有多少人可以达到这样的境界呢？看看那些发明家们吧，精湛的技术背后隐藏着品格上的缺失，光鲜的外表下掩藏着的是内心的黑暗。在现实生活当中，通常道德水平的发展往往落后于物质力量的前行脚步，对这种现象，似乎我们早已见怪不怪了。当我们面对着物质和精神的选择时，我们一般错误地选择了前者舍弃了后者。

休谟觉得，虽然环境在不断进行变化，可是快乐却不会因此改变。在阳光底下依着篱笆墙、无忧无虑地抓着跳蚤的乞丐，有着和首次参加舞会的女孩或凯旋归来的将军同样多的幸福感。

如今，全部的人都在互相鄙视；富人受到了人们的讨厌；获得了非凡成就的人只能在人们的闲言闲语中退隐。我们在幻觉中生活，意识不到现在的时光是如何的宝贵。倘若你用心去感受生活，那样的话你就会发现，我们所度过的任何一天都是十分重要的。人们总是无法正确地去看待事物，去珍惜现有的美好时光，直到最后他明白，任何一天都有可能是他人生的最后时光。

在古老的印度传说当中，哈里和农民们住在一起；在古希腊的故事里，阿波罗和牧羊人阿德墨托斯在一起生活。我们的历史也是这样，耶稣出身贫穷，他有十二个都是渔夫的兄弟。

拿破仑说过："如果一名将军知道怎样去利用他的士兵，而且可以同他们相处得很好，那他将会拥有一支攻无不克的军队。"不要因你的勃勃雄心而不去做岁月赐予你的任何一项普通的工作。只要你用心去做，就会发现，智慧的最高境界就在眼前。

我们不喜欢那些娇柔做作的人，虽然他们可能具有一定的文学才干又或是作出了一定的功绩。可最能让我们欣赏的是那些真实的人。莎士比亚创作《哈姆雷特》，就仿佛鸟儿筑巢那样流畅。世界上最伟大的画家因快乐而绘画，而世界上最伟大的抒情诗人所谱写的诗篇洋溢着无尽的欢乐之情。一首悦耳动听的曲子，只有在自由自在、情趣高雅的环境之下，才可以成为真正的天籁之音。如果说歌者是出于责任才唱抑或是不得已而为之，那我宁愿选择让他沉默。只有对睡觉不在意的人才不会失眠，只有不大注重写或说的人，才可以写出和说出最能打动别人的话语出来。

科学也遵循着一样的规则。专家通常是一群业余爱好者，他们不知觉地就完成了有关昆虫鸟鱼的学术论文，随后便又再次回到了远离科学的平常生活当中。在牛顿看来，科学就如同人的呼吸那么简单；他运用智慧计算月亮的重量，就仿佛平日里系鞋带那般轻松；虽然他的生活很简单，可却充满了智慧和神秘感。

这是我们所有人都翘首企盼的过程——从劳动工作到获得成功的喜悦之情；从估计每一小时的产量到经济的繁荣昌盛。我们任何人都应尊重工作的权利，应该对生命中的每一刻加以珍视，只有这样，我们才可以谱写出伟大华美的生命乐章。

自助

享受独处的美好

一位真正的学者，一定要有一颗孤独、不辞劳苦、勤劳、谦虚、仁慈的灵魂。他一定如同拥抱新嫁娘一般同孤独拥抱，乐其所乐，忧其所忧。他的评价已经可以成为权衡的尺度，他自己的赞美已经能够称得上是丰盛的奖赏。

可是，学者们为何一定要坚守某种孤寂的状态呢？那是因为，只有如此，他才可以清楚地明白自己的思想。倘若他身处僻地，可又费尽心机、渴望人群、希望得到炫耀，则他便不是处在孤独与寂寞的心境中了，那是因为他心系闹市。这样一来，他就眼睛不好使、耳朵也不灵敏，因此也就无法安心去思考。不过，假如你珍视自己的灵魂，将诸多世俗的羁绊，养成一个人生活的习惯，如此一来你的才能可以得到蓬勃的发展，就好像林中葱郁的树木，田野上绽放的花朵。

高尚的、道义的、大方的、正义的思想，并非群居的生活可以给予的，只可经由孤独来进一步升华。而这其中最重要的并非是与世隔绝，而是在精神上维持一种独立。就算身处于闹市当中，诗人们也同样能够是隐士。灵感永远都是与孤独相伴的。可以说，拉斐尔、安吉洛、德莱顿、司汤达都身处喧闹的人群当中，不过，在灵感闪耀的那个瞬间，人群就会在他们的消逝了。他们的目光朝着那无边的平线和那茫茫的空间投去。他们将身边的旁观者一并忘在脑后，他们所要应对的，是抽象的问题和永恒的真理，他们在孤独中思考。

诚然，对孤独我从来不存在迷信。一定要让青年们认识到独处和社交的好处，一定要让他们将两者都兼顾到，而并非偏执于哪一边。某一天才的灵魂为何会回避社会，其终极目的也是为了洞悉社会。他对谬论的批判，是原于他热爱真理。

社会能够教授给你的，在很短的时间你就能够学会。它那无知的常规、时间不一的舞会与音乐会、骑术、戏剧等，可以教授给你的，也便是好几次就能够掌握的东西。所以，对于大自然所赋予你的关于羞耻、精神上的空虚与贫乏的启示，你还是接受吧。撤消出去、藏起来、关起门来，随后欢迎刀口禁闭你的雨落下来吧——这就是大自然那最为美好的隐居的地方啊。你应将你的精力集中起来，一个人祈祷和赞美，消化与纠正曾经的经验和教训，使其又一次融入崭新的神圣生活。

我觉得，我们有建立某种更加严格的学者规则的必要。我所指的是某种苦行主义，是某种只有学者本身的刚强坚毅和忠诚才可以执行的规则。我们在阳光下生活，在表面之下生活。过着某种贫困的、似是而非的、浅俗的生活，议论着缪斯、先知、艺术和创造。不过，如何才可以产生出伟大呢？

来吧，让我们缄默不语，让我们用手将嘴巴捂着，坐上漫长的、苛刻的、毕达哥拉斯式的五年。让我们以一颗热爱上帝的心灵和眼睛蜗居在角落中，做琐碎的事、干体力活、哭泣、受难。孤独、隐居、苦行，我们可以穿透生命那隐秘而庄严的深处。就如此深深地进入其中，我们就能够从尘世间的昏暗里培养出崇高的道德品质。而那在时尚或者政治的沙龙里夸耀自己的艳俗的交际花，那些社会的傻瓜，那些名声狼藉的蠢货们，是如何的低劣啊。还有那些报纸上的头条、大街小巷的消息，会让一个人失去平民真正的特权、私密，还有他那颗热情且真诚的公民的心。

普通百姓所说的好运气，事实上是天才们经过了很长时间的慎重考虑才会得出的结果。比方说拿破仑，他不但忠实于事实，而且还拥有卓越的才华，同时他还非常谨慎。对于心灵的自由，以及他那无穷的力量，他也十分相信。他是一个谨慎有加的人，片刻也不会忽略就算是最微小的一丁点准备和耐心的配合。可是，由于他对任何事情都有高度的自信，这让他对勇气的产生、对自己的命运也信心十足。这让他在关键时刻可以力挽狂澜，如同挟雷霆万钧，将那数之不尽的军队与国军们摧毁。就好像人们所讲的那样，树枝有它自己的特质，整株树木有整株树枝的特质。所以，说来也非常神奇，拿破仑的军队也一同分享了这一统帅所拥有的双重能力。原因在于，当其严格地执行任何一项任务，不管侧翼或是中坚，全部都只靠每一排的英勇和纪律的时候，他仍旧对他瞬息万变的命运充满着全然的信心。

让学者们懂得欣赏这样的天赋和才干的结合吧。倘若把这些才干用作更加美好的目标，那样的话就会产生出真正意义上的智慧。有学问的人是事物的启示者。先让其学会认识事物，告诫他不要因着急想早点得到褒奖就将那些本应完成的工作而忽略掉。使他懂得，虽然奖励可以将成功体现出来。

不过，真正意义上的成功是在实干里，是在对他的思想的佩服得五体投地当中，是在对事物日复一日、年复一年的不辞劳苦的探寻当中，是在对一切手段的运用当中，特别是在谦虚的交往和卑贱微小的生活所需当中——聆听他们所说的，如此，经过生活和思想的互动，能够让思想更为缜密、生活更加聪慧明智。当你对絮絮叨叨的流行观点嗤之以鼻的时候，世界的奥秘就被你掌握了，同时也取得了将这一秘密展示出来的真正技巧。

一个杰出的学者，对于在他年轻时套上的生活重轭是不会拒绝的。如果可能的话，他应该去了解千辛万苦的意义，应亲自去熟知那片养育了他的土地，应在享受舒服和豪华之前必需去付出的汗水，纳税要真诚，应像某一真正高尚的人那般去为了世界将自己的一份力量贡献出去。我们一定要永远铭记对神的虔诚，恰恰神对诗人的低声细雨，才令他唱响了穿越时空的完美乐章。

你们无须担心我主张的某一太过苛刻的禁欲主义，不用问我此种完全的隐退哲学有什么样的用处。又或是说，较之那个把自己的造诣和思想公之于众的人，谁更为好些呢？思想是一切的光亮，它会将自己展示给宇宙。它会说话，就算你是一名哑者，它也可以用自己那不一般的器官发出声。你的思想将会从你的行为、风度还有脸上显露出来。它把友谊带给你，它会依靠慷慨心灵的爱和期许，把你交给真理。它会依靠唯一且完美的自然的规则，把灵魂上的真诚和善良，给予它最喜爱的学者们。

谈话的艺术

真诚而愉悦的谈话可以让我们力量大增，这一点是不用怀疑的。在我们把自己的想法和感受告知给别人的时候，我们自己也从同他人的交谈之中得到了乐趣，这让我们的思路也变得更为清晰明了了。有的时候，聆听会让我们变得更为睿智。人和人之间的交流是上帝给予我们所有人的才干与礼物，我们应充分地利用它。有一位智者曾说道："一切我所认识的人，你也可以认识。"这句话是说：他不用努力地去把自己认识的所有人向第三者介绍，原因在于，如果他们相互间有好感的话，则他们自然而然会走到一起，无须他从中引荐。人和人之间的心灵应是相通的，倘若是真正的朋友，他们之间绝对有某种彼此吸引的东西存在。

语言的产生拉开了人类文明的帷幕。语言有着某种巨大的力量，某一可以说服别人的力量，某种改变的力量，也是某种催生的力量。语言可以改变你对别人的看法。恰当准确地运用语言，你便能够变成美好和高尚的使者。

一直以来，女性都是说话艺术的主角。假如你回忆一下昔日的生活，你的脑海里就会浮现一些优秀的女性形象。她们的说话艺术是多么高超；她们的声音是多么悦耳好听，超过了所有动听的歌曲；她们用语言来表达自己的率真、个性、睿智和情感；她们妙语双关，让谈话充满着迷人的色彩。她们不但本身充满了睿智，甚至也让我们都智慧起来。要是不从女人那儿学习，你就不可能成为一位谈话高手。她们的风度和灵感，是你成功的根本所在。英国作家斯梯尔如此评价他的情人："爱上她，令我在语言的运用上深深受益。"英国著名诗人也对女人所拥有的这样的影响力曾作了精彩的描述："她拥有这个世上别的任何女人都没法与其相媲美的才干，这是种睿智的力量。她可以让一个傻瓜妙语不断，她可以拨动人们爱的心弦，她可以让了无生气的肌体生机盎然。"那些有着良好教养的女人也被柯勒律治比喻成"英国纯净精神的守护者"。

法国文艺理论家、女作家斯塔尔夫人，被公认是她那一时代最优秀的社交家，要明白，那个年代里赫赫有名的男人与女人可以说是数不胜数。她同英国、法国、意大利以及德国的很多杰出人物都有书信来往或者是社交往来。斯塔尔夫人觉得，仅有语言的交流才最有价值。她和法国小说家、政治家本杰明·贡斯还有德国文学批评家、语言学家施莱格尔间的交谈就可以让人有一种惊心动魄、荡气回肠的感受。在谈话间他们兴奋不已，如痴如醉，以致达到了某种把天气的恶劣和道路的曲折泥泞毫不放在心上的忘我境地。曾经德塞尔夫人说道："如果我是王后，那样的话我便会命令斯塔尔夫人天天都与我聊天。"

交谈能够填补人和人之间一切的隔阂，能够弥补一切缺陷和不足。有关曼特农夫人的这样一则有趣的逸事：有一天，晚餐的时候，侍者走到她的旁边说："请还讲一则趣闻吧，因为，今天的烤肉已没有了。"可以看出，美妙的言语甚至可以抵挡住饥肠辘辘的折磨。

假使你想成为语言巨人，那就千万别做行动的侏儒。交谈最大的好处，并非是要炫耀，并非是将你的敌手征服——那样会让你除了自诩之外没有任何收获——而是应去发现那些比你学识更为渊博的人，同他争论，直至是毫无保留地被其说服，即使是那些你含辛茹苦建造起来的一切知识结构与逻辑体系。这一点也不可怕，你一定要谨记：失败是成功之母。只有经历了此种失败，你才会吸收对方思想的精髓，才可以运用曾将你打败的艺术与方法去将对手战胜，这也便是所说的"以其人之道还治其人之身"。然后，你就可以在交谈的领域里挥洒自如、驰骋纵横。

在交谈中态度与语气起着最为关键的因素。让我们一定别将目光只停留在谈话的内容之上，而应留意一下谈话者的姿态。如果我们承认较之沉默相比交谈要更加优雅的话，那美好的感觉就是对话成功的一半。为了表现出热情和友善，当有人拜访我们的时候，我们总是会愚钝地东拉西扯、问长问短。不过，这样的谈话却毫无价值可言。我们也一定别摆出一副咄咄逼人的姿态，这会让我们的谈话一点优雅感都没有。我结识的一位夫人说："如果说我对别人的说话内容感兴趣，还不如说我对他们说话的方式更为感兴趣一些。"

同别人交谈当中最重要的，就是要将你最真实的东西说出来。就像牛顿说的那般："事实可以战胜任何事物。"当毛雷纽克斯试图用地轴转动这个发现用以将万有引力推翻时，艾萨克不过是轻描淡写地说了一句："可能你的想法确实有一定道理，但却毫无实验和事实的根据。"

但是，生活中也存在着这样一类人，他们极少用语言来向别人将自己的真实感受表达出来，在大多数时间里，他们都缄默不语，没有文化的乡间农夫或是一些性格孤僻的人就是这一类人的典型代表。当你同他们在一块时，他们的沉默寡言会让你无法忍受。时不时地这些人也会说出一两句语出惊人的话语，不过，大多数时候，他们都可怕地沉默着。

我们常常谈论成功，可是，哪些时候我们会论及真实、舒服还有愉快呢？敏锐的洞察力与领悟能力、杰出的才能、真实的洞悉，还包括道德上的端庄正直，应当在人们的举手投足之间占中心地位。很可惜，我们却常常和沉闷单调、吹毛求疵还有自我矛盾的话语纠结在一起，白白将我们大量的时间与精力浪费掉。

除此之外我们还必须注意，和别人开玩笑一定要掌握好分寸。适当的幽默和玩笑就好像饭里的调料添加剂一般，能够让我们的生活变得更为轻松与愉悦。可是，过火的或是不恰当的佐料却会白白浪费一顿美食。不要开那些无聊空洞又让人感到尴尬的玩笑。只要你的玩笑让你的朋友觉得不悦甚至感觉受到羞辱，那样的话你的处境就不算很好了。真正意义上的妙语连珠是让人心领神会而且回味久远的。

在同别人的交谈中，我们要尽可能不去触及那些不积极的方面。任何时候都不要用你的悔恨或对社会以及政治统治的阴暗观念去大量增加别人的烦恼。就算你觉得谈及疾病是不伤大雅的，可是你也要尽量地回避这一危险的话题。你要明白，在无意之中所说的话，有很大可能会让那些正在过分担心自己健康的人们感到忧心万分甚至念念不忘。

餐桌上有一条规则，这就是完美主义，也就是我们应尊重所有的客人，应让他们任何一个人都觉得舒服与满意。过分对一两位客人太过亲近而疏远别的客人，是种十分不适当的做法。我们在举手投足间要遵守下面的规则：不要将他人房间的秩序扰乱，不要在别人背后说他的坏话，不要大庭广众之下询问他人的开销，不要侵犯别人隐私。

在开口说话之前，我们应该经一番深思熟虑，尽量避免重复别人的观点。首先思考自己想说的是什么，要是还没考虑得十分清楚，那就索性什么都别说。人们关注的，是你想要表达的真正信息。当人们征询你的意见之时，他们想听到的，并非你慌慌张张地去临时想答案，而是想你可以依靠自己的经验和睿智去解决现今所面对的问题。我们应尽可能避免炫耀自己的学术和那些不必要的争执，原因在于，那些真正善于和人打交道的人，并非在说出一个个的词语，他们所做的是抓住问题的关键。

最后我们要牢记于心的是：风度第一，交谈第二。要明白，倘若生活中没有风度，那样也便没了交谈的可能性。

修养来源于某一大智慧的启示，它告诉我们：所有人都有其亲近的关系网，借此他就可以调节来自所有权威的粗犷声音的干扰。修养可以矫正人性的天平，对社会关系的平衡十分有利，让睿智的人和普通人和谐共处，再造人类那美好的同情心，而且告诫人们独居与对现实生活充满厌恶的危害性。

　　当全世界都在狂热地追逐权力、追逐代表权力标志的财富的时候，修养却在将有关成功的理论进行校正。在现实生活当中，一个人往往会成为自己的"囚犯"：条理清晰的记忆力让他变成了一本历史书；能说会道的才能让他变成了一个喜欢争论的人；赚钱的本领使他变成了一个守财奴，更准确地说，令他变成了一个金钱的奴隶。不过，修养却可以减轻这样的病症，它通过求助于别的力量来与那种占据支配地位的才能相抗衡，原因在于它所诉诸的，是某一更加可贵的力量。

　　有些人通常高估了自己在全部体制中的重要性，因此就产生了某种不可一世、自高自大的感觉，而且因此促使了个人主义。妄自尊大的个人主义是社会的瘟疫，它是一种如同流感一般的疾病，入侵着一切体质。这是某种人人都有的倾向，而向别人乞求怜悯就是它那让人厌恶的形式之一。受难的人述说着他们的不幸，他们从伤口上将麻布绷带撕下，以便让你可以对他们表示怜悯与同情。他们喜欢生病，因为身体的疼痛能够让旁观者表现出一点点的关切。仿佛我们从孩童身上所看见的那般，每每大人进来之时，倘若他们发现自己遭受了冷落，便会不停地咳嗽，直到咳得没法喘气，以此引起大人的注意力。

一名学生可以从他所吸取的修养中得到某种无往不胜的天资，之后依靠这一天姿去品读各种各样的书籍，去进行艺术活动，去掌握诸多技能，去从容优雅地进行社交，可又不会在其中迷失。他将是某个有着良好修养、目标远大的人。修养不但不会伤害这人，就算是上帝也不准许让他们有些损伤，恰恰相反，倒能够消除他的人生道路上的一切障碍。

我们一定要培养学生一种宽宏的气派，树立某个远大的目标，一定要力争成为他自己专业方面的行家。可是，这样的目标一旦实现，他就会将其置之一边，不断前行，力争实现更为伟大的目标。他应该要有某种宽容的精神，要有某种自由自在地思索问题还有不受约束地观察事物的能力。

矫正这种自我主义的方法有：认知世界，了解那些有优点的人，对社会的诸多阶层进行深入了解，了解那些非凡超群的人物，了解那些同哲学、艺术还有同宗教相关的高尚娱乐——书籍、旅游、清幽的独居生活。

人的长处在于运用很多相关点在极大的差异与诸多极端间方便地进行适应与转换。修养可以将夸张消除，消除人们对农村或是城市的自负。

就算是最顽固不化的怀疑论者，亲眼目击了某匹被驯服的马、某条训练严格的猎狗，又或是参观了一所动物园、观看了某次"聪明伶俐的跳蚤"的展出之后，也不会对教育的有效性加以否认。柏拉图说："在一切的动物当中，小男孩是最邪恶与凶猛的。"无独有偶，英国古代诗人盖斯柯恩也曾说过相似的话语："倘若某男孩不读书，那样的话还不如不来这个世界。"我们明白，让人们非常信任的军队是通过严格的纪律产生的，运用此种系统化的训练与教化，一切人都能够被培养成一位英雄。罗伯特·欧文曾说过："就算给我的是一只老虎，我也可以把它教育好。"对教育的力量缺少信心是不合乎人的常理的，原因是，向善是某种自然法则。人们为何会得到尊重，恰恰是由于他们奋发向上或是尽力发挥了向善的力量。

让我们将人类的教育变得更加大胆、更具前瞻性吧。政治仅仅是某种事后诸葛亮，某种可怜的修补。会有那么一天，我们的政治将被教育取代。我们所说的彻底改革，不管是对奴隶制度、战争还是酗酒、豪赌，都仅仅是治标不治本。我们一定要从更高的起点着手，那便是：从教育入手。

我们传给学了不多久的人的那些方法与工具，可以让他们从中得到好处，就如同我们将其生命延长了十年、五十年又或是一百年。修养可以给所有健康的灵魂供应某一良好的理念，可此种理念能够做到的，就是将人们的邪恶欲望与绝望情绪消除。不过，我们经受的训练极有可能是无疾而终，这是我们无法回避的现实：毕竟，一切成功都仅仅是诸多探索与尝试中偶然并且稀有的部分；我们付出的艰辛和苦难，很大一部分都会前功尽弃。

我们关于修养的这一概念中，书籍应一直占有一席之地，原因是它包含了对人类智慧的最为严密的记载。从古到今，曾经在人类的历史舞台上出现的最伟大的人物，比方说伯里克利、柏拉图、恺撒、莎士比亚、歌德与弥尔顿，都是博学多识的人。他们都进行过良好的教育，他们出类拔萃，一定不会轻视书本价值。就我来看，一位杰出的人物应该是一位擅于读书的人。又或是说，他的吸收能力应同他的天赋成正比。

可是，仅仅在某个孩子想读书之时，书籍对他才有益处。有的时候，他迟迟不想读书。你将他送到一个拉丁语学习班，可是他所接受的大多数教诲，却是源自他在前去学校的路上所见到的那样一些橱窗。

你喜欢严格的校规校纪制度，盼望学期越长越好，然而他却发现，自己得到的最好教育，是其单独一人走在偏僻小道上时得到的。他讨厌语法与格律辞典，却对猎枪、钓竿、骑马与航海感兴趣。既然这样，这个孩子就什么错都没有。并且，倘若你重视教育理论而将他的体育锻炼忽略掉了，则你就没有对他行使教育与培养的资格。击剑、板球、猎枪、钓竿、骑马与航海都是老师，都是可以让他得到身心解放的事物。舞蹈、服饰、街谈巷议也都是这样。这个孩子只要天资聪慧，气质高雅，天性质朴，则这一切对他的帮助较之书本上的知识也毫不逊色。

平凡中的伟大

城市让我们有机会碰撞。听说，纽约与伦敦可以让一个人放弃那些愚蠢至极的胡言乱语。教育的某一重要作用，就是对人们的怜悯心和交际能力加以培养。那些经见多识广和品位超凡脱俗的人培养出的少男少女，他们的品行举止中便会体现出某种高贵和典雅的气质。富勒曾说："德国纳赛公国的伯爵每一次脱帽，都从西班牙国王那儿得到一个臣民。"假如没有全社会这样的温文尔雅，你是无法拥有一个十分有教养的人的。尤其是女性——社会需要的是很多有着良好教养的女人——那些沙龙里有许多光鲜照人、端庄娴熟、饱读诗书的女性，她们已习惯安逸娴静、文质彬彬；她们已习惯在大众场合、画画、雕刻、诗歌与上层流社会——如此你可以拥有一位斯塔尔夫人。

我期望城市可以教给人们最为重要的一课，那就是具有端庄的举止。自命清高是很多美国青年惯有的弱点。历经世故的人是一定不会爱好虚荣的，这便是他们的标志。他们不进行演讲，低调做人，避免任何夸夸其谈；他们衣着俭朴，从来都不空许诺言；他们做事认真严谨，做得多，说得少。他们一直都以最谦卑的词语称呼自己的职业，以防招到那些恶毒语言的攻击。一个隐姓埋名、身穿粗布麻衣的杰出人士从我们身旁走过的逸事，是如何刺激我们的想象啊！曾经拿破仑在他那富丽堂皇的宫廷早朝上一副朴素的平民装扮；彭斯、司格特、贝多芬、惠灵顿、歌德、又或是每一个能力杰出的人物，曾都被人们看成是无名小辈。伊巴密浓达就是一位"从不说话却一直在聆听"的人。歌德在与衣衫破烂的陌生人进行交流的时候，往往是愿意选择某些琐碎的话题与运用一些普通的言辞，他的衣着也会比往常更为随意一些，行为举止也会比通常更显率性。某位古代诗人曾这样说道：

你越是清贫与卑微，
你便越是可以把这空寂看穿。

我觉得，华兹华斯为何会在威斯特摩兰郡得到人们的赞颂，就是由于他为邻里街坊们树立了榜样，让他们知道，在不炫耀、不声张的情形之下，怎样去过一种有教养的、舒心的家庭生活。虽然某个稚气的小伙子也许会头戴破帽、身穿不合身的短衫，可这却一点也不会影响他在大学里得到羡煞旁人的位置。在城市与乡村里都有很多穷苦的中产阶层，在他们的家中上演着很多自我克制与果断的行为，这样的东西都并未在文学作品中得以表现，并且一直也不会被表现，可是，恰恰是这些才让世界变得美丽。他们不介意穿得破旧，可对孩子们的教育却丝毫不放松；他们将牛马卖掉，去创办好的学校；他们不分昼夜地工作，仅仅是为了还清父辈们拖欠的抵押费用。

如果某人下定决心要成为鼓舞与引领他的同胞的伟人，那样的话他就一定要避免同别人的灵魂一起前行，防止在他们那年复一年的陈腐观念的束缚下生存、呼吸、阅读与写作。毕达哥拉斯说过："在早晨，须独处。"只有如此，大自然才会与你谈话，可她在人群里却从来不会像这样开口；只有如此，它的宠儿才可以得到那些单单向严肃与专注的思想展示自我的神圣力量。毋庸置疑，柏拉图、普罗提诺、阿基米德、赫耳墨斯、牛顿、弥尔顿、华兹华斯，都不在群体中生活，而不过是作为恩人时常地降临在那儿。学识渊博的导师将会谆谆教导年轻弟子们把这一点记住：在时间的分配与生活的安排里，必须要分出独处的时间，而且养成良好的独处习惯。

表达灵魂的重要载体无疑是清晰流畅的语言，可它也一样醒目地体现了在生命肌体的仪态、动作和姿势当中。这样的无声并且又微妙的语言，便是我们的行为方式。

生命是种表达。一尊雕塑不会说话，也用不着说话。一个完美的舞台形象，不必依靠哪种美丽的辞藻来解说。身上到处都是舌头，无意中将你的秘密泄露出去，你的体态、姿势、风度、脸庞还包括整个有机体的行为，都在讲述着有关你的一切。

生活上，不管做任何事情，都会有一种最恰到好处的方式，比方说煮鸡蛋时怎样掌握火候就相当有技巧。言行举止就是某种最好的处事方式。任何言行举止，再三重复，就会变成习惯。在大浪淘沙的日常生活当中，想得太多的处世方式都慢慢地被淘汰了，它们之中仅仅有极少的一部分在对自我的所有细节不停进行修饰与完善之后，得到了人们的广泛接受，因而成为了流行甚广的言行举止。

言行举止的力量能够说是取之不尽、用之不竭。并且，倘若运用得当，那它就可以发挥出巨大的力量。在所有国家，高尚的品质与高贵的气质都是没法冒充的，封建王国也是这样，共和制和民主制的国家也是如此。高贵的影响是任何人都抵挡不了的。在某一文明社会中所获得的诸多言行举止，拥有着非同一般的威力。只要某人拥有了这些文明的言行举止，他就绝对会在任何地方都受到欢迎与尊敬，即便他可能一点也不漂亮、不富有、也不是一个智力超群的人。教给某个男孩不凡的谈吐和诸多技艺吧，如此一来你便赋予了他某种不管走到哪里都能够拥有权力与财富的能力。让我们将那种生性害羞、总想退缩的女孩子们送往寄宿学校、马术学校、歌舞厅又或是随便一个能够让他认识与接近那种具有号召力的人的地方去，在那儿，她们能够亲自感受而且慢慢学会高雅的谈吐。

在早期的人类历史当中，当人们道德概念还不算成熟之时，言行举止的作用是相当有限的。虽然这样，可毕竟那是人类文明的开端，我的意思是，它可以让我们相互之间宽容与谦让。我们对那些优秀的言行举止会珍视的原因在于它对人性拥有初期塑造与祛污的能力，因而让人们与四肢动物的状态脱离，为他们洗涤污垢，披上衣装，让他们站立起来；它能够帮助他们蜕掉动物的外壳和习性，让他们不得不保持干净与清新；它能够震慑他们的不好的企图与卑劣的品行，教育他们抑制卑劣的情绪而选择宽容的情感；它能让他们明白，仁慈的情感与大方的行为远远要比他们以前的所作所为高尚得多，而且让人觉得愉快。

对于那些不良的言行举止，法律是望尘莫及的。我们的社会里寄居着很大一部分庸俗、逢场作戏、不安分与轻浮的人们。不过，用大家公认的社会观念凝聚起来的良好言行举止却能够影响这些品行不良的人们，起到调节社会的作用。那样一些在公开场合与私底下对社会规范不赞成的人以及满腹牢骚的抱怨的人，就像一条狗那般对着全部的路过的人大声狂叫不已。我曾见过这样一些人，每每你对他们进行反驳或是说了某些他们理解不了的东西的时候，他们便会像马一样地嘶鸣;还有那些性格冲动的人，他们无须你邀请便会出现在你的壁炉旁；还有那些絮絮叨叨的饶舌的人以及那些自怨自艾者。但凡这样，都是社会的祸根，即便是法官也医治不了他们，没法保护你遭受损害。这样的祸根不得不交给习俗、谚语以及行为守则的限制性力量进行约束。

自 助

在密西西比，差不多全部的旅馆手册里都写着这样的一条准则："请绅士们在公共场合就餐时务必衣衫整洁。"就算是教堂坐椅上也贴着恳请礼拜者不要随地吐痰的告示。我觉得，这一课并未全白上，它把本地人恶劣的言行举止暴露无疑。事实上，我们本来不用在阅览室里贴这样一条告示，告诫人们不要在阅览室内大声喧哗，更不用提醒那些欣赏大理石雕像的人们千万不要用拐杖敲打石像。可是，就算是在那些有很高文明程度的城市里的艺术馆与国立图书馆中，这样的告示也并不是绝对多余的。

在人类言行举止的演变进程中，某一主要的事实就是，人的身体变成了某种独一无二的表达方式。身体就像一个外罩透明的钟表，里面的全部机械装置都一览无疑。某位智者可以从你的表情、走路姿势还有言行举止当中洞悉出你的个人历史。所有行为举止的本质都在于表达。人们对那如明镜一般清澈的日内瓦湖面非常喜欢，由于它让人们一目了然地看到了自己的言行在湖里的倒影。人本身也是这样。表情与眼神完全能够透露出某人内心的所思所想，完全可以将其年龄状况反映出来，完全可以透露出他的人生目标和追求。

人的双眼完全被头脑所支配着。当我们陷入沉思之时，目光便会在远方的某处定格；当我们将法国、西班牙、土耳其这些国名列出来的时候，每每念到一个新名字，眼睛便会眨一下。目光是世界通用的语言。在人际交往当中，眼睛和舌头发挥着同等重要的作用。可是，某个人的眼睛表达的是一回事，但语言所表达出来的却是另外一回事。我们能够从某人的眼神中读懂他是不是说的真话、还是口是心非。

假如说人的眼睛是这样有力的生活媒介与工具，那样的话，人的别的面部器官也拥有自己的功能。一个人面部那不过几平方英寸的窄小的地方，却能够表现出他的所有个人历史还有内心的需求。某位雕刻家会对你说，在某个人全部的体貌特征中，鼻子具有着相当重要的地位。鼻子的形状能够显而易见地表现出一个人的意志是刚强还是柔弱，其秉性是温和还是暴躁。恺撒、但丁与皮特等有名人物就具有一只鹰勾状的鼻子。牙齿也是非常精致的造物,它能够传达非常多的内容。

聪明的妈妈会告诫自己的孩子们说："千万不要笑得太厉害，原因在于笑会让你全部的缺点都暴露出来。"

在法国作家巴尔扎克遗留下的手稿里，有一章节的标题是《步态的理论》。作家在这篇文章中说："面容、声色、呼吸、还有走路的姿势或是步态，可以在相同时间、用不一样的方式将人们的思想表达出来。可是，因为人们并不具备一起看守住这四种不一样的表达方式的能力，因此，你只需注意观察里面表明真相的那种方式，你便会将他整个人都了解到。"

我们会对宫廷抱有兴趣的最主要的原因是它可以展现出另外一种景象。当那些穷奢极欲的上流阶级居住在宫廷里的时候，他们的行为举止便会上升到一个比较高的艺术水准。宫廷中有句格言："言行举止就是力量。"对于某位朝臣来说，沉稳的举止、优雅的言谈、细节的装饰、还有善于掩饰所有不悦之感的艺术，都是其不可或缺的基本素质。

言行举止能够显现出真正的力量，所以让人印象深刻。一个具有明确目标的人，常常会表现出宽容和满足，对于此点，任何人都能够从他的言行举止中读到一二。然而你却没法通过训练让某人立竿见影地拥有某一气质与言谈举止，除非此种言行举止是他自然的天性流露。要是一个人是为达到某种自私的目的在做一件事，那他的眼神当中流露出的是功利的色彩；可当他正做着无私的奉献之时，他的眼神当中流露出来的就会是爱的温馨。从古到今，都是这样。

凡事要是为了装点门面，那样的话在人们眼里就单单是为了装点门面。当我们走进一所房子的时候，倘若主人慌乱不安、唯唯若若，那样的话，就算他的房屋再明亮、庭院再好看，也变得一点意义也没有了。恰恰相反，倘若这位主人从容自若、举止得体，那样的话，他的房间就会仿佛天宇一般的宽敞。就算那事实上不过是一个简陋的房间，就算那个主人仅仅只是一位穿着朴素的一般人，你也会认为他身材挺拔，就像埃及巨人一样的威武。

自立是行为的基础，由于它是力量不致在太多、太滥的夸耀中被花费掉的保障。在这样一个学校教育相当普及的国家，我们有某种浅薄的文化。我们大量阅读、写作与表达，在诗歌与演讲中我们炫耀着我们的高贵，却并未将这样的高贵慢慢转化成某种幸福。从古到今一直都流传着这样一句至理明言，仅仅是那些可以领悟到它的人才能够听得到："任何事情要是只有你一人知道，那样它就绝对具有很大的价值。"雅各比说："当某人酣畅淋漓地将自己的思想表达完以后，则思想也就多少不再属于他了。"这是条定律：某人仅仅在情非得已、不得不说之时所讲的话，才有利于我们和他自己。可是，只要他敞开想法的目的仅仅是为了夸耀，那他的思想便会让他腐朽堕落。

社会就像个大舞台，而诸多行为举止就是这舞台上的一场场演出。我们发现，有些人有机地将行为举止融入到自己的生活当中，而有些人就成为了诸多言行举止的附庸品，他们每天沉醉于对种种行为举止的追逐与模仿当中。因而，前者演绎的是一场精彩的剧目，可后者上演的就是一场笨拙低劣的表演。

第**4**篇
畅享读书的美妙

优秀的图书会使我们获益匪浅，那是高级脑力劳动的结晶。书是一个时代文化的载体。所谓的大学教育，其实就是读书，阅读那些被大多数学者公认为是迄今为止，最能代表科学文化水平的好书。

在图书馆里，数以百计的亲爱的朋友环绕在我们的周围，只是他们被那些皮革的盒子以及纸张中的巫士所囚禁。而那些思想家们是知道我们的，他们中的一些人已经等待我们两百年，一千年甚至是两千年了。他们渴望与我们沟通，向我们表露心声。

最好的读书方法就是顺其自然，而不是对读书的时间和页数作出机械的规定。顺其自然地读书，人们就能够根据各自不同的兴趣来满足自己的求知欲，而不是随随便便地翻来翻去，强迫自己读书来打发时间。

要读适合自己的书，而不要在质量不佳的图书上浪费过多的时间和精力。就像《圣经》在欧洲的绝大部分国家的宗教信仰和文化中居于主导地位，每个国家的文化都是从这一本书中发展、传播下来的一样。例如哈菲兹在波斯人眼中是天才，孔子被中国人尊奉为圣人，塞万提斯在西班牙人心中是智者的化身。所以，如果我们对他们的经典作品进行深入的研究，那么我们就会获益匪浅，就会不断进步，让学生按照自己的意愿进行少量的精读或者大量的泛读，他们都会学有所得。琼森曾经说过："当你站在那里还在思考应该让儿子读哪些书时，其他的孩子已经把书都读完了。每天都要读五小时的书，无论读什么都可以，你很快就会变成学识渊博的人。"

在读书这个问题上，服从我们的天性，凭着兴趣去阅读是最佳的态度。自然界总是泾渭分明的，自然规律会对世间存在的一切进行过滤和筛选。书的作者在经过千挑万选之后才会脱颖而出。所有堂堂正正摆在世人面前的书都是由那些成功人士创作而成的，他们都拥有十足的信心和进步的思想，他们能够通过他们的著作表达出千千万万的人想说却又说不出来的感受和想法。

阅读那些古老而著名的书籍是节省时间的好方法。不是优秀的作品是不会被保存下来，流传至今的。我知道平德尔、泰伦提乌斯、开普勒、伽利略、培根和莫尔都是不同于普通文人的优秀学者。但是在当代，要分清良莠，辨明优劣，却并不是那么容易的事情。

一定要远离那些浅薄而毫无益处的书。尽量去回避新闻界中那些琐碎的闲谈和小道消息，也不要去读那些在街上或者火车上不用问就能够知道的东西。琼森说："他经常出入高档商场……"有头脑的旅行者会选择最好的旅店，因为尽管他们会多花一点钱，其实并没有花费太多，这样他们却会因此有机会结识到好的、层次高的同行者，也会获得大量宝贵的信息。

同样的道理，那些名著中从头到尾都是极为深刻而精辟的思想和生动详实的例证。我们可能偶尔也会在破烂的不起眼的街道中发现想要的宝贝，但这种可能性是非常小的。而在最好的环境中肯定能够找到最有价值的信息。

我有三条行之有效的读书方法希望和大家共同分享。第一，不要阅读当年出版的新书；第二，不要读名不见经传的书；第三，不要读自己并不喜欢的书。就像莎士比亚所说那样："做一件无法从中体会到乐趣的事情，也就不会从中受益。也就是要去学最让你感兴趣的东西。"

法国著名的散文家蒙田曾经说过："书籍可以带给人们愉悦，那是含蓄而渐进的。"但是，我发现有一些书是极具生命力，极富感染力的，它们不会让读者在原地停滞不前，在合上书本的那一刻，你已经成为了一个更有思想的人。我很乐意阅读这样的书，也非常愿意把这些好书列出来，即使我自己要因此去撰写大堆的入门书、语法书也是心甘情愿的，因为这会对我们那些学识还并不十分渊博的读者朋友十分有益，他们也会对此心存感激的。

不能错过的作家

在数量众多的古希腊的作品中，我的阅读经验告诉我有五位作者的书不可不看的，第一位就是荷马。尽管有蒲柏以及众多的博学多才的人存在，但是荷马却是可以称得上是真正有智慧有才华的。他的作品语言简明生动，很适合普通的读者，同时也是希腊文化的真正起源。就像历史是无法更改的一样，荷马作品的重要地位也是无可替代的。这些作品贯穿在整个文学史中，所以，古希腊诗歌的历史是最为丰富的，也是发展的最为繁荣的。荷马的作品不仅有用希腊文写的，也有用希伯来文和梵文书写的。人们通过莎士比亚来了解英国文学，德国人通过叙事诗《尼伯龙根之歌》来了解他们古老的文化，西班牙人则是通过《西德》来了解他们的历史。《乔治·契布曼文集》是荷马伟大的译作之一，虽然其中最精彩的部分只是对原作者散文进行的翻译。

不可错过的第二个人就是希腊的历史学家希罗多德。他记载的历史中有大量弥足珍贵的轶事趣闻，这曾经使他的书和他本人受到过轻视和侮辱。但是现在，人们意识到，关于历史，最令人难忘的就是这些轶事了。希罗多德的历史书趣味性极强，它们也获得了赞许和公正的评价。

不可错过的第三个人是埃斯切拉斯，他是三大悲剧作家中最杰出的一位。他向读者生动地描绘了欧洲第一个大种植园。《普罗米修斯》这篇诗歌与希伯来人的《约伯》和挪威人的诗集《埃达》同样具有很高的地位和很大的影响力。

不可错过的第四个人是柏拉图。是否要谈论他，我其实一直还在犹豫，因为怕开了头就会没完没了。在柏拉图与荷马身上有着一些相同点，但是他的思想更为成熟，他已经从诗人转变成了哲人。

柏拉图那充满音乐灵性的诗歌与荷马的诗比起来，是更高一个层次的。他就像一个经验丰富的成年人，荷马是处于他的青年时代。柏拉图创作的歌曲是大胆的并且是完美得无可挑剔的，他用似乎是从遥远的天国得来的竖琴在专注地进行弹奏，无懈可击。

他不但是在总结过去，还在开启未来。在柏拉图那里，你可以从欧洲的起源和发展过程中去探索当代的欧洲，这些都是由欧洲的历史所体现的思想表现出来的。学识丰富的人是能够预言未来的，柏拉图就是其中的一位。他能够知道在革命浪潮中涌现出的每一个新人，他也知道当代人文科学中的每一个新的见解。无论你是想全面地了解某个问题，或者是想知道关于世界知名人物的评价，或是对一些空谈家进行毫不留情的揭露，以及对至高无上的真理和宗教的想法，你都能够在柏拉图那里找到满意的答案。

不可错过的第五个人是普卢塔克，即使是在最小的图书馆也能够找到他的书。首先是因为他的书十分有趣，通俗易懂，这一点是很重要的；其次，他的书能够抓住问题的要害，同时又是非常鼓舞人心，催人奋进的。

就像巴拿马地峡的赛场是希腊精英会聚的地方一样，普卢塔克的智慧体现了希腊文化的精髓。于是你的大脑和思想就会被那些抒情的诗句、精深的哲学思想、英雄们的壮举、神灵的威严所充实和激励。能够反映古代社会生活的三部曲，就是分别出自柏拉图、色诺芬和普卢塔克笔下的《宴会》，这些作品是人类文学史上的瑰宝。虽然普卢塔克的作品缺少历史的真实性，但是书中七大圣贤聚会的场景则是古代礼节的最好反映，在表述上就像横笛的声音一样清晰，又像法国小说一样生动有趣。色诺芬对雅典礼节的描述是学习柏拉图的，增加了一些苏格拉底的写作特点。而柏拉图的作品则是集中了各方面的优点：集合了先贤关于爱的真知灼见；生动地描绘出了智者聚会的场面，丝毫不比阿里斯多芬逊色；还运用了苏格拉底式的具有讽刺意味的颂词。

如果你对英国历史学家格鲁特的长篇巨作不感兴趣，那么不妨读读高登史密斯或是吉利斯的那些简洁、大众化的摘要。最有价值的一段历史是培里克利斯所处的那个时期以及随后的那个年代。阿里斯多芬的《云》和其他我们感兴趣的作品也是我们所必须读的，这样才有可能在雅典的文学中摸清方向，了解阿里斯多芬的专制残暴。正是在这种专制的统治下，天才人物才会更多地涌现；而统治者的残忍无道有时却会激起民众更大程度上的野蛮行为。米契尔和卡特莱特对阿里斯多芬作出的评论是很有价值的，我们也可以通过这些评论来更进一步地了解这个人。

圣·约翰的《古老的希腊》正在广为流传，它确实是一本很好的书。德国历史学家尼布尔的《生活与书信》比他的演讲更为精彩，而鲁太纳斯则是受到波菲利和朗今纳斯的赞美以及伽利伊纳大帝的推崇，他表明蒲鲁太纳斯是极受同时代人的尊重和爱戴的。

一个人如果在阅读了普卢塔克的《爱色斯和奥里西斯》之后，又阅读了西尼修斯的原著，那么他就会发现这是文学上最宝贵的遗产。就像一个人走在最为庄严神圣的庙宇中的那样，他就会对周围的人怀有一种前所未有的感激之情，也会对他们的尊严有新的认识。他被这些作家所激励，他已经来到了一片乐土：那里有快乐的神仙，也有像恶魔一样凶狠的人；有来自各个角落的神灵，也有长着亮闪闪大眼睛的恶魔；以及柏拉图式的夸张文体中的所有其他事物。

作家们在谈到神灵时是那样的兴趣盎然，不厌其烦，仿佛他们亲自参加过奥林匹亚的盛会似的。读者通过这些书对自己的思想有了新的认识，同时也产生了一些新的想法。詹姆立切斯著的《毕达哥拉斯的生活》一书对人的意志产生的影响是非常大的。因为毕达哥拉斯是禁欲主义和社会主义派别的创始人，他是现实存在的，活生生的人。

现在我们来谈谈历史，我们要引导学生从古罗马时代开始学习，学习的方法有很多。让他们阅读李维的书，这是个不错的选择。但是，也要选一本短小精练的概要来阅读，高登·史密斯的或者佛葛逊的书都可以，这种摘要囊括了普卢塔克作品的精髓。贺瑞斯是奥古斯丁时期的代表诗人；泰西塔斯是一位博学的历史学家；马索尔让学生了解罗马人的礼节，其中有一些是罗马帝国前期的。但是即使是这样，马索尔的书还是要读的，而且最好是阅读原著，读过这些书之后，就要指导学生阅读吉本的书。吉本通过大量有趣的故事来向我们讲述历史，引导着我们从一千四百年前一路走来，将沿途的见闻娓娓道来。吉本博览群书，思想敏锐而且逻辑性强，因此他的书是一定要读的。虽然他的书并不是相当深奥，却是人类文明的一个坐标。读者一定会阅读他的《自传》、《日记摘录》和《读书摘要》，通过阅读这些惊世之作读者便会得到激励，即使是最懒惰的人也会从此发愤图强。

现在，就让我们的学生沿着历史的轨迹一路走来，停留在君士坦丁堡被攻陷的那一刻。他处在了一个良好的状态之中，因为有一些值得信赖的人希望帮助他，他将了解欧洲的历史。

但丁的诗是一把打开人们了解中世纪的意大利共和国大门的金钥

匙。薄伽丘的《但丁的生活》是由伟人创作的，讲述另一位更伟大的人的生活的书。历史学家西斯门第的作品《意大利共和国》的第一和第二卷以及一整套书同样会使我们获益匪浅。安格鲁的十四行诗和书信都是值得一读的。关于宗教和封建法律的内容，可以通过阅读海拉姆的《中世纪》，那将会对那些可读性很强、通俗易懂，但却略显浅薄的历史纲要作一些补充，使之更加详实和生动。

另一位重要作家罗伯特逊的作品《帝王查尔斯五世的生活》是我们了解十五世纪的关键。哥伦布、路德、弗朗西斯一世、亨利八世、伊丽莎白和亨利四世，与他同处于一个时代。那是一种播种、成熟的阶段，我们现在的文明便是其丰硕的果实。

英国是现代历史新变化的产物。这些历史的变化蕴涵在斯特莱逊的《小埃达》中，艾利斯的《带韵律的抒情小调》中，阿塞尔的《阿尔弗莱德的生活》中。在历史的长河中，伊丽莎白时期，是英国历史上思想最活跃最丰富的阶段。涌现了众多的伟人，这些人当中有莎士比亚、斯宾塞、西德尼、罗利、培根、契布曼、琼森、福特、波蒙特、赫伯特、多恩、哈瑞克，以及晚一些时候的弥尔顿、马威尔和德莱敦。

最优秀的书籍中当然少不了一些自传。例如圣·奥古斯丁的忏悔录、塞利尼的人生随想、蒙田的论文集、哈伯特公爵的回忆录、卢梭的自白书，以及吉本、休姆、富兰克林、彭斯、阿尔菲耶里，歌德和哈登的自传。

还有一些与此密切相关的书就是那些被称为随笔的作品。其中路德的随笔、奥布里的生活琐记、斯宾塞的趣闻散记、塞尔登的随笔、包斯威尔为约翰写的传记、艾克曼所著的与歌德的谈话录、柯勒律治的随笔，以及海斯特为劳斯科特所写的传记都是值得我们去阅读的。

还有一些书是我非常欣赏和推崇的。如佛罗萨写作的编年史，骚塞写作的有关德意志历史的书籍，塞万提斯的作品，蒙田的回忆录，拉伯雷、弥尔顿、伊夫林、托马斯、伯朗尼、奥布里、史特恩、贺瑞斯·华尔波尔、卡莱尔的作品，还有一些才华横溢、影响了整整一个时代的巴尔扎克和兰姆、兰道与德·昆西。

除此之外，还有一类图书我把它们称为词汇书。例如波顿的《解析忧郁》就是一本信息量很大的书，阅读它简直就像是在字典中漫步一样。这本书就像存货的清单一样告诉我们大量的事实，并且对学习过程中可能走上的种种歧途进行了深入细致的剖析。阅读字典，其实是一个不错的主意。字典里面没有伪善的言辞和冗长的阐述，有的只是大量的建议和事实，这些就是进行诗歌和历史作品创作的素材。

　　有一类书对我们的这个时代来说是极为重要的，那就是科幻书。我们应该用一种适当的形式来协调想象力、洞察力、理解力和意志力之间的关系。带有神秘色彩和浪漫色彩的诗歌，一定是最能表现想象力的文学形式。

　　世界上最好的书就是和《圣经》一样拥有同样重要的地位和作用、值得崇奉的、宗教一类的书籍，这些书是每个国家思想文化的结晶。在信奉基督教的国家里，那些庄严神圣的书中通常会有希伯来及希腊圣经中的片段。在信奉印度教的国家有奥义书，有护持神普拉那，还有薄伽梵歌。而在中国，则有体现着孔孟之道的文化经典《四书》，还有大量佛教方面的书籍。另外还有一些宗教色彩略淡一些，但却凝聚了最精深的民族思想和民族情绪的书。例如艾彼科蒂塔斯及马库斯·安东尼斯的《语录》、印度人的《护持神萨马》、托马斯的《模仿基督》以及巴加斯的《思想》等。

　　所有这些书都是对世界上存在的普遍真理的精彩表述，对我们每个人日常生活的意义，要远远大于当年的年鉴或当天的报纸。但是这些书是需要坐下来静下心认真咀嚼品味的，书中的妙处是无法言传的。它们会使你脸颊红润神采飞扬，会使你情绪高涨心跳加速，可是你却找不到恰当的语言来表达出你的感受。作者喜欢与朋友们交流思想和体会，然后便开始独处，在时间中使这些想法逐渐沉淀和日趋成熟，最后通过作品中的人物再把它们表现出来。书中的思想不会受到白纸黑字的限制和约束，而是活生生的和有生命力的，能够被不同国家的，生活方式迥异的人去理解和诠释的。

用历史来反观自己

　　对于整个人类来说，似乎存在着一个共通的心灵。它就像是一个通道，每个人都可以由此走向精神的栖息地。但是人是有差异的，所以这样的人也就是千差万别的，但最终的结果却是殊途同归。只要人培养了理性思考的能力，那么他就会成为自己行动和精神的主人。著名哲学家柏拉图的生活就是思考，他能够进行独立的思考；圣人感觉到的体验，他也可以有所感受。总而言之，对于任何人在任何时候的思维活动，他都能够有自己的领悟和理解。所以，一旦踏上这块神圣的"土地"——人类共同的心灵，他实际上也就是在体验历史长河的一切活动。这个时候，人的心灵就拥有独特的力量，可以说，也只有人才拥有这种至高无上的力量。

　　从这个意义上来说，历史就是人类心灵活动的真实记录，它的内容可以反映人类走过的岁月，而文明的程度则是人类天才的体现。另一方面，人类也只有用历史才能够阐明自己的聪明才智。人类的精神和灵魂从一开始就是从每一个适当的事件中展现出来的，它从容不迫、无休无止地把每一种才能，每一种思想，每一种情感，尽情地显露于历史之中。但是，思想总是会早于历史事实表现出来，因为所有的事实都是以规律的形式早就存在于人的心灵之中的，这正是人的伟大之处。另外，环境有时也可以起到决定性的作用，在大自然的威力之下，规律有时候却并不是都可以行得通的。

一个人的经历其实就是一部历史事实的百科全书。一片郁郁葱葱的森林有时候就是包含在一粒橡树的种子里；在第一个进化的人的身上，实际上已经孕育了埃及、希腊、罗马、高卢、大不列颠王国和美利坚合众国。从一个时代到另一个时代；从氏族社会到王国、帝国；从共和国到民主制，这些无非是将一个人的精神放大成为整个世界的精神，把一个人的精神成长拓展为整个人类的精神走向成熟的过程。

通常情况下普遍的性质可以从具体的人和物上得到反映，这也就使得这些人和物具有了特殊的价值。因为人生包含着历史长河中的普遍规律，这也使得人生显得高深莫测，不可欺骗。为了人类能够正常的生活，我们因此制定了种种刑罚和律令，于是所有的法律也就有了存在的理由，就好像是法律本身是至高无上权威的代表，它能够或多或少地反映出人类生活的本质。私有财产禁锢了人的灵魂，也掩盖了人的精神世界，而且在本能的支配下，从一开始我们就用锋利的剑和严酷的法律还有强大的国家机器来保护自己的财产，对于这样的事实，我们哪怕只是一点的清醒认识，也会受益无穷。就像光明和我们应该享有的权利是一样重要的；就像请求教育、公正、仁慈一样是正当的。这是人与人之间形成友谊和产生爱情的基础，也是人类自助品格和作出辉煌业绩的基础。

我们在阅读历史书籍时，应该表现出高出古人一筹的态度。在阅读史学家、诗人、传记作家的精彩描写时——不管是描写僧侣的寺庙和帝王的宫殿里发生的事情，还是记述人类意志的胜利和天才的创意，都不会让我们感到无所适从，感到古人的成就是高不可攀的，更不会觉得这些书只是写给那些更高等的人看的，自己只是斗胆拿起来阅读的。真正的感觉应该是安然地享受作品所体现出来的伟大。莎士比亚对于威风的国王的描述，那个坐在角落里阅读的小孩，也可以让我们有同样风光的感觉，好像就是在写我们自己。我们会对历史上任何伟大的时刻产生共鸣，无论是伟大的发现还是英勇地抵御外来的侵略，还是人类创造的丰功伟绩，我们都会为之欢呼，他们探索了海洋，发现了陆地，这些全都是为了我们，而如果我们生活在那个时代，我们也会这样做的。

我们对地位、身份、性格也保持着同样的兴趣。我们崇拜并渴望成为富人，因为在表面上他们可以自由地行动、无上的权力和优雅的风度。我们觉得这些都是人类所固有的东西，因此，古希腊哲学家、东方智者、现代作家的人生感悟，在每个读者看来，好像都是说出了自己的心声，表达了自己的思想。即使是他没有说出来或者想到，但是他终将会想到和表达出来的。一切文学作品都是智者性格的刻画和描摹。书籍、纪念碑、图画、会话等都是历史的画像，每一位读者都可以从中看到自己正在形成的外在相貌和内在的品质。沉默寡言的人或雄辩家都会赞颂他，主动与他接近，好像觉得自己总是在被提及，无论走到哪里都能够得到激励。然而一个真正的积极向上的人是根本不需要这样被"提及"与"赞颂"的，他们所追求的是真正的进步和真实的自我。

在阅读历史的时候应当始终保持积极的态度，而不是以消极的态度来对待历史。我们应当把自己的生活当做文本，而不是用书本来为生活作注释。这样，历史的缪斯之神就会对他发出神谕，给他一些关于生活的启示。但是，对于那些不知道尊重自己的人，缪斯是不会给他启示的。如果谁认为，那些扬名天下的人物在历史上的伟大成就，是自己所无法做到和超越的，那么我就不会指望他能够用正确的方法和心态来阅读历史。

教育每个人，让人们从历史中得到启示，就是世界存在的目的。历史上没有哪一个时代，也没有哪一个社会形态和行为方式，不与每一个人的生活有着某种程度的相似之处。历史长河中的每一个史实好像都是用一种奇特的方式缩小了自己，祛除了缺点与不足，而把优点留给了另外一个人。人们应该知道自己可以亲身体验到每一个历史时刻。

有理想和追求的人不仅可以从历史书、寓言故事中获得精神财富，而且在任何文学作品中都能够获益。诗人不是随心所欲地涂鸦的人，他们所描写的不是什么怪诞的事。因为诗歌是抒发内心思想感情的最好的文学形式。诗人笔下流淌的不但是自己的感受，也是适用于每一个人的内心独白。我们每个普通人在阅读这些作品时，仿佛就可以看到自己的影子，作者好像是在表达自己的心声。字里行间的东西虽然在千百年前就已经有了。但是在今天看来，仍然是那么的鲜活和真实。阅读《伊索寓言》、《荷马史诗》、乔叟的小说，就像是在进行一场精神的历险，在作者所描绘的场景中又体验了一番，并根据自己的经历来验证它们。这样的感受会比任何的教育都有用。

希腊人拥有丰富的想象力，他们的寓言故事是经过艰辛的创作完成的，而不是胡编乱造的，这些寓言中蕴涵着丰富的哲理，其中所折射出来的道理简直就是普遍真理。比如普罗米修斯的故事，意境开阔，寓意深刻，让每个人都会有所领悟和收获，这就是在实际生活中的体现。

人的心灵是最重要的，自然是心灵的伴生物。人的心灵会为每个阅读者浓缩出历史的精华、再现历史的价值。阅读者也能够在阅读的过程中体验到历史的全过程。历史再也不是一本枯燥乏味的书。你不用告诉我你读过什么书，这本书是怎么写的，因为我可以感觉到你经历过哪些历史时期，而在不同的历史时期，你就会有不同的感受。通过阅读名人的历史，就可以在他们的经历中往来穿梭，运用自己的智慧，发现他们生命中的可贵之处，一个人可以通过阅读来体验无数个名人的感受和那些名人进行精神上的沟通和交流。我从这样的阅读者身上，可以看出"史前时代"、"黄金时代"、"黑暗时代"、"文艺复兴"、"宗教改革"，甚至是耶稣的降临，或者是发现新大陆。

我们身上都有一个共同的弱点：那就是在肯定一个的时候，必定会否定另一个；强调一个事实那么必然会轻视另一个事实。这其实是因为我们对周围的世界了解太少。就像有些生物是早已存在的，就像高加索人一样古老，他们默默无闻，不声不语，但他们之间有过什么默契和暗示，我们知道吗？历史书上是没有记载的。历史书上指出化学元素与各个时代有什么关系吗？历史书对人类的进化史有过记录吗？这样的东西只能靠智慧去推测。我们应该具备这样的智慧。

权力是可以用金钱买到的，而灵感和智慧却是在世界上任何地方用任何方式都无法买到的。在人类的历史上也许存在着这样的一个时期，人们的头脑都非常的活跃，创造出的知识也是无限丰富的，可以满足每一个人的需要，人们获取知识也就变得易如反掌了。这个时候，智慧根本就不用去苦苦地追求，更不会出现用金钱去购买智慧的念头，因为智慧是和每一个人连在一起的。这样的情景就像是北美的春天，当积雪融化以后，整排整排的枫树木头裹着银装，顺流疾驰而下，速度快得让你连一根树枝都抓不住，但是这种情景出现的日子也就只有短短的几天时间。有时又像北美的大平原一样，在这样一个美好的季节里，根本就不需要特意去寻找狩猎的场所，因为不管是在东西还是在南北，也不管是河流还是森林，到处都是猎人打猎的天堂。然而这种美妙的时刻也仅仅是限于大草原上，仅仅是限于某些特殊的季节。

在我看来，人类的灵感也就如同北美春天那冰雪消融的时刻，如同大平原上那狩猎的黄金季节，稍纵即逝却又是那么的美好；然而，灵感却是不可能在我们那些原始土著兄弟的头脑里产生的，原始人的意识是低层次的，初级的，即便是进入了文明时代的人，他们的思想发展水平也会有高低之分，最高等级的阶层也会出现精神贫乏与低下的情况，诗人只关注那些能够进入他的精神体验中并能够表现他的思想的事物，除此之外，他对其他的自然现象可以是视而不见的。诗人被赋予了这种力量，这就使他能够执行和完成从自然到精神的思维过程。所有第一次听说的事情都会给我们留下深刻的印象，并且常常会有出乎意料的思想火花在头脑里闪现，那些最新的发现也能够给我们这种思想的体验。我们把头脑中这种创新事物的非常规的思维反应和瞬间扩大的能量称做灵感。

灵感就像酵母，在你的思维活动中可能会有很多个这样的酵母可以催发着你的意识。你可以用其中的一个或者另一个来实现你的目标。也就是说，每一个熟练的工人，不管他是什么工种，他对完成自己的任务是最了如指掌的，他之所以能够做到这一点，靠的就是经验和单纯的技能，而灵感的酵母在他那里是没有用武之地的。然而对于我来说，情况则大不相同。每当我想就某个主题来写点什么的时候，如果没有灵感这剂酵母，我是根本不知道从哪里可以寻找到思想的动力和资源的，也不知道我离这个主题有多远的距离。

力量是最美的东西。一位勇猛的骑士能够驯服一匹野马，但是如果他能够赋予一匹普通马以野马一样的神速，难道不是可以更好地显示他的能力吗？一个酒鬼，不用打听，就能够找到去酒馆的路。相反的是，一位诗人却连他喝酒的酒盅都分不清楚。每一位青年人都应该对自己的前途有一个清醒的认识，就像钻井工人知道怎样能够从地底下把水打出来，以及工程师知道怎样去使用他的蒸汽动力一样。

思想那奔腾不息的激流只是我们大脑充满活力的一种表征，灵感才是这种激流的推动力，如果丧失了灵感，那么我们也就真正地停止了思想。在我的眼睛里和其他人的眼睛里，华美的衣着，成群的随从，豪华的别墅，宽阔的庭院，以及崇高的社会威望等，但是这些都无法掩饰一个人思想的贫乏与毫无价值。

人类的灵感是捉摸不定的，那么我们可以在多大的程度上捕捉到灵感的火花呢？要是我们知道如何驾驭灵感，那该是多么美妙的事情啊！美国政治家和科学家富兰克林曾经试图用风筝或者避雷针去捕捉思想的火花，但是他的风筝和避雷针如今又在哪儿呢？富兰克林从上帝那里获取了电流，并把它转变成了人类生活的艺术。富兰克林科学的灵感以及为灵感所做的献身，无不激励着人们去超越自我，让人们从世俗的平庸与琐碎中摆脱出来，去探索世界的奥妙，从而真正地领略到大自然所蕴涵的深意。那些形而上的科学家对灵感再现的法则的了解也是极其有限的。甚至可以说，我们对灵感的秘密其实是一无所知的。但是，从那些喜爱思考的人们那里，我们却可以获得一些关于灵感产生条件的某种认识。柏拉图曾在他的第七封《使徒信笺》中谈到，洞彻事物的灵感只能够是源于对这一事物长时间的冥思苦想，"然后是一束灵光，忽然在灵魂里闪亮，并且逐渐地扩大，最终，才会放射出耀眼夺目的奇妙光芒。"他又说道："那些囿于自我的人只能够徒劳地敲打着诗歌殿堂的大门。"

艺术家必须具有一种献身艺术的精神，就像蜜蜂必须为它的叮蜇付出生命的代价一样。没有激情的人又怎么会有什么作为呢？只有那些为了某个目标而不惜献出全部身心乃至生命的人，才能够真正担当"激情"这个称谓？在我们的灵魂之外还存在着更加伟大的和更加高尚的思想。为了进入这个神圣的思想殿堂，我们就必须具有飞蛾扑火的精神。斯维登堡勇敢地向那些困扰他的问题发出挑战，尽管他明白，他可能会为此付出头脑发疯或遭人杀害的沉重代价。

天才是与美德和智慧相连的，能够超越诸多伟大作品的就是人类虔诚的信仰和高尚的灵魂。美德与人类的历史一样古老，它又像是每天都冉冉升起的朝阳一样常新。阿拉伯、波斯和印度的神话传说与西方世界的基督徒们都有着同样的信念。我们所熟悉的一些伟人，如苏格拉底、默挈、孔子和琐罗亚斯德等，都饱含着热忱与愿望，去聆听思想之神带给他们的启示。

灵感超越了人们对它的浅薄理解。灵感虽然是在我们的头脑中瞬间闪现的，但是它却能够使我们最接近自然的真谛。灵感的诞生并不是取决于你所接受的教育，而且与你所掌握的某种熟练技能也是无关的。

灵感是人类精神火山的一次总爆发，它一旦产生，就势不可当。拿破仑说："当我在制订一项军事计划时，没有人能够比我更加怯懦和优柔寡断了。我倾向于极力地渲染和夸大所有的危险和可能出现的失误。我处于极度的痛苦与焦躁不安之中。但是这些并没有妨碍我在周围的人面前表现出绝对的自信和镇静。我一旦拿定主意，就会忘记周围的一切，直到取得最后的胜利。"

可以肯定的是，这种由灵感所激发出的对事物的预感也是有一定风险的，这就像使用乙醚或乙醇要承担风险一样——

"伟大的头脑常常会与疯狂结成同盟军，

它能给予我们荣耀但同时也可能会带给我们贫穷。"

古希腊哲学家和科学家亚里士多德说："所有天才的头脑无不是与疯狂相连的，那些崇高、卓越的语言是决对不可能从庸人的口中说出来的，除了那些激动不安的灵魂。"我们也许能够说出生命中的一些令人难以忘怀的时刻，在这些时刻，与其说是灵感存在我们之中，倒不如说是我们处于灵感的激情之中。"

人们也许会问，灵感有多少源泉呢？

健康是灵感的第一个源泉。这一个源泉包括清新的空气，优美的风景和体质锻炼对大脑所产生出的神秘作用。阿拉伯人说："安拉会在你跑步的时候紧紧地跟随着你。"这其中的意思是说在一个人在健康的时候，神才会给它灵感和启示。柏拉图认为："锻炼身体可以治愈一个人罪恶的灵魂。"

写作和经验是灵感的第二个源泉。灵感往往最青睐那些勤勉和有准备的头脑。也就是说，我们的头脑就像一面镜子，必须每天都细心地擦拭。只有这样，它才能够反映出世间的万物。无论你把它带到世界的什么地方，都会受到人们真诚的喜爱。

灵感的第三个源泉，就是要有一个宁静的世俗生活环境。因为人每天都要有一段恢复活力振奋精神的时间，这对于灵感的产生是至关重要的。人们在这个波谲诡秘的世俗环境里艰难地挣扎着，身心备受煎熬，常常会感到精疲力竭，那么迫切地需要有一个能够让疲惫的身心停泊的宁静的港湾，灵感的产生就需要这样的港湾。

意志的力量是灵感的第四个源泉。意志常常会在最危急的时刻给我们巨大的帮助。古罗马哲学家、政治家和剧作家塞内加面在对降临到他身上的、几乎是致命的疾病时，这样说道："每当想到我那可怜的父亲无法承受我死去这样的打击时，我就会痛苦万分。我就命令我自己一定要坚持活下去。"晚年的歌德在和德国学者和作家埃克曼谈话时说："在我生命力上升的时候，会比生命力衰竭的时候工作起来更容易一些。既然我明白这一点，那么在生命力走向衰竭的时候，我就会更加努力地工作，去和病魔抗争，我的努力成功了。"的确，有着坚强意志的人就更接近自然的法则，更接近灵感的殿堂。就像你花费数月时间对某个疑问进行思考，却百思不得其解，但是经他们指点迷津，你立刻就会茅塞顿开、豁然开朗。

独自与大自然交流也可以获得灵感，这是灵感的第五个源泉。与大自然的交流对于艺术家来说是至关重要的，而激发艺术家灵感的另一个重要源泉就是独处的习惯，我发现独处对我的创作是有极大的益处。

最佳的谈话也是一种很陶醉的事情，这也是产生灵感的第六个源泉。如果思想只是局限在头脑里，那么它就是僵死的。只有和朋友进行交谈，你才能够从与同伴的交流中把它们激活，甚至是产生出新的灵感。我们的思想，一方面来自于我们自己，而另一方面则是来自他人。真理往往只是掌握在少数人的手中，其他的人只有不断地探索才能够找到它。思想是可以分享的，而谈话正是担当起了这种桥梁的作用。

真正的学者

　　有一个从遥远的过去流传至今的寓言故事，它包含着常人所难以想到的智慧。说的是在创世纪的时候，上帝把单个的人造成了许多的人，以便人们能够相互照料。这就像是手上的五根手指，有了它们，手就变得更加灵活有力，而作用更大了。

　　这则寓言中的寓义是新颖而崇高的。单个的人部分地存在于所有的人之中，或是通过别人的能力来把自己体现出来，也就是说你必须仔细地观察和研究整个社会，只有这样你才能够完整地理解某个人的全部意义。人们相互配合，相互弥补着彼此的不足。这则寓言也同样显示出，单个的人如果要想真正地拥有自己，那么他就必须经常地从自己分配的任务中抽出身来，去亲自感受和体会一下其他劳动者的工作。

　　早期的学者能够全身心地融入生活之中，沉浸在周围的世界中，把事物都放在自己的心灵里加以重新组合，所以表达出来的东西也会有自己全新的理解。日常生活在经过心灵的思考之后，所表达出来的就是真理。心灵一闪就可以产生出不朽的思想。历史其实只是一些僵硬的事实，但是只要经过思考就可以成为活跃的思想。如果是经过人的思考，那么书中的思想就会在我们的心灵中纵横弛骋了。

有一种正确而有效的读书方法，那就是让书严格地为我们服务。"思考的人"是绝不应该受制于手中的工具的。就像书是供学者打发时光用的，而当他能够直接感知到智慧之光时，那么他就是没有必要把时间用在阅读上的。

最有思想性的书能够带给我们的愉悦将是无穷无尽的。其实作者与读者之间是相通的，阅读的人与写作的人是可以达成共识的。当我们在品味英国诗人乔叟、马威尔、德瑞顿的诗作时，我们能够感受到一种最现代的快乐。他们的诗作就是超越空间、跨越时代的。在我们的喜悦中也充满了惊奇和感叹的成分。因为诗人是生活在自己的世界中的，并且距离现在已经有三百多年了，但是他们却说出了现代人的心里话，也可以触摸到现代人的心灵。读者常常会觉到，这正是我想说的话。只是无法用言语来进行表达罢了。如果从哲学的角度来看，人的心灵是存在着共同性的。我们可以假定世界上存在着一种和谐，心灵之间是可以有一些共同的预感的，只是有的人说出来了，而有的人却无法表达而已。

要想成为一个真正拥有智慧的人，那么必要的阅读是不可或缺的。历史和专业知识都是需要精读和多思考才可以的。

对于学生来说，基础知识也是必不可少的。但是，大学更应当鼓励和提倡学生的创造性，只有通过各种各样的方法，来激发出他们的热情和潜能，锻造他们的心智，才能够训练出有才华的学生。

行动哲学对于每一个学者来说是重要的理念，也是一种必备的能力。没有行动，他就难以称得上是一个真正的人。没有行动，思想也就永远都不能够成长为真理。懒惰的人对于飘浮在眼前的美丽云层是看不到的。静止不动是一种怯懦的表现，而没有勇气的心灵是造就不出一个学者的。行动是思想的代言人，通过它，思想才能够完整地表现出来。正因为我生活过，所以我才获得了现有的知识。而且对于书上的语言，我们是很快就能够认识到的，哪些词句里包含着人生经验，而哪些又是毫无意义的。

那些勇于开拓，敢于行动的人，在智慧方面，无疑都会获得最丰厚的回报。与书本一样，行动的价值就在于它本身就是一种资源，学者的人格有着巨大的影响力，他可以让周围的人都受到感染，使他们得到鼓舞和启发。这种潜移默化的作用比那些单纯的教导和游说的作用大得多。另外，时间也是极其宝贵的，一个人的一生是有限的，而真正的学者是不应该浪费人生的光阴的。虚度时光无异于自杀，所以，在日常的生活中，有些事情上看起来会有一些损失，但是他将会在其他方面得到补偿，可以产生出更大的社会价值。

真正的学者应该是一个有思想的人。他的社会责任正是要去鼓舞和引导众人，使他们能够警觉，从日常生活的表面，看见社会的本质。学者的工作是清苦的，没有特别的补偿。但他们的工作又是必需的，在一定的时候，必然得到人们的赞扬。

真正的学者应该是自由的，并且是能够勇敢地行走在社会中。所谓的自由就是说没有什么清规戒律可以束缚他。而勇敢的人是没有恐惧的，也许平时会有一些恐惧感，其实他内心的恐惧永远都是因为无知愚昧造成的，是可以战胜的。假如在面临危险时，仍然能够保持镇静的话，就可以战胜自我的恐惧。

如果在面临危险时，不求助于内心，而是指望着别人的保护，那么这样的人其实是非常可耻的。

根据日常生活经验，躲避危险只能是让危险越来越危险，越是恐惧也就会越恐惧，这是一种恶性的循环。如果我们能够像个男子汉，那么面对困难迎头而上而不是回避，查清导致困难的原因，拿出对策，就可以知己知彼，藐视困难，就可以战胜困难和内心的恐惧。如果一个人能够洞察世界的本质，那么从现象当中就可以发现人生的规律，他就可以完全拥有生活，在社会中做到游刃有余。一旦你清楚了社会的规律，那么也就可以更加自信、自助、自立，过上一种勇敢的生活。

伟大的人是可以改变别人的观念的。这样的人能够把自然和艺术都染上自己思想的色彩。他们可以从容不迫，不卑不亢，以愉快平静的心态来做事。而且他们的态度和做事方法都是可以令人折服和信服的。人们敬佩这样的人，世界上伟大的业绩正是由这种人做出来的。

自 助

人们也给了他们应有的位置和声誉，他们在社会上打下了自己的烙印。

如果每个人都能够重视伟大的生活目标，那么他就可以成为一个伟大的人，一个坚持真理的人。

世人就会跟在他的身后，接受他的指引而生活。这其中的道理就是要求每个人都能够做到自信自主，自我信赖。如果没有这种自助的理念，那么也就失去了生活中的智慧之光。

人类的希望就在忍耐之中。在忍耐中，你可以享受到一切善良人的帮助与好处。而美好的未来也就可以在生活中得以实现。

学者不仅仅是令人怜悯、令人怀疑，或放纵情感的代名词。一个由真正的人所组成的社会将出现在我们每个人的面前。每个人都相信他一定会受到真理的启示，而真理也将会感召所有的人，使他们走上智慧之路。

哲学家柏拉图

大思想家奥马尔在谈到《古兰经》时说："把世上的图书馆都烧掉吧；因为它们的思想精华都浓缩在这一本书里了。"

柏拉图的著作涵盖了世界各国的文化精华，是各个学派的基石，是逻辑、算术、审美、诗歌、修辞、本体论、道德或者其他知识的一种高度的浓缩。从来没有人拥有如此宽广的知识领域。即使是现在的思想家们所主张的一切观点，也都可以从柏拉图的思想中找到影子。这让我们感到对柏拉图只可仰视。

柏拉图的著作可以称得上是学术界的《圣经》，每个时代的思想家——波伊提斯、拉伯雷、伊拉斯漠、布鲁诺、洛克、卢梭、阿尔菲里、克勒里治——都认真阅读过柏拉图的著作，然后又加以精心地研究，同时又十分机智地把他的思想精华翻译成本国的语言。圣·奥古斯丁、哥白尼、牛顿、斯维登堡、歌德，都曾受惠于柏拉图，从他的思想中得到启发，有时甚至说着和他一样的话。

在柏拉图的《理想国》里，他说："像哲学家那样的一种天才人物，他们习惯于把各个部分的精华聚集在一个人的身上，事实上却并不是这样，它们一般会出现在不同的人身上。"每个人如果想把任何事情都做好，那么他就必须站得更高一些，想得更远一些。一座好的壁炉能够把烟灰烧得十分干净，一位哲学家能够把他全部的物质财产转化为他的智力活动和精神财富。

柏拉图于公元前 430 年出生在当地的一个名门望族。据说他早年酷爱军事，但是在二十岁时，遇见了苏格拉底，在苏格拉底的劝导下，他放弃了幼年的爱好，从此在苏格拉底的门下潜心研究学问。然后，他又去了麦加和麦地拉，接受了狄奥尼修的邀请，进入了西西里的宫廷。他还到过埃及，在那里待了很长一段时间，有人说是三年也有人说是十三年。据说他还去过巴比伦，当然这种说法是不足为凭的。在回到雅典以后，他潜心讲学，学生都是慕名而来的。柏拉图一生勤奋写作，去世时手里仍然拿着笔，享年八十一岁。

柏拉图在人类的思想史上拥有至高无上的地位——人们越有文化，也就越会重视柏拉图的价值，这是怎么回事呢？因为柏拉图的作品吸引着每一个热爱思想的人。

柏拉图的作品是欧洲的艺术史和思想史的萌芽。欧洲的一切特征在柏拉图的心里都早已经有了雏形——这在他之前的任何人的思想里都是看不出来的。他说："对于我来说，谁能够正确地划分和界定事物，谁就会像神一样。"柏拉图所说的就是哲学。

哲学就是人心灵领悟的产物，也是关于宇宙构造的理论。世界永远都存在着两种基本的事实：统一性或同一性、多样性。如果不能够理解事物之间的相互联系，那么我们就不可能说话和思考。

对于柏拉图来说，如果他热爱抽象的真理，那么他就能够提出所有的原则中最精确的原则，从而获得自救。如果他想找出一些区别，那么他就能够从各种事物中找出他的例证，从而增强自己的说服力。他不能够饶恕自己的偏颇，但是他决心让思想在自己的陈述中出现。

柏拉图还是一位数学大师，他认真地研究一切自然法则的起因。所以他在自然研究的前面加上了这样一种定论："让我们探索宇宙的起因。"柏拉图是一位善良的人，善良的人是不会妒忌的。没有了妒忌，他就希望万事万物都尽可能呈现出它的本来面目。在智者的教导下，"谁承认这就是世界起源，那么谁也就获得了真理。""万物都是为了善，这就是每一种美的事物的起因。"这种理论使他的哲学富有活力，具有人性的光辉。

柏拉图的心灵不是用一张一览表就可以展示清楚的，只有那些独具匠心的心灵才可以理解。他大胆的想象使他能够把事实把握得更加准确，就像飞得最高的飞鸟具有最强壮的翅膀一样。他那贵族式的高雅，和与生俱来的文雅，加上犀利、尖刻的文风，都使他的文章更加具有吸引力。"如果天神肯降临人间，那么他肯定也会以柏拉图的风格说话。"这句话对于柏拉图的评价真是再恰当不过的了。

柏拉图很多作品里，都具有一种非凡的气派和认真的精神，这种风格贯穿在他的一切作品之中，这在《理想国》、《斐多篇》里，更是表现得淋漓尽致。他具有一种正直，一种对正义和荣誉天生的崇敬，一种对人民的恻隐之心和仁慈。除此之外，他还拥有诗歌、预言、高超的洞见，这些常人所无法掌握的智慧。我们可以这样认为：他是骑在飞马身上的，穿过幽暗的地域到达了血肉之躯所无法进入的世界：他看见了痛苦的灵魂，他听见了审判官的判决，他看见了灵魂的转世，他看见了决定一切的命运女神。

然而柏拉图从来都没有失去应有的谨慎。人们常常说，柏拉图看到在布莱恩的大门上悬挂的匾额——"大胆"；第二道大门上也是——"大胆、大胆、永远大胆"；然后他停在了第三道大门口——"不要过于大胆"。他的想象力就像是闪电一样划破长空，没有谁会比他更加冷静。在他还没有把自己的答案交给读者之前，就已经结束了他的思考；他拥有一支文学大师的如椽之笔。他的词汇是非常丰富的，时时处处都可以为他提供适合表达需要的武器。在才智的所有武库里，没有一样武器他不占有、不使用的——史诗、分析、直觉、音乐、讽刺、反语，一直到习惯和礼貌。事实上，也没有哪一位演说家能够和他比赛看谁更能够打动听众。

他是一个伟大而平凡的人，他具有所有哲学家和诗人的智慧，但也具有他们所没有的智慧，这是一种很现实的解决问题的智慧，能够使他的诗与世界的表象很好的协调起来。他从来都不会在心醉神迷的时候进行写作，也不会把他们带进诗意盎然的狂喜中去，他所表现出来的更多的是一种节制和分寸。

柏拉图能够理解世界基本的事实，他崇拜那些形形色色的事物：那些"存在和不存在的事物"。他甚至随时准备证实这种"存在"是可以超越智能的。但是从来没有一个人可以充分地承认"不可表述的"东西的存在。在替人类把"无限"顶礼膜拜过之后，他就断言："万物都是可知的！"

理解每一件事物，仅仅靠美德是不能够达到目的的，还要依靠勇气！因为，存在着这么一种信念：我们必须探寻我们所不知道的事物。也会有这样一种看法：我们不可能理解我们所不知道的事物，苦苦地寻找它也只能是徒然，前一种信念比起后一种看法将会使我们变得更勇敢，更勤奋。"

柏拉图是热爱无限的，他看到了真本身和善本身所具有的高贵，并且可以代表人类的智慧。所以他说："我们的能力可以奔向无限，然后又从无限回到我们自己。万物都存在一个范围里。在我们愿意的地方开始，然后进一步发展。万物都是象征性的，而我们所谓的结果仅仅是一个开始。"

他认为，美是万物中最可爱的，不管它进入到哪里，它都可以在宇宙间激起欢乐，让人们产生希望和信心。在某种程度上，还有一种东西，它比美要深刻得多。这就是智慧，它是我们的视觉器官所不能够达到的，然而，如果它一旦被看见，那么就会以它的完美使我们眼迷心醉。柏拉图同样把美看做艺术的精髓，"一个匠人，在创作任何一件作品时，心中都会有一个模型；并且会通过利用这一类的模型，在作品中表现出他的理念和力量；因此完全可以说：他的产品应当是美的。但是当他看见了一成不变的事物时，就难以说得上美了。"

睿智的柏拉图按照生活的本来面目，为我们指明了前进的方向。

莎士比亚：文学巨匠

　　关于伟人，与其说他们是拥有创新的大脑，还不如说他们是拥有博大的胸怀。

　　最伟大的天才也就是那些可以从其他人那里吸取最多养料的人。诗人决不是一些肆意妄为的人，想到什么就说什么，也并不是因为他说得很多才算是说了一些有价值的话，在他的心中是没有什么想入非非的东西的，他的心里充满了坚定的信仰，并且都指向了最坚定的目标，这是他所处的那个时代的任何人都无法比拟的。伟人能够知道真正的宝石是必将会发出光彩的，不管他是在什么地方发现的，都会把它放在最显赫的地方。

　　在莎士比亚所写的戏剧里，如同在一切伟大的艺术品中一样——在埃及和印度的硕大无朋的建筑里；在菲迪亚斯的雕刻中；在哥特式教堂中；在意大利的绘画中；在西班牙和苏格兰民谣中——当创造性的人物步入天堂以后，时代就抽走了梯子，让位给一些新人，他们看见了这些作品，所以竭尽全力地进行一种创造。

　　虽然我们的历史知识是非常贫乏的，但是，如果把莎士比亚看做传记作者，而不是所谓的历史学家，那么我们就会有所感悟了。那是描述人物性格和命运的材料，如果我们打算见到这个人并和他打交道的话,那么我们就会知道他的一切。有些问题会扣击着每一个人的心扉,在寻找着答案,我们有他关于这些问题的坚定不移的信念——关于生死,关于爱情,关于贫富,关于人生的目的,以及我们达到它们的手段;关于人的性格,关于影响人们命运的隐秘的或公开的势力;关于那些蔑视科学的神秘人物和恶魔般的力量,那种力量又把它们的恶意和魔力与我们最光辉的时刻交织在了一起。不管是谁读了那本《十四行诗集》,都能够感知到爱情的真知灼见;揭示在最敏感的人同时又是最智慧的人身上同样存在的迷惘。他把自己最隐秘的心灵隐藏在了他的戏剧中。在他大量的关于绅士和国王的描写中,人们可以察觉到他对什么样的形式和人满意性;他喜欢与朋友进行交往,他热情好客,乐善好施。

伟大的莎士比亚并不是什么天外来客,在整个近代史上他是我们唯一熟悉的一个人物。道德问题,风俗问题,经济问题,哲学问题,宗教问题,趣味问题,生活方式问题,无论哪一个方面他都有所涉及并详细地表达出自己的观点,有什么秘密是他所不知道呢?在他的作品中,他能够让每一个国王从中学到治国的策略,他能够让每一个女孩变得更文雅,他的爱情比别人的更浪漫,他的眼光比任何一个哲人都更加深远。

他把所有的近代音乐都重新谱上了曲子;他写出了关于近代生活的教科书;他描绘出了英国和欧洲人的画像,也描绘了美洲人的祖先,描绘出了那个时代的人和那个时代的物;他洞察男男女女的内心世界,了解他们的诚实、欺诈和诡计;他能够把孩子们脸上的特征与父母进行区分;或者能够划清自由和命运的界限;人类命运的所有甜蜜和一切恐怖在他的心灵里就像风景在眼睛里一样是那么的真切和轻柔。他的人生智慧在戏剧和史诗这样一些表达形式中得到了提升。

莎士比亚的名声早就已经超越了一个作家的局限,就像他已经超脱了芸芸众生一样。他所具有的聪明才智是常人所难以想象的;别人的聪明才智是可以度量的,而他的聪明才智则是不能够轻易地评估出来的。一个优秀的读者可以进入柏拉图的头脑,并且可以按照他的思路来进行思考；但是即使是再优秀的读者却也不能够钻进莎士比亚的头脑。

　　就实干能力和创造力来说，莎士比亚也是独一无二的。谁也别想试图去超越他。他是最伟大而敏感的作家。与这种人生智慧不相上下的是莎士比亚在想象和抒情方面的才华。他给自己的作品赋予了形式上的感情，仿佛他们就是和他生活在一起的一样；真正的人很少能够像这些虚构的人那样拥有独特的性格。他们说起话来既娓娓动听，又恰到好处。然而莎士比亚却从来都没有表现出一种浮华的才智，他也不总是在弹奏一个老的曲调。一种无处不在的人性能够把他的一切才能都很好地协调了起来。莎士比亚并没有怪癖，也没有先入为主的主观；他是不拘一格的，也没有明显的自我中心论，是伟大的他就讲得伟大，如果是渺小的，那么他就讲得很卑微。他是一个聪明的人，这既不需要强调，也不用坚持；他就像大自然一样强大，大自然是可以不费吹灰之力就能够把平原变成山坡的。这也就形成了喜剧、悲剧、故事和情歌中的力量。这种优点的不断出现，让每一位读者都不能够相信别人的知觉，只能够相信莎士比亚。

　　这种表达能力把事物的内在真理都完全转化成了音乐和诗歌的能力，这就使得莎士比亚成了诗人的典范并且向形而上学提出了一个崭新的问题。他是地球上最具有力量的人，他宣告了一个新时代的到来，表现出了自然伟大的力量。世界上的事物反映在他的诗歌里，是毫无损失，也绝不模糊的；他能够非常精确地把美好的事物表达出来，谨慎地把伟大的事物细腻地刻画出来；能够无动于衷地把悲剧性的和喜剧性的东西完整的表达出来，既没有歪曲，也没有粉饰。他把自己高超的技巧都运用到了极其微小的细节上。哪怕是在画一根睫毛也会像画一座大山那样严谨；而这所有的一切，就像大自然的事物一样，都是经得起显微镜的严格检查的。

　　莎士比亚高超的抒情能力全都寓于他的文学创作里。那些十四行诗，虽然它们的精彩都淹没在绚丽的戏剧里，但是仍然和他的戏剧一样是无与伦比的；而这些并不是诗的价值，而是整个诗篇的总体价值；

任何一个词句现在都像一首完整的诗一样是难以再创造出来。

虽然剧中的每一句台词、每一行诗，都具有一种美，能够吸引耳朵停下来倾听那些绝妙的好词，然而，其中却都充满了伟大的意义，前后的关联是那样的密切，就连逻辑学家也会赞叹不已。他的手段就像他的目的一样令人叫绝；他能够把某些水火不相容的对立面连结起来这样就完成了一首诗。

最精彩的诗其实就是诗人基本经验的总结。然而思想既然是一种经验，那么就可以转化到生活的其他地方。有教养的人在写诗的时候往往能够运用一种高度的技巧。通过他们的诗，很容易就可以看出他们的个性历史，如果谁是熟悉当事人的，那么谁就能够叫出每一个人物的名字，这个是安德鲁，那个是雷契尔。这样的话语虽然是平淡无奇的，但却是意义深刻的，在诗人的心目中，事实已经被改变为新的思想，原来的表层现象都已经荡然无存了，这种慷慨与莎士比亚是同在的，他没有一点唯我独尊的架子。

诗人还必须拥有一种更加高贵的个性，那就是乐天的性格。没有它，谁也成为不了诗人——因为追求美是他的目标。他热爱美德，并不是为了它的义务，而是为了它的恩惠。他喜欢世界，喜欢男人，喜欢女人，因为从他们的身上可以闪耀出悦人的光辉。他能够把美和欢乐的精神撒遍整个宇宙。

伊壁鸠鲁说过，诗歌魅力是无穷的，这种魅力是可以让情郎和他的恋人享受的。真正的诗人都以他们坚定乐观的气质而闻名于世。荷马沐浴着阳光；乔叟快乐而坚毅；萨迪说："外面都在传说我会后悔；可是我要悔恨什么呢？"莎士比亚的语调是那么的尊贵和欢乐，谁不愿意与他为伍呢？

世界是需要诗人的，他们不会嘲弄莎士比亚，也不会在坟墓里哀悼斯登堡。他们会用同样的灵感来进行观察、说话、行动，因为知识能够使阳光更加灿烂。智慧的力量能够战胜人类的自私；仁爱与人类的智慧是和谐共存的。

歌
德

19 世纪的代言人

　　歌德非常反对那些无法描述的胡言乱语。他认为所有能够思考的东西都是可以写出来的，而且他还记述那些神圣的幽灵，或是尝试着去进行叙述。没有什么东西是如此宽广、如此微妙、如此亲切的，并且可以走过来指挥他的笔——于是他就自己写了出来。在他的眼睛里，一个人是叙述者，而宇宙万物则是提供了被叙述的可能性。在交谈中，在灾难中，都可以发现一些新鲜的材料；就像我们的德国诗人曾经说过的那样，"一些神灵给了我描绘我所遭受的苦难的力量。"他从愤怒和痛苦中受益，通过理性的举动，他得到了进行理智交谈的力量。烦恼和无法抑制的激情，使他扬起了出征的风帆；就像马丁·路德所写的那样，"当我生气的时候，我反而能够好好地进行祈祷，好好地传经布道。"

　　他的失败是成功的前奏。一种新的思想，或者是一场感情上的危机告诉他，迄今为止他所知道的和写作的都是适于传授给公众的消息——不是事实，而只是一些传闻。后来会怎么样呢？他会扔掉手中的笔吗？不，他又一次开始用全新的观点来描写事物了，而这种新的观点在他的前方会熠熠发光。如果运用一些手段和方法，或许他还能够挽回一些真实的语言。一切可以被思考的都是能够说出来的，尽管它们仍然是有些粗鲁、结结巴巴的。如果他们仍然不能够超越它，那么它就会一直等下去，直到最后，它形成了近乎完美的意志，然后就可以被明确、有力地表达出来。

这种努力模仿式的表达，是在任何地方都可以见到的，尤其对大自然来说更是意义重大，但它也仅仅是一种速记的技术而已，其实还有更高级的表达方式。而且大自然也会有许多更为奇伟壮观的馈赠，给那些要达到更高层次的人、学者或者作家阶层，他们能够看到大多数事物之间的联系，他们受到了鞭策和激励，要用新的顺序来展示事实，于是就给那些事物的既定秩序安上了一个轴，使这些事情的顺序发生变化。这是一个他们永远都不可能视而不见的结果，而且在事物原创性的铸造中是早有预备的。

他没有顺从的外表，但却是一个构成整体所必不可少的部分。不祥的预感、冲动，都能够使他高兴起来。他自己拥有某种热情，而且要去介入对重要真相的感知，从而把精神的阳光洒进每个人的心中。人类思维的每一种思想，在它出现的时候总是会宣称他们自身是至高无上的——不管它是某种程度上的心血来潮、异想天开，还是真正地有力量。

从另一方面来看，如果有某种可以激励他、刺激他的东西，那么对于他的成长将是大有裨益的。在任何的时候，社会对此都会有相同的需要。也就是说，需要有一个具有充分表达能力的心智，需要一个健全的、神态正常的人来把每一种狂热放在正确的位置上。

学者是时代的巨人，但是他一定还希望和其他人一起，巍然屹立于同时代的人们当中。但是，在肤浅的人们心中，常常会对学者或知识阶层进行一些嘲弄。这种嘲弄并不是十分重要的，除非学者们对此是很在意的。在这样的国度中，谈话的主题、公众的意见左右着日常人们的生活。

我认为拿破仑是 19 世纪世俗生活和目标的代表，而 19 世纪的另一个代表就是诗人歌德。他是一个完全适应了这个世纪的人，他呼吸着它的空气，享受着它的果实，这在此前的任何一个时期都是无法实现的。而且，通过他的巨大影响，带走对弱者的责备；如果不是他，那么在这一时期的文学作品中就会出现缺憾。在一种主流文化开始传播的时候，在扫去所有个人的尖锐言辞的时候；在缺乏英雄主义的个性，而追求社交上的舒适和合作的风气开始潜滋暗长的时候，他粉墨登场了。这里没有诗人，只有很多诗人般的作家；没有发现新大陆的哥伦布，只有成百上千的战舰舰长，他们带着望远镜、气压计和补给品；没有雄辩的狄摩西尼，没有查塔姆第一伯爵威廉·比特，只有相当数量的彬彬有礼而又口齿伶俐的辩论者；没有先知先觉的预言家或者圣人，只有许多的神学院；没有博闻多识的学者，只有似乎可以通晓一切的社会组织。廉价的出版物、阅览室、书店，不知道有多少。从来就没有如此多的杂七杂八的事情。这个世界将自身无限的扩展，就像美国的商业贸易。我们想象着希腊人或者罗马人的生活——他们生活在中世纪，过的是一种简单的、容易被人理解的生活；但是，现代人的生活却充满了一大堆的东西，让人感到心烦意乱。

博学的哲学家

歌德是一个多样性的哲学家。他目光机警、锐利，并且善于并乐于处理这些万花筒般的杂乱无章的事情。他通过自身的多才多艺，能够轻而易举地处理好这些事情。他具有男子汉大丈夫的思想，不会对世俗中各种各样的外表感到手足无措。除了这些虚假的外表之外，生活也被涂上了厚厚的一层东西，他能够以其非凡的敏锐去穿透它们，毫不费力。他可以从大自然中得到力量，有了这些力量，他就会与自然情投意合，配合默契。而且，令人感到奇怪的是，他仅仅是住在一个不起眼的小镇上，生活在一个封闭的小环境里，在德国人还没有在世界事务中居于领先的地位，能够以一种大都市的自豪使自己的臣民们走向繁荣的时候。当这个时代还在为产生一个英国的、罗马的或雅典的天才而欢呼的时候，他却在沉思默想，没有任何的褊狭和局限。他不是窃居高位的欠债人，而是一个生来就带有一种自由自在的、随心所欲地驾驭一切能力的天才。

《海伦娜》或是《浮士德》的第二部分，都是用诗的形式来表现文学背景的哲学巨著。这些作品使他发现自己是精通历史学、神学、哲学、自然科学和德国文学的，用一种百科全书般的形式，来表现作者渊博的学识，而且能够进行国际性的交流和往来，他并且对印度、伊特鲁里亚和所有庞杂的艺术、地质学、化学、天文学都进行了深入透彻的研究。因为数量实在是太多了，这些王国中的每一个人都被假定有某种虚幻的、诗人般的性格。一个人在看着国王的时候是必定会带有某种敬畏感的；但是，如果某个人碰巧有机会参加一个由国王召开的会议，那么他的目光就会显得有些过于随便地盯住每个人的细节。这并不是荒诞不经、不可思议的天方夜谭，而是经过审慎周密的思考才表现出来的形式，诗人为此而透露和倾诉了自己观察了长达八十年之久的结果。这种回忆般的，有着重要意义的智慧使这篇史诗显得更加真实，不愧是当时文学界的一朵奇葩。它奠定了歌德在历史上的地位，他是一个拥有足以自豪的桂冠的诗人，他用一个英雄所具有的力量和优雅弹奏着他的竖琴。

这部书的奇特和异常之处，就在于它具有超乎寻常的才思和智慧。在超常智力的熔冶下，过去和现在、宗教和政治、以及思维方式等，都融入了他的主题和思想观念中，就像是神话徜徉在他的头脑中！有一个古希腊人曾经说过，亚历山大走到宇宙形成之前的、模糊一团的浑沌景象和巨大深渊里去了，歌德也走得一样远。甚至他会冒着危险，比亚历山大走得还要更远一些，但是只有他能够让自己安全地返回。

歌德用最简单平实和最低调的语气来进行写作，省略了一大批他要写作的东西，而且曾经用一个词来概括一件事情。他曾经对古代的和现代的精神和艺术的区别作出了解释。他也曾经对艺术的定义作出一些阐释，分析它的范围以及某些规则。他也曾经说过自然是最美好的，但从整体上来说，眼睛要比望远镜和显微镜好得多。他对自然界的许多方面都作出了指导性的贡献，这一切都是通过他的思想对统一性和简单性进行罕见的转化来完成的。他无论写什么主题都会刻画得入木三分。他看到的每一个毛孔，对万有引力的理解也都是接近于真理的。他会意识到你所说的话，他非常憎恨被别人戏弄，而且非常痛恨被要求重复说起一些老情人的逸事。他也常常反问自己，作为这些事情的标准和裁判，我为什么要让它们相信呢？而他对宗教、对情感、对婚姻、对处世方式，对诗歌、对纸币、对信仰、对不详的征兆、对运气，或者是其他的东西所发表过的言论，却是不会再被忘记的了。

在所有的场合下，魔王总是扮演着一种重要的角色。歌德在没有完成一件事情的情况下是不会发表任何评论的。还是那个同样的标准："我从未听说过我还没有犯过的罪行。"他应该是真实的；他应该是现代的；他应该是欧洲人；他的穿着应该像个绅士，接受这些处世方法，漫步在大街上，学会了在维也纳和海德尔堡生活的种种技巧。因此，他剥去了身上的神学外套，不在书本和画图中进行寻找，而是在他自己的思想中，在冷酷、自私自利和人们的不信任中，或者在离群独居、人类思想上空的黑暗中，去寻找——而且，他发现通过增加补充和带走的每件事物，而得到某种现实和恐怖的肖像。

天才的作家

《威廉·梅斯特》从每种意义上来说都堪称是一部惊世之作。它的风格第一次被崇拜者们誉为是对现实社会的唯一的生动刻画——似乎其他的小说，比如司各特的小说，都是在一定的场景和道具下写成的，而这部小说则是用生命、用心灵写作的。这是一部至今仍然覆盖着一层神秘面纱的小说。它被那些很有知识的人怀着惊奇、赞叹的心情来阅读着。尤其是《哈姆莱特》，被誉为天才的作品。我真怀疑在本世纪还有哪一本书能够与这本书所包含的韵味相提并论。它是如此的新奇、如此的振聋发聩，蕴涵如此之多而又具有如此坚实稳固的思想，就好像他已经洞察了生活的真谛，明白了许多处世的道理，还分析了这么多人物的性格。它对我们的处世方式有如此好和如此多的暗示和建议，对更高的层次也作出了如此之多的未曾想到的审视，而没有一点华丽的辞藻或者是低沉郁闷的痕迹。对于那些天才的年轻人来说，这就是一本能够激发他们好奇心的佳作，而不是那种会让人感到十分压抑的作品。

喜爱轻松阅读的人们可能会因此而感到失望，这是因为他们想在阅读小说的过程中寻找消遣，结果却发现没有一段关于浪漫史的描述。另一方面，那些怀有更多希望开始读这本小说的读者们，却会在阅读中发现一种值得珍藏的历史，那些刚刚从苦读和否定中得到奖励的人们，也同样有理由来抱怨。"我们这里需要的就是英国的罗曼史，而不是很久以前的故事"，他们希望能够象征和体现一个新时代的希望，但是却又隐藏"青年英格兰"政党的政治希望，在这里，对于美德的唯一奖赏就是议会中的一个席位和一个贵族头衔。

只有才能是不能够成为一名作家的，而且还必须具有一个思想在作品里面；必须有一种人性，与他信仰的教义是一致的，用来看见和叙述事物，而不是相反的。如果他今天还不能够正确而恰当地表达自己的思想，那么就留着它们，等待第二天灵感的降临。这些在他的心中都是一个沉重的负担——这个真理需要他去进行阐明——多多少少还要有一些理解。而且，这些都是他在这个世界上所要做的事情，要去看透这些事实的真相，然后再把它们公诸于世。

他的力量和惊骇充溢在作品的每个字之中，连逗号和破折号都充满了活力与生机。结果他的作品是活跃的、敏捷的——可以走得更远，生命力也就可以更长久。

歌德，作为德国民族精神的代表，他并不是用自身所具有的才能来说话，而是从照亮一切的真理出发的。他是十分明智的，尽管他的才能总是能够把他的智慧掩盖。不管他的句子是多么的出色，不知道为什么，他的口头表达好像更好一些，这唤醒了我的好奇心，他有一种真理所赋予的令人生畏的独立人格。他在更多的情况下是在倾听你的话语，但是只是摇头不语，他的话隐忍不发；而你对作家的兴趣并不应该仅仅局限于他的故事。

　　我不敢断言，歌德曾经登上了最高的文学山峰，在那里，天才曾经与他交谈。歌德从不会对人很亲近，他甚至不会对纯粹的真理投入过多的精力；但是为了文化起见，他也曾致力于对真理的探求。对他来说，没有比探索宇宙的本质、宇宙的真理更伟大的目标了。他是一个既不能够被笼络也不能够被欺骗或过分敬畏的人。他有着坚定的自律和自我否定的能力，对所有的人都有一个问题——你能教我一些什么？正是因为这个原因，他珍视他所拥有的一切：爵位、待遇、健康、时间以及存在本身。

　　他是一个文化的类型，是所有艺术、自然科学和历史事件的业余爱好者。他拥有艺术家的气质，但是却不是一个艺术家；他有崇高而纯洁的思想，但是却不是一个唯灵论者。没有什么是他无权知道的。在那些无所不能的天才们的武器库中，没有哪一件是不被他拿在手中的。他对每个事实都会有所阐明，他在他自己和他最心爱的之间划清了界限。从他那里，什么都没有隐藏，什么也都没有留下。潜伏的恶魔们在他的面前正襟危坐，圣人们也是这样。形而上学的成分带走了一切形式上的东西。"虔诚本身是没有目的的，它只是一种手段而已。通过最纯粹的内心的平和，我们可以走向最高形式的文化。"而且，他对美的艺术的每一个细节都是那么地了解，这使歌德至今仍然具有里程碑性质的伟大。他的感情和慈爱给予他很大的帮助。

　　他不憎恨任何人，他的时间是价值连城的。情绪上的对抗或许是令人痛苦的，但是就像帝王的仇敌一样，他们为了自己的尊严而向国王发起了猛烈的攻击。

他眼中的世界和世界眼中的他

　　歌德有一本名叫《诗与真》的自传性作品，在这部作品中表达了这样一种思想观念——他现在已经是举世闻名的了，但是在当时这本书刚刚面世时，对英格兰来说，却是一件十分新奇的事物——一个人是为艺术而存在的，不是为了他能够做到些什么，而是他做了些什么。歌德对事情的回忆是唯一值得记录的结果，一个有知识的人能够把他自己看成第三个人，因此，他的缺点和不足与他的成功一样能够使人感兴趣。尽管他想探求事件的真相，其实他更想知道人类的历史和命运。对于自我主义者的那些阴郁言辞，他只是对很小的范围内感兴趣。

歌德的这种观念在《亲和力》中起到了支配的作用。它指导作者在写作中如何选择事件，以及外部的重大事件、要人的官衔、或是收入的多寡。当然，这本书也为我们猜测歌德的生活提供了许多生动的素材。没有日期，没有通信，没有从政或从业的详细记录，也没有关于婚姻的观点。

十年以后，这成为了他生命中最活跃、最进步的一个阶段，在他定居威尔玛以后，他便销声匿迹了。这个时候，他陷入了爱情的旋涡，结果却是一无所获。就像人们所说的那样，这些事情都有着最特别的重要性。他通过他的言论和作品向我们展示了他进行思考的结晶：一些异想天开的念头，宇宙的起源，和他自己发明的宗教观点。特别是他与一些引人注目的思想的联系：他把这些都无限地放大了。《日记》、《意大利游记》、《法国战役》，以及《色彩的理论》等，都包含有相同的兴趣，在这本书的最后，他紧接着提起了开普勒、罗杰、培根、伽利略、牛顿、伏尔泰等人；这本书的迷人之处就在于运用简单平实的笔触，叙述了他与这些欧洲科学史上的显要人物之间的关系。从歌德到开普勒、到培根、到牛顿，这本书对这些概况作出了简单的描述。对这些人物来说，这一描述解决一些难以克服的问题。给人以《浮士德》所不能给予的快乐，虽然在写作上并没有什么新的发明。

我认为，他的作品中所蕴藏的那些老于世故的语调来自于他的自我修养。这也正是这位令人钦佩的学者的最大弱点。他喜欢这个世界，但并不是感恩图报；他知道在哪里能够得到图书馆、画廊、建筑、实验室、修道院和空闲，而且他不相信什么可以对穷困和缺衣少食进行补偿。

苏格拉底热爱雅典，蒙田喜欢巴黎，史黛尔女士说过在巴黎，她是脆弱的、容易受伤害的。所有的天才们通常都会与他们生活的环境不相称，以至于有些人常常会希望他们生活在其他的某个地方。我们很少能够看到有什么人可以生活得非常坦然和无所畏惧。在好人和有抱负的人的脸颊上，有一种轻度的因为羞愧而导致的脸红。但是，这种人几乎总是待在家里，而且很快乐地活在他所在的时代和世界里。没有一个人能够像他这样活得有滋有味，如鱼得水，或者是全身心地来享受生活。在这种文化背景下，歌德在他的作品中所表现出来的天才，就成了他们的力量。绝对的、永恒的真理是更高一级的，他的诗人般的灵感也是更高级的。但是，与任何写作本书的动机相比，这都是一个绝对的真理，它有能力来激起那些属于真理的事物。

当独创性的天才被书本和其他许多令人心烦意乱的事情所玉迫的时候，歌德——这位进入文明时代和国家的天才，却在教导人们如何来处理那些堆积如山的杂七杂八的事情。我把拿破仑与他相提并论，就是因为他们两个人既是勤奋工作的代表，又反对把这些事件简单罗列，他们是严肃的现实主义者。他们和他们的学者们一道，拿着斧头，站在倾斜的树旁，为他们所处的那个时代，也为所有的时代进行劳动。这个快乐的劳动者，没有外在的名声和利益，他只是从他自己的心中寻找动机，制订计划，履行巨人给自己布置的任务；并且，没有放松或休息，没有改变他的追求，八十年如一日地用他最初的热情进行工作。

人类是世间所有生物中最伟大的混合体。我们将会从古老和现在的时代中得到启示，从这笔巨大的遗产中收取租金和财物。歌德教给我们勇敢，任何一个时代都不是为那些心智不足的人而存在的。天才伴随着阳光和音乐在天空中翱翔，这在最黑暗的和最闭目塞听的时代中是没有的。这个世界是年轻的，在我们之前的那些伟大人物都充满感情和慈爱地召唤着我们。天才的秘密就在于忍受，对我们来说，生活中是不存在虚幻的。在现代生活中，在艺术中，在科学中，人类检验真正的忠诚、现实和目的，而在开始、中间、以及过程中去寻找每一个真理。

蒙
田

怀疑主义者的品质

喜欢刨根问底、厚此薄彼的天性是人类与生俱来的。人们是很容易走极端的：不是致力于此，就是致力于彼。世界上存在着两种人，一种人能够感知到世界的差异性，他们谙熟事实与表象，并且知道做某些事情的窍门，他们有能力，是实干家。而另一种人则具有信仰，他们懂哲学，是领导者。

这两种人其实都是容易走极端的。普罗提诺只相信哲学家，而弗奈隆则只相信圣徒，拜伦则只相信诗人。我们读一读柏拉图和柏拉图主义者的那些作品就可以知道，他们把那些不热衷于哲学的人们统统称之为大大小小的老鼠。蒲柏和斯威夫特的书信则把周围的人都描写成了怪物，歌德和席勒对其他人的刻画也并不客气多少。

事物的存在总是有着自己的哲学，就像不具备一点儿商业知识的人是发不了财的道理是一样的。英国自古以来就是最富庶的国家，比起其他的国家来，英国更重视的是财富的价值，他们轻视个人的才能。一个人如果满足于酒足饭饱那么他所相信的东西就会很少了，因为对他而言，真理已经丧失了某种魅力。谈论那些扰乱人心、具有煽动性的观念，是被社会上那些殷实可靠的人所唾弃的；生活在一个功利的社会里，一个人会因为他身强力壮、富有兽性而逐渐积累起财富。

悲观的人常常会哀叹道：我们就像驴一样，被挂在脖子前面的胡萝卜牵引到了市场上：除了那胡萝卜，什么都没有看见。博林克勋爵就说过："来到世界上会有很多的麻烦，但是离开这个世界则麻烦会更多，而且还要加上卑鄙，因此人来世上这么一趟简直就是不值得的。"我所认识的一个脾气与此相同的哲学家，他更加习惯于简要地概括对人性的认识，他就说："人类就是一个该死的无赖。"这句话的潜台词就是："世人都是靠欺骗为生的。"

由于唯心主义者和唯物主义者是誓不两立的，那些嘲笑唯心主义的人通常又会表现出唯物主义中最坏的东西，于是也就出现了一个疑问的路线，也就是出现了怀疑主义者。怀疑主义者发现二者并不是完全错误，只是他们各执一词，分别走了一个极端。怀疑主义者极力要做一个中间人。他们看到了那些普通人的片面性，他们不愿意做苦工，他们认为自己代表的是智能，他们拥有冷静的头脑。宣扬不要轻率的勤劳，也不要作无益的奉献，不要辛辛苦苦地消耗脑力。他们认为世界其实就是铁板一块，他们是完全在欺骗自己。他们相信自己是稳如磐石的，然而如果我们揭露了知识的最新事实，那么他们就会像灰尘一样旋转着，不知道从何处来，又到何处去，他们都被错觉所迷惑了。

怀疑主义是不肯把自己局限于某个人的思想中的，就像他们不肯把自己固定在一个地方一样。

怀疑主义者所坚持的立场就是深思熟虑的立场；而决不是不相信一切的虚无主义。既不是否认一切的立场，也不是普遍怀疑的立场；尤其不是对美好的事物进行肆意地冷嘲热讽的立场。诸如此类，都不是宗教和哲学的基调。他们做事时深思熟虑，谨小慎微，相信一个人如果树敌过多，那么他们自己就不能够从容地面对生活；相信如果给自己创造的优势越多那么就会越好。这就是加强防卫去占据地形险要的阵地，才是比较安全的，也是可以坚守的。就像我们在建造一座房屋时，我们既不应该把它修得太高，也不要太低，既要背风，又要避雨。

自 助

　　我们的哲学其实是一种非常灵活的哲学。斯多噶主义的立场太顽固，太僵化，我们不再坚持这种哲学。在另一方面，圣约翰的理论和不抵抗主义又似乎太虚幻了。我们需要的是一件用弹簧织成的特殊外套，它既结实又柔软。我们在大风大浪里生活，所以我们需要一条非常坚固的船。在狂风暴雨中，一座方方正正的房屋会四分五裂，支离破碎，这也就告诉我们要善于适应，这才是人性的特点。明智的怀疑主义者如果想好好地欣赏一下这个星球上最好的东西，比如艺术和自然，地方和事件，其实归根结底最主要的还是人。人类每一件美好的事物——优美的形体，钢铁的臂膀，富有说服力的嘴巴，聪明机智的头脑——他都要认真仔细地打量一番。

　　要想成为一个真正的怀疑主义者，那么他就要有一种坚定而明白的生活方式；要有解决人生所不可避免的问题的能力；要有充分的证据证明他已经成熟了；要有证据证明他已经表现出能让人亲近、信任和其他一系列的优秀品质。除了对那些与自己志同道合的人，人们是不会对小孩子、纨绔子弟推心置腹的；他是一个精力充沛，有独到见解的思想家，所谓的现代文明是难不倒他们的，他们都充分地为我所用——只有这样的人，才配得上怀疑主义者的称号。

不可战胜的正直

　　怀疑主义的开山人物蒙田就具备这些品质。

　　1571 年，蒙田在波尔多的司法界任职，父亲去世后，他就来到了自己的庄园。虽然他是一个喜欢寻欢作乐的人，有时候还出入宫廷，但是这时候他却养成了勤学的习惯，他喜欢宁静、安定和自主的乡村生活。他认真地管理经营自己的庄园，使他的庄园兴盛一时。他为人坦率，光明磊落，憎恨欺骗别人，也讨厌被欺骗，他因见识丰富、为人正直而受到当地人的敬重。在内战期间,每一座房屋都被变成了堡垒，而蒙田却敞开他的大门，他的房屋是一概不设防的。各派人物可以自由出入，他因为他的勇气和信誉而受到了普遍的尊重。邻近的贵族和绅士都把珠宝和契约交给他代为保管。

　　蒙田是所有的作家中最坦白、最诚实的一个。他的那法国式的坦白常常显得有些粗俗；他已经预料到会有种种的非难，于是他首先尽量承认。在他生活的那个时代了，书籍几乎全部是用拉丁文写作的，是男人的专利；因此在作为消闲的作品里，有一些非常露骨的陈述倒也没有什么，而现在的文学作品是为男女两性写作的，所以，我们是不允许这种现象再出现的。虽然《圣经》式的坦白加上最不合教规的轻浮，也许会使许多敏感的读者不屑于一读，他自称身上存在着很多种恶行，如果说还有什么德行的话，那么也是微乎其微的。他认为世界上没有一个人不该绞死五六次的，他知道，尽管这种坦白显得有些多余，但是在每个读者的心目中却形成了这样的看法：蒙田具有一种不可战胜的正直。

　　"当我在做最严格、最虔诚的忏悔的时候，我发现我的德行中也有一点是邪恶的；恐怕即使是柏拉图，用他最纯洁的美德进行反思，把耳朵贴近他自己，他也会听到自己内心的某种刺耳的杂音；只不过是有些微弱和遥远，只有他自己才能觉察到罢了。"

　　蒙田不能容忍任何的虚情假意。他在宫廷里任职很久，因此，他对那些表面做文章的深恶痛绝，他倒更愿意由着性子来行事；在空闲的时候，他更愿意跟水手和吉卜赛人聊天，使用黑话和唱着市井歌谣。他已经在室内待烦了，所以要到户外去走走。穿长袍的绅士他见得太多了，所以他对魔鬼倒是十分的向往；不自然的生活让他的神经过分紧张，所以他认为人越是野蛮越好。在他的名片上面，他画的图案是一架天平，下面写着："我一无所知"。当我注视着他的著作中扉页上的肖像时，我仿佛听见他在说："如果你愿意，你可以把人生当成演戏，你可以去报怨别人，但是即使把欧洲的所有国家、教会、岁月和名誉都给我，我也不愿意把所看见的枯燥的事实吹得天花乱坠；我宁肯一五一十地讲我所知道的东西——我的房屋和马棚；我的父亲，我的妻子，我的光头；我的刀叉；我吃什么肉，爱喝什么酒；以及同样可笑的鸡毛蒜皮之类的事情——也不愿意用一支精美的羽毛笔来书写一部华而不实的传奇。"

蒙田说："我喜欢灰色的日子，秋冬的天气。我自己就是灰溜溜的，老气横秋的。我们做人的处境是岌岌可危的。如果一个人刚要对自己的命运有点把握，那么他马上就会被抛进某种可怜或可笑的困境中去。我为什么要自我吹嘘，装成一个哲学家呢？至少我在适当的范围内生活，做好了行动的准备，最终总会体面地闯过难关。如果是那样一种生活那么还有什么滑稽之处呢，那就不能怪我了，应该怪的是命运和自然法则。"

蒙田的《随笔集》是用一种有趣的形式来写成的：想到哪里就说到哪里；处理每一件事情都是随随便便的，但是却有着一种清醒的意识。有的人的洞察力是非常深刻的，然而，我们要说，思想如此丰富的人却是不多见的：他从来都不沉闷，从来都不虚伪，他是一个天才，能够让读者喜欢他所喜欢的一切。

在蒙田的作品里，字里行间都充溢着诚挚与宁静。它们都是用日常谈话所用的语言写成的。这些词语是具有生命力的。一个人在阅读这些文字的时候会感到由衷的喜悦，就像我们听到人们在说有关自己工作的一些非讲不可的话那样。

蒙田的谈话是非常机敏的，他了解世界，了解书本，了解自己；他用词精当朴实，他不喜欢耸人听闻，既不想卖弄，也不想超越时空；他强壮而坚定，认真地享受着生活中的每一天；他喜欢痛苦，因为痛苦使他感到了自己的存在，使他意识到万事万物；就像我们掐自己一把，就会感觉到我们是醒着的一样。他喜欢脚踏实地，很少上山下海，总是待在平地上；他的作品没有热情，没有雄心，只是表现出了一种满足、自尊和中庸之道。不过只有一个例外——在描写苏格拉底时，他顿时会情绪激动，在笔下洋溢出激情。

真理能够帮助我们，它是经得起考验、战无不胜的，什么也不能够包围它。人可以用全面的概括来帮助自己。人生的教训实际上就是经验，就是一种经验之谈；就是看穿世界的普遍意义。事物表面上说的是一回事，而实际上却是完全相反的。外表可能是不道德的；但结果却是道德的。世风似乎在趋于下降，似乎在证明恶棍和贤人可以共存于社会，他们都在从事着自己的"事业"。虽然政客有时在政治斗争中会占据上风，虽然文明的进步也同样存在着罪恶的行径，然而，社会的趋势还是进步的。我们现在所看到的事件，它们似乎阻碍或逆转了各个时代的文明。然而人类的精神就像是一名游泳健将，他不畏狂风暴雨、惊涛骇浪。一年又一年，一个世纪又一个世纪，通过每个人的共同努力，通过点点滴滴的琐事，一种伟大、仁慈的力量以不可抗拒的力量向前奔流。

让一个人学会在短暂中寻找永恒；让他学会容忍他所一贯敬重的事物逐渐消逝，同时又仍然不失敬重之情。还要让他知道：虽然深渊的下面还是深渊，真理之后还有真理，然而万事万物最终还是包含在"永恒的法则"中——

"如果小船沉没了，那只是漂到了另一个大海，法则之船是永存的。"

美的发掘者

　　历史上那些赫赫有名的人物们的生活很少是融洽和谐的。事实上，在他们的生活中，很多人是盛名之下，难副其实的。但是，所有关于米开朗琪罗的记录却都是那么的名副其实。他过的是一种单一不变的生活，而他所追求的是一种固定永恒的精神。他创作出了非同寻常的作品，写出了超乎一般的文字。而在这样的伟大成就之下，他又是如此的平易近人且很少有什么怪僻，如此忠实于人类思维的规律，以至于他的性格和他的作品就像牛顿的成绩那样伟大。他的作品巧夺天工、与自然融为一体，成为大自然的一部分。

　　米开朗琪罗属于天赋最高的那一类人，他的一生中没有一件可以让人诽谤和招致损害的事情。他的一切行为活动的方式和构成，都是那么的简单和粗浅，以至于可以让人们毫不费力地明白，被大多数人所欣赏，他的作品自然是令人崇敬和清白无邪的。他信奉那种非常严格、近乎苛刻的甚至是令人敬畏的纯粹，这些都来自他的画笔和鬼斧神工的高贵作品，更来源于他近乎完美的且还在不断完善和提升的一生。"他从来不做普通的，或是平庸的，不重要的事情。"在他生命的大限将要来临的时候，他没有故步自封，更没有停滞不前，而是投身于圣彼得大教堂这一不可磨灭的建筑设计中，希望实现他庄严而宏伟的构想。

米开朗琪罗向我们展现了一个艺术家的完美形象。他是四个艺术领域的著名大师：绘画、雕刻、建筑设计和诗歌。在前三项艺术中，他通过可视的手段，而在诗歌中则是通过语言，努力去寻求那种表达关于美的思想。这种思想充斥于他的心胸，决定着他的全部行为。在最宏大意义的美中，在内在的和外在的美中，他表达出了美的高贵、壮丽，以及灵魂的善良和仁慈——接受和传授这些都是他的天赋。他不时地审视着美、创造着而且只是创造着美。古希腊人将这个世界称做美。这是一个在我们所处的虚假迷幻的社会中，听起来是那么的奇异古怪、荒诞不经，甚至是答非所问而又傲慢莽撞的名词。然而，当一个人的思维超出了对财富的趋从和对卑下欲望的追求时，他就会不期而然地发现，只有最真实的才是最美的。而且只有基于对者如此类的事物的深思熟虑、他才能够有所教化，有所提升。善和美只有一种表达，这一真理使米开朗琪罗享有了极高的声誉。美是不能够被定义的，它就像真理一样，是人类追求的终极目标。它不存在于理解力的范围中，美或许是可以被感知的，被复制的，但是却不可能被定义。法国有一句谚语说："世界上没有美，只有真。"

米开朗琪罗的成就正是这一箴言的最好证明。他孜孜不倦地表达着美的东西，坚信只有通过对真的掌握才能够获得美。普道人的眼睛只会满足美好事物的表面，而智者却知道这只是粗浅的表面。如果说有那么一点点美的话，也只不过是内部协调的结果罢了。对于艺术家来说，只有掌握了解剖人的生命和思想的本领时，才能够获得画出真正的美的能力。

米开朗琪罗从他的童年时代直到他离开人世，他用自己毕生的时间和精力，投身到这种对自然的辛苦观察上。

然而，我们所知道的对于美的最高形式的表达，应该归功于美的艺术。在这个时代，任何一个通过个人努力取得人类的尊严和文雅的感知都不是简单的事情。歌德曾经说过，作为一个从没有见到过罗德

尼宫里的朱诺神的人，就不是一个完整的人。看到这些符合人的天性
而又超乎人类的杰作，"我们感到比我们所知道的还要伟大。"看到这些
作品，我们就理解了引导米开朗琪罗努力拒绝传统趣味以及赞助商的
忠告，而将教堂四周的墙上画满了不穿衣服的裸体人像的非凡审美力。
给他写传记的作家写道："对于教堂这个地方来说，这样做显然是不合
适的；但是对于展示他博大精深的艺术造诣来说，却是再合适不过的
了。"

　　这种对于美的热爱，由于从来就没有超出轮廓和色彩画的范畴，
以致成了太微不足道的东西，而不能发挥出他的天赋中的所有力量。

　　在米开朗琪罗的艺术生涯中，正是这一本质的事实，使得他对美
的热爱，通过对艺术的深刻理解而不断趋于稳固和完美。建筑设计是
连接精细艺术和现实生活的纽带，他在这方面的技巧需要他同时对两
种艺术都十分精通，并且是游刃有余，这是一个重要的保证。在威尼斯，
据说他曾就几个明显的缺陷，对修筑横跨威尼斯大运河的里阿托斯大
桥提出了一个修改计划。他不是没有装饰上的技能，或是仅局限于塔
楼和建筑物正面的轮廓和装潢，而是通晓艺术的所有来龙去脉，以及
经济上、力量上的所有细节。

雕塑美的人生

　　米开朗琪罗不仅是美的发现者，更是美的传授者。他深深地扎根
于实用技术当中，并以实用技术的那些金科玉律作为基础。他是非常
的勤奋，以致人们常常对他忍耐疲劳的能力惊叹不已。他用了十二个
月的时间，完成了西斯廷教堂里所有的穹顶画，这个巨大的工作量是
那么的惊人。他的这一番努力也拓宽了人们对自身能力的认识。在完
成这个作品的过程中，他是那么的不辞劳苦，以至于在此之后相当长
的一段时间内，他都看不见任何东西，除非是把它们举到头顶上去看。
一小块面包和一小杯葡萄酒就是他的全部食物了。他还曾经告诉瓦萨
里，他经常是和衣而卧，这既是因为他太疲劳了，连脱衣服的力气也

没有了，也因为这样可以使他在夜间一跃而起，立即进入工作的状态。他的一位朋友说："从他在佛罗伦萨城的一些设计中，可以看到他天赋中伟大的一面。"

为了找到一种合适的神采，或者为了表现自然的鬼斧神工，米开朗琪罗曾经一连做过九个、十个或者十二个头像，直到他自己感到满意为止。他说："我需要在我的眼睛里安上一个指南针，而不是在手上。因为手只是用来工作的，而眼睛却是用来判断工作做得好坏的。"他习惯于这样的表达，"当脚手架被移开的时候，这些单独的雕像是美好的，因为其中的人工部分已经被去除了。"

在美的第一个层次上，他通过研究真理努力寻求美的东西，于是他又通过进一步的努力，去寻求美的高级形式——完善。他的艺术境界的至高无上就在于他一生坚持不懈的努力。他不仅建造了一座神庙，还画出和刻出了许多圣人和预言家。从他的画笔中所散发出来的火一般的热情和神圣，也同样出现在他的诗句中。当有人让他在教堂的墙上重新作画时，在那里他画了《最后的审判》，有人对画像中出现不雅观的裸体形象感到不满，他回答说："告诉教皇，这很好办，让他对这个世界作出一番改革，他就会发现这些画像也是会自我改造的。"他清醒地看到，庸俗的眼睛只会从著名的预言家和天使那里看见不雅；即使他自己的画像是纯洁的，他们也会找到一些借口。由于他拒绝把他的工作重新再做一遍，于是教皇便向他建议，为了烘托教堂的气氛，是否可以在这些神像的外面装饰上一层金子，米开朗琪罗回答说："在那个时候，金子虽然是永不磨灭的。但是我所画的人物既不富裕也对财富没有什么渴望，他们都是一些神圣的人。对于他们来说，金子是不屑一顾的东西。

米开朗琪罗时时刻刻都保持着淡泊名利、独立自主的精神——不要经费，不要限制——让人们很容易想起古波斯人的一种报偿。当别人要为他在这项重要工程中的付出提供补偿时，他说，"我既不想命令别人，也不想服从其他人。我只要自由、不受干涉地工作。"但是，当工程开始的时候，各种要求就会纷至沓来，当教皇对他的一项设计大加赞赏时，差人送来一百块金币作为一个月的薪水，而米开朗琪罗却又把金币原封不动地退了回去。教皇因此大发雷霆，而这个艺术家却丝毫没有动摇自己的初衷。

他对离群独居的生活有一种强烈的热爱。他一个人住，从不或很少与任何一个人共进晚餐。就像人们想到的那样，他对自己的祖国有一种天然的热爱。在他年纪大了的时候，他还向周围的居民兴致勃勃地谈论希伯来山上的一些传统。他经常说，他只有一半是在罗马的。"因为平心而论，和平只能在树林里才能被发现。"几乎是像野蛮人一般独立自主的特性，一直贯穿了他的全部历史。

尽管米开朗琪罗很富有，但他仍就过着穷苦人的生活，而且从来不愿意接受任何一个人的礼物，因为他认为，如果一个人要是送给他某样东西，他通常就要对那个人负有某种责任。

他曾经有一次送给他的老仆人厄本诺两千块金币，使他一下子就变得富裕了。

米开朗琪罗对周围的人从来没有太多的优越感，他因此而博得了应有的充分尊敬。他既站在民族的立场上，又代表同时代人们的喜好。因为米开朗琪罗并不是只关注自己的伟大，而是不断从别人的优秀作品中得到一定的启发。他欣赏和承认别人的天赋和优点，因此就拥有了一种最丰富的泉源，也就是人性中最美好的要素。

他对最高形式的美充满了热爱。换句话说，就是热爱友善。他是一位灵魂如此优雅的人，以至于任何腐化堕落的恶行都与他无缘。艺术对于他来说，不是一种生存的方式或是赢得名声的阶梯，而是他的全部生命和终极目标。因为，艺术是他用来寻求一种无声的智慧的工具。他活着就是为了从各个方面向人类作出证明，庄严和优雅的世界向每个人敞开着，而世俗的、懒散倦怠的眼睛是看不见的，只有那些友善的人，才能够欣赏到最优美的规律。

敢于特立独行的人

　　梭罗于 1817 年 7 月 12 日出生在马萨诸塞州的康科德镇。1837 年，他从哈佛大学毕业，但是他并没有在文学方面取得十分优异的成绩。在离开大学以后，他和他的哥哥一起在一所私立学校里教书，但是很快就另谋高就了。他的父亲是一个小铅笔制造商，于是梭罗也有一段时间致力于这个行业，他并且深信自己能够制造出一种当时最好的铅笔。在完成他的实验之后，他把他的作品展示给波士顿的化学家与艺术家看，他取得了他们的品质优良保证证书，从而证明它能够与伦敦最好的产品相媲美，于是他就心满意足地回家去了。他的朋友们向他表示祝贺，因为现在他可以依靠自己的力量开辟出一条通往财富的道路。但是，他却回答说，他以后再也不会制造铅笔了。"我为什么还要制造铅笔呢？我决不会再做自己已经做过一次的事情了。"于是，他又重新开始了他的漫长的探索之路，和对大自然的形形色色的研究，他对大自然每天都会有一些新的认识。但是，他从来没有说过他是在研究动物学还是植物学。因为他虽然对于自然界的研究孜孜不倦，但是对于专门的和文本上的科学他并没有多大的好奇心。

自 助

　　他拥有一种近乎完美的正直，他在保证自己的独立方面是十分坚定的，他不愿意仅仅为了一种微不足道的技艺或职业，而放弃他在学问和行动上的勃勃雄心，他的目标就是要承担一种更为广泛的使命，为我们提供一种能使我们大家活得更有质量的生活艺术。他从来不会无所事事或是自我沉溺。当他需要金钱的时候，他更喜欢做一些适合于他的体力劳动，来获得这些金钱，比如制造一条小船、筑起一道篱笆、种植、剪枝、测量，或是其他一些短时间的工作，而不愿意从事任何长期性的职业。

　　梭罗并没有获得财富的才能，但是他却知道怎样做到甘于贫穷，并且绝对没有一丝污秽或不体面的迹象。

　　梭罗不用抵御什么诱惑，因为他没有欲望，也没有热情，他对于华丽精美的琐屑装饰也没有嗜好。一幢精致华丽的房屋，漂亮的衣服，与教养很高的上层名流人物的谈吐和举止，他都置之度外，不屑一顾。他更愿意做一个印第安人，而且认为那些优雅的言辞对于谈话来说是一个很大的障碍，他更希望用最简单的话语来与他的伙伴进行交谈。他对那些要求他参加晚宴的邀请都一概予以婉言拒绝，因为在那种场合，每个人都在妨碍另外一个人，而且他也不会因为任何一个目的而去迎合和取悦他人。他说："他们为丰盛的晚餐而自豪，而我却为我的晚餐只花很少一点钱而自豪。"在吃饭时如果有人问他最爱吃哪一种菜，他总是这样回答："离我最近的一盘。"他不喜欢酒的味道，终其一生他也没有沾染上任何一种恶习。他说，"我朦朦胧胧地记得，在我未成年的时候，吸过用干百合花梗做的香烟，似乎有一种快乐的感觉。那时，像这些东西我通常会预备一些。我从来没有吸过比这种东西更具有危害性的东西。"

　　他选择通过减少对日常生活的需求，来实现自己精神的富有，他喜欢自给自足。他在旅行的时候，只有在要穿过许多与他当前的目标没有关系的乡村的时候，才选择乘坐火车。一般情况下，他经常会步行几百英里，也不到旅馆住宿，而是在某个农夫或是渔民的家里花很少的钱住上一宿。因为他觉得这样不仅比较便宜，而且也会让他感到非常愉快，同时也因为在那些平民百姓的家里，他更容易找到他想要找的人，打听到他想知道的事情。

他的本性中带有一种军人的气质，他永远也不会屈服，永远是阳刚气十足而且是精明干练的，他却很少有脆弱的一面。

他是真理的代言人和行动者。他似乎天生就是这样，永远都会由于这种原因而陷入种种充满戏剧色彩的局面之中。

任何一个了解他、认识他的人，都不会责备他是在刻意做作。他和他的邻居们在思想上不相像的程度要比在行动上多。

1847 年，他因为不赞成政府款项的某些开支，而拒绝向他的城市纳税，结果被关进了监狱里。他的一个朋友替他纳了税，才使他被释放出来。第二年他再次受到恐吓，警告他如果仍旧拒绝纳税，他很有可能会遇到同样的麻烦。但是，因为他的朋友不顾他的极力反对，而替他纳了税，才使他免受牢狱之苦。

无论是反抗也好，或是嘲笑也罢，他都不把它当做一回事。他冷冷地、充分地说出了他的意见，并不假装相信那些是大家的共同意见。如果在场的每一个人都坚持相反的意见，那也是没有关系的。

一个真正的美国人

没有谁人能够比梭罗更像是一个真正的美国人。他对国家的喜爱是真诚的和发自内心的，而对于英国和欧洲的礼仪和趣味则是极端反感的，甚至是几乎到了蔑视的程度。

他是为现在而生活的，并没有许多累赘的回忆会使他感到痛苦。如果他昨天向你提出一种新的建议，那么他今天也会向你提出另一个，同样是富于革命性的。他是一个十分勤劳的人。所有办事有条有理的人都会珍惜自己的时间，他自然也不例外，他似乎是整个城市唯一有闲暇时间的人。任何远足和旅行，只要看上去可能会是很令人愉快的，那么他都会愿意参加；他永远都愿意参加谈话，并且会一直谈到深夜。他谨慎而有规律的日常生活从来都不会影响到他尖锐而深刻的观察力，

自　助

无论是什么样的新局面他都能够应付得了。

他具有丰富的常识，加上一双健壮的手，敏锐的观察力和坚强的意志，却仍然不能够解释在他简单而秘密的生活中熠熠生辉的优越性。此外，我还必须附加一个重要的事实：那就是他具有一种卓而不凡的智慧，一种只有极少数人才具有的智慧，使他能够把物质世界看做是一种工具和象征。有时，诗人们也会有同样的发现，同时这种感觉有时也会给予他们一种间歇性的光明，但只是作为他们作品的点缀和装饰而已。但是，这在梭罗的身上却是一种永不停息的洞察力，他或许也有一些缺点，或者是性情上的障碍，也可能会在他的生活中投下阴影，然而他却永远都会服从那神圣的启示。在他年轻的时候他曾经说过："我的所有艺术都属于另外一个世界。我的铅笔从来不画别的，我的刻刀也从来不刻别的，对我来说，我并不仅仅是把另外一个世界当做一个工具。"这是他的灵感，也是他的天才，控制着他的意见、谈话、学习、工作和生命的全部过程。这一切都使得他目光敏锐，善于分析和判断。

就在那惊鸿一瞥中，他就可以对当前所发生的事情洞若观火，也可以看出那些与他谈话的人们有限的知识和贫乏的个性，结果是什么不可能瞒过他那双可怕的眼睛。

在所有的人当中，只有他能够告诉人们应该做些什么事情。他对那些敏感而脆弱的年轻人的态度从来都是不友善的，而是高傲的，甚至是教训式的，他藐视他们渺小的习惯和时尚。他要经过相当长的一个时期才愿意，或是完全不同意与他们交往，并且答应到他们家里去做客，甚至让他们到他的家里来。

梭罗用他全部的热情，把他的天赋和才能都贡献给他故乡的田野与山水，因而使一切稍有文化的美国人与海外的人都熟知它们，对它们感兴趣。

别人调查研究时所用的最重要的工具是显微镜，而他有一种对他来说甚至是更重要的工具——那就是一种兴致。他纵容自己，结果却是渐渐被思想所支配，即使是在最严肃的场合也会表现出这种思想。

他用来征服科学上一切阻碍的另一种重要的工具，就是他的坚强的忍耐力。他知道怎样才能坐在那里一动也不动，从而成为他身下那块石头的一部分，一直等到那些躲避他的鱼鸟和爬虫又都回来继续做它们平常所做的事情，他甚至会由于好奇心，而到他的跟前来凝视他。

梭罗也是最真诚的。那些圣贤和先知们对道德的定律深信不已，他圣洁的生活可以证明他们的这种信仰是有根据的。他的生活就是一种肯定的经验，所以我们是无法忽视它的。他说的每一句话都是真理，和他可以进行最深奥最严格的谈话；他能够医治任何灵魂的创伤；他是一个友好的人，他不但知道友谊的秘密，而且有几个人对他几乎达到崇拜的地步，他们会向他坦白一切，并把他奉为先知，他们知道他的性灵与伟大的心的价值。他认为，如果没有宗教或是某种信仰，一个人就永远都做不出任何伟大的事情来。他认为那些有些偏执的宗派信徒们尤其应当牢记这一点。

他对一切都要求绝对的诚实，没有通融的余地。我们很容易就可以看出来，这就是他那种严肃的社会态度的起因，而这严肃的态度又使他变得非常孤独。他自己是绝对正直的，他对别人也有同样的要求。他痛恨罪恶，因为无论是什么荣华富贵也都不能够掩盖罪恶。如果那些庄严而富有的人们有什么欺骗行为的话，他很容易就可以看出来，就像他看见乞丐行骗一样，他对他们也同样会感到鄙夷。他以这样一种带有危险性的坦白态度来处事，钦佩他的人都称他为“可怕的梭罗”，仿佛他在静默的时候也是在说话的，即使是走开了也还是在场的。我想他的理想也许太严格了，它甚至会干涉到他的行动，使他不能够在人间得到足够的友情，这也是不健康的。

梭罗的灵魂应当和那些最高贵的灵魂做伴。在他短暂的一生中，他学会了这个世界上的很多的技能。无论在什么地方，只要有学问、有道德、热爱美的人，那么他们一定都是他的忠实读者。

弥尔顿是公正、诚挚的，他具有罕见的知识成就。他热爱人类，善待人类，因为在他的身上没有那些与人作对的、片面狭隘的天才中所具有的一种人性的弱点。古老的永不磨灭的善良在他的心中找到了居所，而且不时地表现出它的美丽。他的天赋服从于他的道德情感，而且，他的美德又是如此的温文尔雅，是一种天才所赋予的才能。在那么多的智谋中，当这个世界似乎使神圣变得丑陋的时候，弥尔顿最终得以胜出了，他纯洁得如同一束火焰，以致他的性格造就了一种最重要的印象，那就是精美的体面。

在弥尔顿的身上，良知的胜利是通过那种居高临下、决定一切的魅力所取得的，所有的美德都是为了他的体面，他的这些优点使我们想起了柏拉图评价《提乐蒙的胜利》时所说过的话：它们就像荷马史诗，它们是如此的自然、轻松，就像行云流水，清新宜人。他起居方面的习惯是朴素而一丝不苟的。他在营养饮食方面，是简单而有节制的，那么的朴素淡泊，而又十分的节俭。他告诉我们，在一首拉丁文写作的诗文中，那个抒情诗人或许沉溺于美酒和安逸的生活之中而不能自拔。但是，想写出一部史诗的人是必须甘于寂寞和艰苦的生活，身处陋室而心系祖国的。

然而，在他的严于律己、勤于节俭的品质中，并没有忸怩作态，哗众取宠的成分。他是发自内心地热爱节俭，而不是出于对贫穷的恐惧，他是清白的、正确的，因为他的审美和趣味是纯粹的、精巧的。他在二十一岁时，曾经致信给他的朋友道塔提说，他迷恋于道德方面的完美："因为不管神灵在什么方面赐予我才能，他都会激发我，如果曾经有人被他激发的话，那么就会用到对善良和公平的追求，我也是一样的。"

当他拥有了这些生活方面的习惯时，他说："这是某种自然的舒适，是一种诚实的自尊。或者我是这样，或者我可以这样，都会使我具有一种高于其他低级思想的谦逊与平和，他们会拒绝这样做，这是一种退化。"

一个明智的思想对所谓的高贵和低下都是漠不关心的，真正的伟大其实就是完美人性的表现，这些都是弥尔顿所熟知的精神表白。它们的存在使弥尔顿所有的作品都拥有了一种永不枯竭的真理。他对这一真理的牢固掌握，成为了他对抗高级教士们的强大武器。他建议可以在乡村地区而不是跋涉许多英里去教堂，公众的崇拜可以在离家不远的地方进行，比如一间房屋或是一座谷仓。"因为尽管有些人还把无知和迷信献给寺庙，但是我们都必须看到，一个不屑劳动的人，是不应该在谷仓中布道和祈祷的。

在《教区政府的原因》一文中，弥尔顿表明了自己对人道主义教义的理解。"我必须承认自己在这个方面是有部分责任的，我要么应该把它提出来，要么就闭口不提。但是，它却是如此地有悖于世人的关注，以至于我要么不被理睬，要么不被理解，从而使自己身处验境之中。因为人能够在那里简单地掌握智慧，而通过经历获得力量，通过低调来获取尊严。"就是服从于这种情感，弥尔顿写下了大量的诗句。

他为自己制定了最低的权利，约翰逊经常用"语言的巨人，行动的矮子"来取笑弥尔顿，因为当国家处于危险之中时，他却返回了意大利，随后在那里办了一所私立学校。作为一个明智的人，弥尔顿对这种行为并不恼怒。当他重新回到他解放了的祖国时，他通过每天为国家效劳，而找到了一个正直有用的任务。那时，他不时地向反对自由的敌人发起了令人生畏的猛攻，他感到了"爱"的热力，这种"爱"是没有任何官方的意味的。他为孩子们编写了一本逻辑书，他还编写了一本语法方面的书，并且花大量的时间为编著拉丁文大词典做准备。

弥尔顿是一个精神主义者，他相信精神法则是无所不在，无所不能的。他希望他的作品只能够给那些渴望看到的人看，他认为没有任何真正诚实的东西是低下的。他认为，如果要去做那些无效的事情，那么就要学会估计和揣测伟大的人物的心理。为了得到善良的赞许，他可以只在部分作品上署名。他告诫自己的朋友们"不要去崇拜军事上的才能，伟人之所以伟大，不是通过力量的大小，而是通过他们的行为表现出来的正义和忍耐力。"

他的幻想从来都不是夸大其词、超乎一切的。但是，就像拜伦的想象力被说成是"最高贵的，但是偶尔也会使它屈尊降阶去做一些理解别人的事"一样，弥尔顿对人物的描写也是这样的。弥尔顿最崇高的诗歌，就是用它雷电般的旋律，在天堂里爆发，但仍然是弥尔顿的声音。

事实上，在他所有的诗歌中，人们可以看到，在一层薄薄的面纱下面，那种见解，那种感情，即使是这个诗人一生中的一件小事，都会活生生地重现。其实那些十四行诗全都是即兴的佳作，《拉莱多》和《潘塞罗》是他年轻时在海亚菲尔德时经历的一种更加精致的自传；《科摩斯》是对节俭这样一种人生哲学的诠释；他声称这种人生哲学是他护身的法宝和宗教信仰。而《塞默森·盎格尼特》则是他个人悲痛的全部表白。

《失乐园》中最为感人的段落，就是个人的典故；而当我们在阅读《伊甸园》的时候，常常会很难分辨出亚当和弥尔顿，而在《复乐园》中，我们看到了这位诗人思想进步最明显的标志，就是他在宗教观念上的修正和扩大。这些或许都可以被看做是对他作为一个诗人的表扬，而对于荷马和莎士比亚来说，他们是不会在自己的诗文中出现的。这些伟大的天才们，不会把他们自己放入他们自己的诗歌中，他们的个人特性完全消失了，诗人直冲上天，在那里这个人也就消失不见了，这个事实是值得铭记在心中的。

我们是不是可以这样说，当我们对这些美妙绝伦的诗歌钦佩不已，兴奋不已的时候，我们也会有一种后悔的感情。这个人不知道他到底做了些什么，他在自己伟大的作品中显得那么被动；思想的河流从高处流下，但是他却没有独自享用，而是贡献了出来，没有和他们的存在混合在一起，我们对于说出这样的事实感到犹疑不定，当这个人和这些诗表达出了一种双重的意识时，只能够从不好的一面来说他们。

或许我们所说的并不是事实，而只是传言，就像关于荷马无所事事的传言，以及关于莎士比亚沉迷于低下流俗生活方式的传言。

如果事实的确是这样的，那么弥尔顿的天才则是与众不同的，也就是说，他是通过自己的学识和宗教的帮助，而获得了一种更高层次的洞察力，他对英雄生活的刻画和描写也就更加活灵活现，栩栩如生了，这就是他的诗。所有表示愤慨的小册子，以及所有格调高昂的散文，都只是单独的篇章和分开的诗篇。他的诗歌应该是他生活的最好体现，从而也就使他的思想更加有力度和分量——这些都是十分必要的。通过这些，他们可以穿透和拥有人类的全部想象和意志，莎士比亚的作品放在思想的世界里，它的魅力达到了无以加复的地步。它们灵巧多智的美也就是他们存在的理由。弥尔顿"用最可贵的仁慈，把美好事物的知识全部融会贯通，传授给了世人"。他以巨大的想象力，为了一个高尚的结果，而把自己的知识传授给了别人。他自己对这一点也是深信不疑的，这也就给了他一种权威。它的存在就是它的力量，如果它是发自内心的，那么它就必须归顺于心。对于那些普通的诗人来说，需要怎样的能力，才能够与那些圣哲相抗衡呢。

那些喜爱弥尔顿的人，在他的散文和韵律诗中都可以读到这样一种情感。有时，一种沉思会超出前者，因为思想是更为真挚的。总的来说，他的散文风格是多变的，而且连论点都是诗化的表达。根据拜伦对诗歌的定义，以及亚里士多德的诠释，"诗，由于不能够发现与现实世界一致的善良而公正的观点，所以就把对事物的表达放在了思想上，创造出了一个比现实的世界更加美好的理想世界。"这也就是对弥尔顿的解释。

自始至终都给弥尔顿带来指责和辱骂的散文，是那个时代一种夸张精神的迸发。就像法国的大革命一样，人们因为获得了胜利而狂喜，而且急于带着真理的标准走向新的高处。它被认为是一首关于一个人悲惨经历的诗，而且，由于许多诗歌都是在不合理的社会环境中创作的，尽管他们的结局对这个国家都充满了敌意，但是他们还没有进行反对国家的活动。因此，它应该得到一种善待，一个天使般的灵魂经受了比其他人更多的苦难，这种苦难就来自人类生活中不可避免的邪恶，他是有资格这样说的。

对于约翰·弥尔顿的性格，我们没有提供更多的评论，对此我并没有歉疚的意思。在他步入老年进入独居生活状态的时候，在他双目失明而被人冷落的境遇下，他写出了《失乐园》。任何劳累和危险都不能够阻挡他，他努力地追求最高利益。不是所有的人都能够从他的勇敢、纯洁、苦干、独立和天使般的虔诚中获得勇气的。

谁能够在一个革命的时代，只依赖自己，在生活和写作中，去努力过着一种文雅的和有尊严的生活，而不减少他自己的力量？那么大概也只有弥尔顿是可以做到的。

时势的造物

　　大千世界是由优秀人物的诚实品格所支撑的，他们会使社会变得健康而有序，与这些优秀的人物生活在一起，就会发现生活是那么的愉快和有意义。当我们自己身处那样的社会，生活也就显得充实和可以忍受。

　　在整个 19 世纪，没有比拿破仑的名气和权力再大的人了。他之所以出类拔萃，是因为他能够准确无误地表达出自己的思想和信仰，也能够表现出同时代人们的思想。

　　斯维登堡认为：每一个物体都是由粒子构成的；或者说每一个整体都是由很多相似的部分构成的。就像肺是由许多肺叶构成的；肝是由肝细胞构成的；肾是由许多肾小球构成的，如此等等。如果我们发现有人具有广大群众的力量和感情，如果拿破仑就是法国，如果拿破仑就是欧洲，那是因为他所领导的人都是拿破仑式的人。

　　积极、勇敢、能干的人们和整个中产阶级都把拿破仑指定为自己的代表。拿破仑就是他们的榜样，更为重要的是，他具有他们的精神和品质。那种榜样是物质性的，目的就在于取得物质方面的成功，而且是不惜利用各种手段去达到自己的目的。《古兰经》说："真主给每一个民族一个用本民族语言讲话的先知。"巴黎、伦敦、纽约，商业精神、金钱精神、物质力量，也要有他们的代言人；而拿破仑是有这种资格的，所以就被先知派到了这个世界上来了。

我们阅读拿破仑的逸事、回忆录和传记，就是因为我们可以在其中看到自己的影子。拿破仑是个地地道道的现代人，在他飞黄腾达的时候，他就具有了现代精神。他决不是圣徒——用他的话来说，"自己决不是卡普秦修士"，他也不是真正意义上的英雄。普通人在他的身上找到了普通人的品格和力量。普通人发现拿破仑和他们一样，就是一个平民，但是他借助自己的品质和努力，达到了那种地位。

的确，拿破仑可以洞悉周围人的心态，他不仅仅成为了他人的代表，而且实际上成为了其他人心灵的垄断者和代言人。像拿破仑这样的人几乎就不再有个人的言论和见解。他广采博收，处于一种崇高的地位，因此他就成了贮存那个时代、那个国家所有智慧和力量的仓库。他打胜仗，他制定法典，他制定度量衡，他征服阿尔卑斯山，他修筑公路。所有杰出的工程师、学者、统计学家都要为他服务向他报告。同样，各领域的有识之士也都要向他汇报；他采取了他们所提供的最好的方案，但是历史只记下了拿破仑的名字。不仅是在这些方面，而且是在每一句精彩的话上都记在了他的名下。

拿破仑所说的每一句话，拿破仑所写的每一行字都是值得一读的，因为它是法国智慧的集大成者。拿破仑是普通人的偶像，因为他具有普通人的品质和能力，但是他所达到的程度则是别人所无法企及的。拿破仑跟他所代表的那个庞大的阶层一样致力于权力和财富的获取——不过拿破仑是尤其不择手段的。1804 年，丰塔内代表参议院向拿破仑致词时，表达了拿破仑自己的感受："陛下，渴望完善的心灵是最坏的疾病。"就像某些人常常以思想家自居，其实他们已经损害了思想家这个称号。

有一句意大利谚语可谓是家喻户晓："谁要想成功就不能够太善良。"在一定范围内，抛弃虔诚、感激、慷慨这样一些感情的支配倒是有一定好处的。因为对我们来说，别人的东西可以成为使我们达到目的的有利武器；就像一条本来是不可跨越的河流，冬天的冰可以把它变成了最畅通的大道。

拿破仑宁愿相信自己的双手和大脑，所以他坚决反对感情用事。对他来说，既没有奇迹，也没有魔法。他是个工人，每天就是跟铜、铁、木、土、道路、建筑、金钱和军队打交道，而且是一个锲而不舍、聪明的专家。他决不软弱，没有一点文人的习气，更多的是脚踏实地地、一丝不苟的行动。他没有丧失自己的意识和对事物的真知灼见。拿破仑有着高超的洞察力和概括能力，所以，人们从他身上看到了自然力和人的智力的完美结合。

战争的艺术在他看来，就像是在玩一种得心应手的游戏。按照他的观点，无论是在攻击敌人还是遭受敌人攻击的地方，在兵力上总要压倒敌人。不断的军事活动调动了他的全部潜能。

时代特征、性格和他早年的环境结合在一起造就了这个典型的英雄人物。他具有他那个阶层的德行以及他们活动的社会背景。与其说他是想达到什么目的，还不如说他发现了达到那些目的的手段，那种运用手段的乐趣，那种洞察万事万物的谨慎以及完成一切任务的力量，这一切都使我对拿破仑大加赞赏。

大自然在每一次成功中都占有最大的功劳，即使在拿破仑的成功里也是这样。需要那样一个人，那样一个人就出生了，那是一个钢筋铁骨之人，能够一连在马上征战十六七小时，能够一连好几天都不休息，不吃饭，饿了就随便咬几口食物充充饥，行动起来仍然是迅猛如虎；结实、果断、谨慎，具有一种直觉，不容许别人表现出的任何的虚假和懒惰。他说："我的铁手不是长在我的胳膊上的，而是直接与我的头脑相连的。"他尊敬自然和命运的力量，并把他的卓越归功于自然，却不像低劣的人们那样刚愎自用，与自然对抗。他自命为"天之骄子"时不仅自己满意，人民也是满意的。他说："他们指控我犯下了滔天大罪，但是像我这样的人是不会犯罪的。没有什么比我的崇高更为简单的事了，把它归咎于阴谋和罪恶是没有用的，它应该归功于时代，归功于我和敌人英勇战斗的名声。我总是与广大群众一起前进，和时代一起前进。诽谤对我又有什么用呢？"他在谈到儿子时说，"我的儿子不能够替代我；我不能够替代我自己。我是时势的造物。"

不会有阿尔卑斯山

拿破仑思路清晰，行动果敢，并且与高超的理解力相结合，这些都是一般人所达不到的。他是一个现实主义者，所有的空谈家在他的面前都会黯然失色。他只要看见事情的关键之处就会全力以赴，直指事情的核心，而不会考虑其他的，更不会犹豫不决。他考虑问题时思路清晰准确，也富有洞察力，所以他是非常强大的。他是首先在头脑里打了胜仗，然后才在战场上打胜仗，他的所有的手段都在他自己的心里。1796年，他写信给督政府："我没有征求任何人的意见就打了这一仗，如果我被迫听取别人的意见，那么我就不会有什么作为。我在装备奇缺的时候战胜了占据优势的兵力。我坚信你们是信赖我的，我的行动就像我的思想一样敏捷。"

在浩如烟海的历史书籍中，写满了国王和统治者的愚蠢言行。他们是一个非常可怜的阶层，因为他们不知道自己应当做什么。纺织工人会为了面包而罢工；国王和大臣们不知道应该怎么办，于是就用刺刀来对付他们。然而拿破仑却懂得自己的职责，他是一个每时每刻以及每一个紧要关头都知道下一步该怎么办的人。很少有人知道下一步，他们都在过着勉强糊口的日子，毫无计划可言，总是处在山穷水尽的境地，在每一个行动之后，就是等待着一种从外部来的冲动，但拿破仑却从来不是这样的。

如果拿破仑的目标完全都是为人民大众着想的，那么他就是一个俊杰。因为他以自己的行动来激励大众的信心与活力。他坚定、可靠、克己奉公、先人后己，为了目标，可以牺牲一切——金钱、军队、将领、甚至自己的生命；而不是像一般的冒险家那样，被自己的手段引入了歧途。"任何事件都不应当控制人的决策，"他说，"而应当是人的决策充分考虑了各个事件。""如果被每一件事情都弄得手忙脚乱，那么就等于没有一点秩序。"在眼花缭乱、沸沸扬扬的事务中，他一刻都没有忽略前进的路线。他知道应该怎么办，所要做的就是向目标飞奔。我们可以从他的历史中看到为了成功而不惜一切代价的逸事；然而，千万不要把他看成是残酷无情的人；而是应该把他看做一个相信自己的意志且无所不能的人；他不嗜好鲜血，但是也不吝惜鲜血——永远勇猛向前。他看到的只是目标，障碍是必须为他让路的。

拿破仑是一个足智多谋的人，因此每一个障碍都会烟消云散。"不会有阿尔卑斯山"他说。于是他爬上了最陡的山崖，从巴黎到意大利就像是到法国的任何一个城市一样畅通无阻。他用他的筋骨制造了皇冠，他一旦决定要干什么，他就会全力以赴地干，不遗余力。

如果战争是调解国内矛盾的最佳方式，那么拿破仑把它付诸实行也就顺理成章了。他说："战争的原则就是一支军队要日日夜夜、时时刻刻准备战斗。"他从来不吝惜他的弹药，而是向敌方的阵地上猛射——炮弹、子弹——消灭所有的敌人。凡是进行抵抗的地方，他都会集中优势的兵力，直到彻底消灭抵抗为止。

在耶拿战役开始的前两天，拿破仑在荷尔施泰因对一个狙击骑兵团讲话说："我的小伙子们，你们千万不要怕死；军人一旦拼死决斗，那么他们也就把死亡赶到了敌人的队伍里。"在短兵相接的激战中，他会把生死置之度外。他总是能够极大地发挥自己的潜能。显而易见，在意大利，他做了力所能及的一切。他有好几次都陷入了千钧一发的险境，险些丧命沙场。在阿尔科拉，他身陷沼泽之中。在混战中，奥地利军队把他和他的部队冲散了，有人奋不顾身把他营救了出来。在罗纳托和别的地方，他差点儿被俘。他参加过六十多次战斗，却从来都没有厌烦。每一次胜利对他都是新的激励。"我的权力如果没有新的胜利加以支持的话，很快就会倒台的。征服造就了我这样一个人，所以必须用进一步的征服来滋养我。"他像每个聪明人一样，感到生命需要创造，也同样需要保护。我们总是处在危险的境地，总是处在恶劣的环境中，甚至就在毁灭的边缘，只有靠创造和勇气来拯救自己。

这种精神是由最冷静的谨慎和最准确的把握锻炼出来的。他在进攻时势如破竹，在防守时固若金汤。他的进攻决不是凭借灵感，而是精心思考的结果，他认为最好的防守就是进攻。他说："我有很大的野心，但是我的头脑又是冷静的。"他在和拉斯卡斯的一次谈话中说："至于勇气，我每时每刻都具有，没有经过准备的勇气，那是在意想不到的场合所必不可少的；尽管有最意想不到的事件，但是却允许有判断和决定的自由。"他毫不隐瞒自己具有这种勇气，而且他认为在这一方面很少有人能够与他相抗衡。

他所做的一切都取决于他的运筹帷幄，谁也不能够比他的计算更准确。他甚至会不厌其烦地去过问最琐碎的事情。拿破仑说过，"在德贝洛，我命令克勒曼用八百骑兵进攻，奥地利的骑兵眼睁睁地看着这八百骑兵冲散了匈牙利的六千掷弹兵。而这支奥地利骑兵需要一刻钟才能进人阵地；就是这一刻钟决定了一场战役的命运。""在开战之前，拿破仑很少想假如成功会怎样，他应当做些什么，他想到更多的是如果失败，他应当做些什么。"

唯一的依赖

谨慎和良知是拿破仑最重要的特点。他在杜伊勒里宫给他的秘书做了一个值得我们借鉴的指示："在夜里，请你尽可能少地到我的寝室里来。如果你有什么好消息要报告我，那么也不要叫醒我，那样的事是不用着急的。但是如果你带来的是坏消息，那么就立即把我唤醒，因为这样的事一刻也不能耽搁。"拿破仑在意大利担任将军时，经常要处理多如牛毛的信件，他也采取了同样的措施。他曾经指示他的秘书一连三个星期都不要拆看任何的信件，然后他十分得意地说，大部分信件中的问题都已经自行处理了，再也不需要回信了。他的办事效率是非常高的，因此他也在无形中提高了自己的能力。历史上有过许多才干非凡的国王，从尤利西斯到奥兰治的威廉，可是没有哪个人能够达到拿破仑成就的十分之一。

除了这些天赋之外，他低微的出身也成了他的长处。即使是到了晚年，他想给他的皇冠和徽章加上贵族的标志。但是，他仍然毫不掩饰自己对世袭国王的蔑视，他毫不客气地把波旁王朝的国王们称做"世袭的蠢驴"。他说："他们在流放的过程中，他们什么也没有学到，但是也什么都没有忘记。"在拿破仑服役期间，他干过所有的军阶，他在当皇帝之前也不过只是一个平民，因此他对平民的权利和义务是谙熟在胸的。那些跟他打过交道的人都会发现不能够把意见强加给他，他极力坚持自己的主见，从不动摇。

　　虽然在具体的事情上，拿破仑和人民的步调是一致的，但是他的真正力量却包含在他的这样一种信念中：由于他的天才和奋斗目标，他成为了人民的代言人。他就像法国的雅各宾党人一样，清楚地知道怎样来对人民宣扬自由和平等的思想。他是人民中间的一员，而不是那种吸血鬼。古老、顽固、封建的法兰西在他的带领下变成了一个年轻的开拓者；那些对这位新君主的严厉措施感到伤脑筋的人，也同样原谅了他的所作所为，把这些行为视为是驱逐压迫者所必不可少的措施。在法兰西全国上下的所有英才，不分亲疏，不论高低贵贱，统统都支持拿破仑，并把他视作他们天然的保护神来保卫。1814 年，有人说要依靠上流阶层，拿破仑对左右说："先生们，在我现在所处的境况下，我所唯一能够依赖的就是巴黎市郊的贱民。"

　　拿破仑尊重人才，到处招贤纳士；他蔑视平庸的人，主张任人唯贤。在他的统治之下，将领的每一种优点都被他发现并被他发扬光大。在他统治那个时代里，有十七个人从普通士兵被擢升为伯爵、公爵或将军；他的十字勋章只奖励那些勇敢的人们，而并不是留给家族后代的。"当士兵经受了战火的洗礼以后，他们在我的心目中就都是英雄。"

　　在愚蠢、犹豫、懒惰遍地都是的时代，我们庆幸拥有了这样一位坚强的人物，他大胆地利用各种时机，并且不断地向我们显示，一个普通的人只是在较小的程度上运用他所具有的那些德行就可以成就一番丰功伟业；也就是说，人们通过自己的品格，通过身先士卒的行动，通过勇气和坚定的精神，就可以战胜一切。他的能力并没有表现在任何狂放或越轨的行为上；也没有表现在非凡的劝说能力上；而是表现在面对紧急关头时对常识的运用上。他的训诫就是生活经常留给我们的教训——总是留有余地。在他出现的时候，所有的军人都坚信，战争中是不会有什么新鲜东西的。就像今天的人们所相信的：在政治、教会、文学、贸易、耕作或者我们的社会习俗中没有什么新鲜的东西一样。

拿破仑依靠自己的感觉，别人有什么样感觉他是丝毫也不会在意的。世人对待他的创意就像对待每个人的新花样一样，人们会设置一切障碍，然而他对他们的反对却总是嗤之以鼻。他说："陆军司令所面对的困难就是必须让军队的人马吃饱喝足。如果不能够满足这些最起码的要求，那么他就会寸步难行，他的远征也必将溃败。"在翻越阿尔卑斯山时，所有的人都认为那种做法是不切合实际的。而拿破仑却说："冬天是翻越崇山峻岭最有利的季节。因为那时候积雪坚硬，天气晴朗，根本就不用担心雪崩，而雪崩才是阿尔卑斯山中最令人恐惧的、唯一的、真正的危险。在这些高山上，冬天的天气干冷晴朗，空气也是极其宁静的。"

在所有的战斗中，当最勇敢的部队作出了最大的努力之后，在我们感到恐惧时也就说明时机已经到了。之所以会让我们产生恐惧，就是因为他们对自己的勇气缺乏足够的信心；要恢复信心仅仅是需要一点微小的机会，一种借口。这其中所包含的艺术就是要创造机会，制造借口。在阿尔科拉，我只用二十五名骑兵就打了胜仗。那是因为我抓住了敌人倦怠的时机，给了每个人一只军号，用这么一些人就赢得了胜利。事实证明两强相遇勇者胜的道理。一个身经百战的人，他可以很容易地识别那种战机，容易得就像做一加一的数学题一样。这就是拿破仑的制胜之道。

世界源于你的思想

　　我想任何人也不可以违反他的天性。他的意气风发受他存在的规律的牵连，就像安第斯山与喜马拉雅山虽然连绵不绝，在地球的曲线里仍显得十分渺小。不管你如何估价、对那个人进行考验，都无任何关系。某人的性格就如同一节离合体或亚历山大形式的诗歌——将它正着读，反着读，或者斜着读，拼出的字全是相同的。上帝准许我过这样的让人愉快、深表忏悔的林中生活，在此种生活里，我不会瞻前顾后，不过是将我真诚的思想每天记录下来，我一点也不怀疑，人们就会发出种种思想的对称和谐，虽然我无意这样，也无法看出它具备这样的性质。我的书应该散发出松树的芬芳，回旋着昆虫的鸣叫。我窗前的燕子应将它嘴上衔的线头、草茎也编织进我的网里。我们是怎样的，别人也便会将我们看成怎样。性格的教育作用远高于我们的意志。人们总觉得他们不过是凭借外部的行动来传递他们的善恶，却不知道善或恶时时刻都散发着某种气息。

　　虽然行为变化多端，可是总会有某种一致性，如此，它们关键的时刻，所有行动都会表现得既真诚又自然。不管行为看上去有多么大的差别，可因为出于一个意愿，所以依旧会表现得十分和谐。那样的差异在思想保持某种距离或高度的时候，便无法看出来。它们被某种趋势联成一体了。最为精良的船只的航程也是曲曲折折的。假如远远观看这条航线，它就会变直，同平均趋势相接近。你真正的行动不单会将你自己解释清楚，而且还会将你别的真正的行动解释清楚。你的顺从却解释不了任何东西。独自行动吧，现在你一个人的所作所为便能证明你是正确的。伟大就是向未来求助的。假如今天我很坚定，将事情做对了，甚至瞧不起他人的眼光，那证明我曾经绝对做对了好多事情，为的就是现今给自己辩护。无论以后怎样，现在把事做正确了。要是一直蔑视外表，那你任何时候都能将事情做对。性格的力量是一点点积累起来的。它们的兴旺被曾经美好的岁月全部注入今天。是什么造就了议会与战场上的英雄们的威武不屈，它是这样让人心潮澎湃？是对往日许多伟大的日子与胜利的意识。这些伟大的日子同胜利结合成了一束光芒，照亮了英勇前进的行动者。他如同被一群看得见的天使所护送着。恰恰是这样的东西将雷霆送到了查塔姆伯爵的声音，把威严送进了华盛顿的举止，让美国进入了亚当斯的眼帘。就我们而言，荣誉让人肃然起敬，由于它并非昙花一现的东西。它从来都是古老的美德。之所以我们现在崇拜它，就因为它不属于现在。我们对他表示热爱与敬仰，由于它并非捕捉我们热爱和敬仰的陷阱，而是可以自力更生，所以有着某种古老纯洁的血统，就算是体现在一位年轻人身上，也是这样。

那就让这个人将自己的价值认清，把世间万物都踩在其脚下。在这为他而存在的世上，希望他不要如同慈善堂的孤儿、私生子，又或是爱管闲事的人那般缩头缩脑、鬼鬼祟祟、偷偷摸摸。可是某个街上的一般人望着某座高塔或是一座大理石雕神像，就会自闭不如，由于他觉得自己身上不拥有同造塔与雕像相匹敌的价值。他觉得，一所宫殿，一尊雕像，就算是一本有用的书，都拥有某种将别人拒之门外的傲然神气，十分像某套华丽的装饰用具，仿佛对人这样说："先生，你是什么人呀？"事实上这全部都归他，它们要得到他的光顾，期望他施展才干将它们占为己有。那幅画等我去鉴赏，它并非对我发号施令，而是让我来决定它有没有值得称赞的价值。有个人尽皆知的寓言，说的是一位酒鬼酩酊大醉，在街上躺着，人们把他抬到公爵的府上，先为他梳洗、打扮，随后他又被安顿到公爵床上，当他醒过来的时候，俨然被当成了一位公爵，人们尽可能地阿谀奉承，而且向他保证，他好几次都显得神志不清晰。这一寓言为何受人好评与欢迎，就是因为它栩栩如生地象征了人的处境，人活在这个世上，就是一个醉鬼，不过有时会清醒过来，通过他的理性，明白原来自己是位真正的王子。

我们读书等同于乞讨，寄生。在历史上，我们的想象把我们给欺骗了。王国与贵族，权势与庄园，相比小门户与日常工作中的平民百姓约翰与爱德华来，是些更为冠冕堂皇的字眼；然而就两者来说，生活中的事情是一样的；两者总数相同。为何要将阿尔费烈德、斯堪德贝与古斯塔夫顶礼膜拜呢？即便他们功德盖世，莫非天下的恩德都被他们穷尽？现在一个人的得失全凭借你个人的行为，就如同曾经要依靠追随他们举世闻名的步伐一般。只要老百姓依照独到的见解做事，光辉便要从国王的所作所为转移到仁人志士的所作所为上去了。

国王们一直引导着世界，他们如同磁石一般将全部国家的注意力都吸引过来。这一伟大的象征谆谆告诫说，人同人之间应彼此尊重。国王，那伟大或高尚的业主，依照他自己的法律在人群中活动，制定自己衡度人事的标准，将他人的标准推翻，谁做善事给的报酬是荣誉而不是金钱，且以朕代法。对上面所讲述的诸多做法，人们都是听之任之，他们表现出来的衷心耿耿就相当于某种象形文字，人们模糊地把他作为自己权利与体面的象征，也便是所有平民百姓的权利的意识。

第**5**篇

多给自己一次机会

对成功理念的解读

　　自信是成功的第一要诀，你应当相信你的存在是大自然注定的，她赋予了你神圣的使命。她想要看到的并非是那些为了取得那些看似耀眼、哗众取宠的成绩，而是希望你勤奋工作，朝着正确的方向发展。

　　细心观察生活可以让我们透视这个光明的世界。无论在什么地方，只要有可贵的情感，就会有普照我们脸庞和房屋的阳光。那些善于动脑的人则是具有神奇而不可限量的力量。

　　如果一个人能够对生活保持敏感，并且快乐地生活着，去实现真正意义上的生活，不一味地索取，而是容易知足，精神放松，志存高远，那么他就可能会成为一个集体或社会的领导者；而他的与众不同，也能够得到别人的认可和称赞。我们强健并不是由于我们有穿透一切的力量，而是由于我们是互相关联的，缺一不可。这个世界也不是因为新物质的出现而渐渐富有的，而是我们每人之间的联系越来越密切了。

　　聪明的人往往会选择正确的、先进和确定的东西。假如有许多的莎士比亚、荷马和耶稣，那么他们肯定不会成功。但是我们必须确信，真诚和友善是成功不可缺少的条件。一个人生活在这个世界上，他的理论是并不重要的，关键的是你能够为人类添加些什么财富，或者你是如何度过你的生命的？一个人只有当他给别人带来快乐时才可以说是真正意义上的人。

在通向成功的道路上，还有一些细节也是不容忽视的。不要在你的房间里挂令人沮丧的画，不要在你的交谈中表现出忧郁和忧伤，不要愤世嫉俗，不要悲哀，也不要叹息。让那些不愉快都离你而去吧，鼓起勇气，打起精神，不要把时间浪费在沮丧之中，不要在乎那些不愉快的事情，应该多去向往那些美好的事物。当你有发表言论的机会时，应该停止你的满腹牢骚和不满，因为对所有的事情都斤斤计较对你是毫无帮助的。我们应该相信"上帝赐予我们礼物，希望总在我们身边。"

成功的道路坎坷崎岖，所以我们需要爱的呵护，爱就是乐观、就是积极向上。爱越多，人与人之间就越能够增进相互间的了解和理解。就像热量对应着物质，爱心对应着意识。爱心能够使人充满力量和信心，给人指引前进的方向，就像是大海上漂泊的小船可以乘风破浪，带着乘客走进大海，到达目的地一样。保持清醒的头脑，拥有良好的价值观，培养正确的感知力和判断力，丢掉那些不良的习惯，这才是我们奋斗的目标。

在生活和事业上失意的人，只会注视着那些痛苦的事情，他们让希望和勇气窒息，总是迈着沉重的步伐，带着过于成熟的心态返回家园。他们在一瞬间就能暗示自己是一个可怜的人。当他们渴望得到一些事物时，都不可能正确地表达出自己的愿望。或者在他们有了成功的希望时，却又犹豫不前。他们总是处在这样一种尴尬和厌烦的境地，他们不能学习，不善于思考，懦弱，满足于一般的判断力，仅愿意去做那些他们确信无疑的事情。他们讽刺、怀疑、故作聪明，只会使他们那微薄希望越加的渺茫，也就减缓了努力的步伐，离成功越来越远。

迄今为止，还没有一个清单能够罗列出人类全部的才能，如果有，那也必定会成为一部超越《圣经》的宝典。但事实上，谁又能够为人类的力量划出一个界限呢？即使是有人能够借助他们强大的吸引力来带动整个国家，甚至是整个人类的活动；但是即使有这样的人，那么他们的磁力是否会如此的强劲，大到足以吸收物质和自然的能量，而且，不管他们出现在哪里，都能够组织起巨大的力量，难道这就是人类最终的目标吗？

世界是五彩缤纷的，主要的原因，就在于生命对力量的追寻。这种追寻是无处不在的，而且只要一个人能够诚挚地去追求，那么他就不会一无所获。因此，每个人都应该珍视他的经历，珍视他所拥有的，因为，这些就是一笔宝藏；如果这些宝藏能够转变为力量并给予他，那么他就能够继续走下去，继续去拥有，生命也就因此而不断前行。如果他能够很好地利用这笔宝藏，那么他就能够从中分享到人生无上的乐趣。

耕耘的人不但拥有智慧而且勇于实践，这就是人类所追求的目标，而对于人类意志的培养则是地质学和天文学所开的花，所结的果。

所有的成功者都拥有一个共同点，那就是他们都是信仰宇宙运行因果规律的人。他们相信，自始至终，事物的发展依靠的是对规律的遵循，而不是靠运气。这种对因果规律、对人类生存的法则以及对于报偿、对于"无中生有"的信仰，都贯彻在成功者有价值的想法之中，并且制约着这些上进者的每一次努力。

最英勇的男人也一定是最信仰法则力量的男人。拿破仑说，"能够成为伟大的统帅的人，就是那些遵守战斗规则，而又能够针对人的不同愿望，进行相应调整的人。"正如拿破仑所说的那样，对于某个时代而言，最要紧的问题可能在这，也可能在那，但是对所有的时代而言，有一点则是共同的，那就是我们的力量。我们必须把成功看做是某种力量所带来的必然结果。

成功是内在性的，因为它不但与身体和头脑的状况有关，还和工作的强度、人的勇气有关，这就像人们很难发现一件商品能够始终处于有利的销售环境中一样，因为市场是经常处于饱和状态的，因此要想成功地销售这件商品，那么就必须克服种种的不利因素，而这一切，都在推动着世界的发展。

当米歇尔·安吉洛，一个土著人，出现在极其文明的环境下，出现在某些精通高超艺术的专家面前时，他就要给人们带来意外的惊喜。当时他被强迫在西斯廷的小礼拜堂里画壁画，他是一个完全不懂艺术的人，但是他居然走进梵蒂冈旁边的保罗花园，用铲子挖出赭色的、红色的、黄色的土，亲手用胶和水把它们混和起来。在经过许多次试验以后，他终于满意了，爬上梯子开始作画，一周又一周，一个月又一个月，画女巫，画预言者。米歇尔不但精力超人，而且在智力和优雅上，也都胜过了他的后继者。米歇尔惯于草拟被画者的骨架，然后再给他们加上肉体和衣服，最后则用布帘盖住他们。

一个勇敢的画家在看到他的举动之后，对我说："如果一个人失败了，那么你就会发现他做梦的时间肯定比工作的时间要多。"在艺术界，只有当你脱下外衣，磨碎颜料，像一个铁路边的挖地工一样，每天坚持工作，你才有可能获得成功。也就是说：一个盎司的力量只能够换来一盎司的梦想。

要想成功，我们就必须果断地停止混杂的行为，将力量集中在一点或几个点上，就像园丁一样，总是严格地剪枝、迫使树液进入到一个或两个健壮的枝条之中，而不是让它进入所有的树枝内。

你必须选定你的工作，做一些你力所能及的事情，而舍弃其他的东西，只有这样精力才能够集中，才能够完成从认知到实行的过程。不管一个人有多少才能，从知到行这一步都是非走不可的。这是走向成功的一个转折点。

诗人坎贝尔说："一个人能够沉醉于工作之中，这本身就是一个伟大的成就。因为对他自己而言，工作才是他的必需品，而不是灵感，工作就是推动他前进的缪斯女神。"

好的法官并不会对每项辩解都去作条分缕析的判断，而只把目光集中在实质性的辩解上。好的律师也并不是对事故的每个方面，每个角度都极其关注，都去加以证明，而是投身于最核心的、能够使他的辩护取得胜利的方面。

成功并不神秘，它就像我们在工厂里编织的棉布那样普通。只要我们不断地训练，增进自己的技巧和能力，成功也就指日可待。

性格即命运，性格可以超乎我们的意志之上来指导我们的思想和行为。别人对我们的看法并不能够改变我们本来的样子。人们都以为美德或恶行只能够通过他们公开的行为表现出来的，其实，人的美德或恶行每时每刻都会从他的身上显现出来。

所有的行动之间都存在着一种一致性，由于它们都是归属于一个意志，所以不管它们表面上的差别有多么大，这些行动都是和谐一致的。如果从一定的距离，或者从一定的思想高度来看，这些差异是会逐渐缩小直至消失的。你的一个真诚的行为就能够解释这个行为本身，也能解释你的其他行为。我们要相信，走自己的路吧，认真而真诚地去做每一件事，那么事实将会主动地站出来为你辩护。

如果你有足够的力量来做一件事情而且并不在乎别人如何评价，那么这将会为你增光添彩。让别人说去吧，你只要好好干就是了。人们常常会轻视外表，你可能也是这样的。性格的力量要靠平时的积累。一种美德的出现，并不是突然出现的，它在此之前的日子就已经开始积累了。

我们要痛斥那些平庸的和不思进取的人生态度，让我们面对社会习俗、事务和政治活动，指出这样一个事实——一个真正从事劳动的人就是一个伟大的、可以信赖的思想者和行动者，一个真正的人不属于任何其他的时间和空间，他永远都处于社会的中心。他出现在哪里，真理就会出现在哪里。他就是一个标准，衡量着所有的人和事。

社会中的每个个体都会让我们想起其他的东西或其他的人。人必须自强自立，这样一来，任何环境对他来说就都会显得无关紧要了。每个真正的人其实都是一个自信自立的典范。恺撒出生了，在以后的日子里，我们就有了一位伟大的罗马皇帝。基督诞生了，千万人的心灵因他的教导下成长。因此，一个人知道他自己存在的价值，把一切事物都了然于胸，就可以做到自助自立了。

然而，当一个人置身于街上熙熙攘攘的人群之中，由于他看不到自己的价值，由于他看不到自己具有建起一座塔，雕刻出一尊大理石神像的力量，所以当他们看到一座塔和一尊石像时就会感到自惭形秽。在这样的人看来，一座宫殿，一尊雕像或者是一本价格昂贵的书籍都显示出一种拒他于千里之外的神情，它们都好像是一辆装饰华美的马车，驾车的人在对他说："先生，你也配坐这车？"而事实上，他完全有能力创造这一切，重要的就是看他是否努力。

如果我们用片面的方法阅读书籍，那么我们得到的就会是片面的知识。在阅读历史时，我们的想象力常常会把历史想象得面目全非。"王国"与"贵族"、"权力"与"财产"似乎要比安静地生活和做着平凡工作的约翰与爱德华更具有吸引力。然而生活的内容对于每个人都是一样的。确实，品德高尚的人是富有德行的，但是他们能够垄断所有的德行吗？我们要依据自己的意志独自行事，而不是跟随在那些著名人物的身后，这是一个不言自明的问题。当名不见经传的人们与那些帝王怀着同样的目的行动时，帝王的行动所散发出的王者风范也就可以体现在一般人的行动中。

当我们在探究人们自信自立的理由时，所有人格魅力就可以得到解释了。谁是被信赖的人？什么是可以依赖的？那种困扰科学的本性和力量又是什么呢？——如果一个人的行动显现出独立的意象，那么它就会把一束美的光芒投射在这个行动上，即使这个行动是平淡无奇的，而且是并不高尚的，但它却可以显示出我们自身的力量。

　　我们不应该总是把精力放在几本书和几件事情上。我们应该把全部的身心地投入到生活之中，一切都要以实际的生活为准，而不是生活在虚伪中。如果我们的生活是真实的，我们也就能够把社会看得更加透彻和真实。这就像一个强大的人要表现得非常强大，与一个软弱的人表现得非常软弱一样容易。当我们拥有新的思想时，我们将会高兴地把过去的思想当做破旧的废物抛弃掉。

不要回避自己的弱点

　　童话里的雄鹿爱慕他那两支漂亮的鹿角而厌恶他的双脚，但是当猎人过来的时候。他的双脚才让他得救了，而后来在荆棘丛林中，漂亮的双角却成了逃命的绊脚石最终因为那美丽的双角而丧命。

　　每个人在他的生命历程中都应该感激自己的缺点。因为一个人只有在与现实抗争的时候才会真正领悟到真理的内涵，所以，只有当一个人在经历了自负与优越感的痛苦或体会过逆境给自己所带来的磨炼与成功的时候，他才能够真正领会到顺境与逆境的意义所在。性格上的弱点就一定不利于他在这个社会上生存吗？并不是这样的，我们要学会自得其乐并养成自我帮助的习惯，就像受伤的牡蛎，会用自己的珍珠来修复受伤的脊背。

　　其实我们的力量源泉就是我们自己的弱点。目标本身就带有神秘的力量，但是这只有当我们受到刀戳的刺激和最后的攻击的时候才会领悟到。伟大的人物总是甘于做个默默无闻的人，但是当他坐在舒适的环境里享受的时候却开始打瞌睡了。当他被驱使、被折磨和遭受了挫折的时候，他也就获得了新的学习机会；增长了智慧，同时也会使自己变得成熟起来；也懂得了现实，认识到自己的无知；也从自负的狂热中得到醒悟；使自己得到了调试从而获得真正的技艺。聪明的人

233

喜欢把自己投到攻击者的一方，从对抗中找出自己的弱点远比挑剔别人的毛病要有利得多。当有机会取胜的时候就要抓住时机反败为胜。

责备远比表扬安全得多，只要别人所说的一切是针对我的，那么我就有成功的信心。而当甜言蜜语和褒扬的词句铺天盖地向我冲过来时，那也就意味着在我前进的道路上已经有了敌人的埋伏。总之，只要那些恶意不是让我们去做牺牲品，那就是我们的恩人。而敌人的力量即使再勇猛也只是用于戕害他们自己的武器而已，这样我们就获得了抵抗无谓的愚蠢和诱惑的非凡的力量。

任何事物都是具有两面性的：有善意的一面，也有邪恶的一面。就像每次利润的获取同样包含着税收的义务一样，我们得学会满足，因为补偿的教义并不是冷漠无情的教义。无论是善意还是邪恶，结果只有一个；如果我赢得任何好处我就必须付出相应的价值；如果我丧失某种利益，那么就会从另外的地方得到补偿。

在灵魂的深处其实还有一个比补偿更为深层的事实，那就是机智，这是它的本质所在。灵魂的存在并不是一种补偿，而是一种生命的所在。灵魂就是灵魂，在波涛汹涌的海面上，水流与波浪保持着完美的平衡，生命的灵魂就生存在那非宗教化的深渊里，他们其实是一个不可分割的整体。存在就是广泛意义上的肯定，即使是排除否定和自我平衡，也不可能包容一切的关系和组成部分。

利益的获得是明显的，而义务的承担也是肯定的。但是，存在于补偿法则中的真知是不需要承担任何赋税义务的，这种真知并不是掘地寻宝。我带着宁静而永恒的和平愉悦，享受着生活的平静。我尽力地压缩着可能会伤害到我的界限。我明白了圣·伯纳德智慧的内涵——"除了自己，没有其他的人或东西可以使自己受到伤害；自己的弱点才是使自己成为受害者的根源所在"。灵魂的本质就是对不平等状态的一种补偿。

人性悲剧的根本似乎就在于对"更多"与"更少"这两个概念的区分。为什么得到"更少"却不感觉痛苦；而失去"更多"又怎么会不觉得义愤和敌意呢？看看那些缺乏能力的人，他们对自己的悲哀全然不知。为什么会这样？因为他总是在逃避别人的目光，他担心自己会责备上帝。那么他们又应该做些什么呢？表面上看起来似乎是很不公平的。但是当你能够洞察到最深层的事实的时候，这一系列的不平等也就荡然无存了。就像炽热的太阳可以融化大海里的冰山一样，是爱的温暖消解了人世间的不公。所有的人其实都有着一个共同的心和灵魂。他的不幸其实也就意味着我的苦难，而他的苦难也就是我的不幸。我就是我自己的兄弟，我的兄弟也就是我自己。即使你感觉到自己是生活在邻居和朋友的阴影下或者极度的优越感中，你仍然可以付出你的爱心；这样你也同样能够获得他人的关爱；只有付出爱心的人才会拥有爱的华彩乐章。

自助

接受命运的多霾

这个世界上一直都有所谓的命运的存在，又或是说，世界有它赖以生存发展的法则。然而，倘若确实存在着某一无法抵挡的意志，倘若我们一定要去接受命运，这样的话我们就同样一定要对自由以及人生的意义加以肯定，除此之外还要肯定责任的崇高还有性格的力量。

乔叟在《武士的故事》中曾经这样写道："命运之神，世间万物的主教，掌管着上帝所预示的全部旦夕祸福，他是那样的威严。尽管世人发誓要违背他的意旨，可是，无论孰是孰非，不管经过了多少岁月的变迁，却依旧显应。是的，在人世间，我们全部的嗜欲，是战是和，是爱是恨，无一不受上天的安排。"希腊悲剧也同样表达了相同的含义："凡命中注定的东西一定会发生，没有人能够逾越主神朱庇特那宽广无边的心灵。"

大自然一点也不多愁善感，当然也不会宠爱或者娇惯我们。这个世上的凶险与残忍我们一定要看到，大自然不会在意溺毙一名男人或是女人，反而，它会如同吞下一粒灰尘那般吞掉你的船儿。寒冷并不会体恤人们，它如同针一般刺痛你的血液，将你的双脚麻木，直到你冻僵为止。病魔、风雪、闪电、雷鸣一定不会尊重任何人。老虎还有别的嗜血如命的猛兽的猛咬，在蟒蛇拼死的缠绕下那骨头噼啪裂开的

236

动物全都在这个世界的系统之中存在。所有种类都要以牺牲别的种类的性命来安保自己的生存。我们所寄生在其中的这样一个星球，非常容易受到来自彗星的震荡还有别的星球的动摇；地震、火山、以及气候的变化，都可以把它劈开撕碎。开发森林使江河变得干涸，河床的变化引起了城镇的坍塌。里斯本的一场地震，在短短几分钟让数不清的人被压成碎泥；西非恶劣的气候，仿佛钢刀一样肆意屠戮着人类；对于一些原始部落来说，霍乱、天灾就像霜冻之于蟋蟀一样。天道与神意，绝对也有一条野蛮的、弯曲的、预测不到的道路，通往它的目的地。

或许你会说，对人类存在威胁的灾难无非是些例外，我们无须天天都去担忧这天崩地裂的灾变。话虽这样说，可是，只要发生过一次，就有再一次发生的可能性。并且，只要我们没法躲避这样一些打击，对它们我们便会心生恐惧。

可是，同那些时时刻刻都在悄悄作用在我们身上的法则的威力相比而言，这样的打击与破坏给我们造成的危害要逊色得多。在动物园里展览的动物，又或是它的椎骨的形状和力量，便是一部命运之书：鸟的喙、蛇的颅骨，就决定了它们自己的局限性。世界上的一切事物都会受到诸多条件的限制，没有任何一种是尽善尽美的。

曾经，人们企图将这座命运之山举起，企图将这样一种源自种类局限性的特症与自由的意志来进行调和。印度人说："命运不过是前生的所作所为。"在谢林某句胆大的陈述当中，我们发现了东西方巨大差异的思维中存在着的某一巧合的地方："任何一个人的身上都存在着某种感觉，他之所以是这样的，原因在于他生生世世都是这样，而一定不仅仅是今世这样而已。"

只要是对我们有所限制的事物，我们都把它们称为"命运"。如果我们野蛮凶狠，命运呈现出来的就会是恐怖残忍的状态；可是当我们变得高尚文雅起来之时，那些对我们加以限制的事物也便变得柔软温驯些。倘若我们的精神层次上升到了精神文化这一高度，那样的话，敌对势力也会以某种超凡脱俗的形式出现在我们面前。

自　助

　　古代斯堪的那维亚的天神用钢铁或者大山的重量制服不了芬里斯魔狼——它朝这一位天神猛扑过去，又踢走另外一位天神。因而天神们便在芬里斯魔狼的脚踝处绑上了一条比蚕丝还柔软得多的带子，如此一来就把它给降服了，它要是越踢蹬，带子便会缠绕得越紧。命运之环也是这样的柔软，却又如此的牢固。不管是白兰地或者是花蜜，不管是硫酸还是地狱的火焰或毒液，不管是诗情还是天才，都没有办法挣脱出这条柔软的带子。原因在于，假如我们赋予了命运以诗人在谈论它的时候所运用的那样一种崇高的意义，那么就算是思想也无法驾驭在命运之上。

别做命运的傀儡

在道德的世界里，命运如同一位复仇使者，它伸张正义，惩恶扬善。当正义不能伸张之时，它早晚都会给予一击。有好处的终究会延续，有坏处的终究会衰落。诗歌中吟唱道："上帝本身不会对邪恶的人施以任何善举。"

我们是如此追随着命运：在物质中，在心灵中，在道德中，在性格中。不管在任何地方，命运都是约束和局限。不过命运也有其统治者，也存在着限制它的极限。因为，虽然命运无涯，可力量——这个二元对立的世上的另一面事实——也是无穷无尽的。如果说命运紧紧跟随着力量、制约着力量，则力量也跟随着命运、对抗着命运，而且将命运的安排早晚推翻。

人也不可以忽视自由意志。不如冒昧地下一个前后不一的定义吧：自由便是必然。要是你愿意，你能够站在命运的一端，宣称命运便是一切。这样的话我们就要说：人的自由就是命运其中的一部分。在人的心灵当中，一直迸发着抉择和行动的力量。才智一直抵消命运。一个人只要在思考，那么他便是很自由的。

人不要总是盯着命运，而是要注重现实，这才是件对身心健康有好处的事情。人和那些现实事物的合理关系，应当是运用和支配它们，

239

而并非在其面前奴颜婢膝、瞻前顾后。先哲曾经说过："千万别注视自然，因为它叫做宿命。"太过考虑那些局限性将会产生卑琐。那些夸夸其谈定数、命运的人，处于某一更加低下与危险的环境里，并且是在触动自己所害怕的厄运。

曾经我提及到过那些富有英雄主义气概的民族，把他们看成骄傲的命运信仰者。他们和命运一起齐心合力，每每遭到事态变故之时，都可以忠实地顺从天命。不过，当弱者与懒惰的人持有这样的信条的时候，它带给别人的就是另外一种不一样的印象。只有那些软弱和阴险的人们，才会将过错归结于命运。倘若要正确地运用命运，就应把我们的行为上升到崇高的自然状态之下。让他意志坚定，毫不动摇，就好像其意志是用地球引力的绳索来固定的一样。什么力量也没有，也无任何劝说与贿赂，可以让他将自己的目的放弃。

对命运的最好的利用方式，即向大家提倡某一不畏生死的勇气。只要你知道自己是在命运之神的感召之下，你便会毫不畏惧地直面大海上的熊熊烈火，朋友家里发生的霍乱，自己家里出现的强盗，又或是你职责道路上的所有危险。假如你觉得命运对你不利，那么就算是为了你自己的利益，相信它吧。

因为，假如命运是这样的盛行，那么人也就是其中一部分，所以可以用命运来对抗命运。要是宇宙里有着这么多残忍的不测，那样的话，在抵抗命运之时，我们体内的原子也会一样凶残野蛮。某支用玻璃薄片所造的玻璃管，要是一样装满了海水，它便可以抵御海洋的震动和冲撞。如果冲击的力量是无限的，则它的反冲力也会一样有着无限的威力。

如果光进入了我们的眼睛，我们就能看到，要不然的话我们的眼前将是一片漆黑。倘若真理在我们的脑海里浮现，我们的内心便会醍醐灌顶。因而，我们就是立法人，我们就是大自然的代言人，我们就是预言家与占卜大师。

对于人类来说，就算是被命运所支配着，自由也是一定要有的。为了得到自由，就算是失去生命也在所不辞。不过，如果想要得到自由，那就不得不先拥有道德。

倘若我们了解到局限性是测量人们发展成长的仪器，那样的话我们要不就容忍它的存在。我们如同孩子们在父亲的房间里面对着那堵墙壁那般面对着我们的命运，年复一年地将他们的身高刻下。可是，当小男孩长大以后，他就会将那面墙壁推倒在地，建立起一面新的更为高大的墙。这仅仅是时间上的问题。所有勇敢的年轻人都正在接受训练，打算要骑上和驾驭命运这条巨龙。他的技巧是要把这些渴望与障碍力变成武器和翅膀。现今，面对命运和力量这二者，能否准许我们相信它们的统一性呢？

任何一股喷涌而出、而且对我们构成威胁，要将我们扑灭的混杂的浊流，都能够被智慧转换成有益的力量。命运是还没被人所认识的原理，海水将船只淹没，就仿佛淹没一粒尘埃。然而，只要会游泳，学会调整你自己的航向，那样的话，曾将人船淹没的波涛便会给你的船儿让路，承载着它扬帆前进。

正视自己的缺陷

一个人应该要感谢自己的缺陷，可是对他的才能却或多或少心存胆怯。某一超群绝伦的才能会消耗他过多的力量，让他变成残废，可是某种缺陷却会在其他方面带给他收益。忍耐是犹太人的标记，但现在这一特征已让犹太人变成了一个屹立在世界之上的强有力的伟大民族。倘若命运是矿石与采石场，倘若邪恶能够演化为善良，倘若局限性便是本该有的力量，倘若灾难、敌人、重负可以是翅膀与方法，那我们就妥协投降吧。

命运蕴涵着改善。人类进化至今，他的所有慷慨的行为，所有全新的感悟，所有从他自己的同伴那儿获得的爱和赞扬，都表明他已走出了命运，朝自由迈进。意志的发展已从不适合它生存的组织的桎梏与枷锁中解脱出来。这样的解放恰恰是世界的目的和方向。任何一次灾难都是一次激励与珍贵的启示。就算人类的努力没能完全奏效，但也可以说明某一趋向。

眼睛适于明亮，耳朵很适合刺激听觉的空气，双脚适于站在大地上，翅膀适于在天空飞翔，任何一种创造物都适于造物者在创造它们之时希望让它们生存的环境，它们彼此间的关系是和睦融洽的。任何一个地区都有它自己特定的动物群；一个动物和它的食物、它的敌人之间，都存在着某种不协调的关系。我们需要将这种平衡保持住，不准许在数目上有所增加或减少。这样的协调关系，对于人来说也一样的存在。

　　大自然逼迫所有的创造物都自己耕耘、自己生存……不管它是一个星球、一只动物、还是一棵树。星球自造其身，动物自己建造它的巢穴。只要有了生命，于是也就有了自我向导，因而也就有了对物质的吸收和运用。生命也就是自由，生命的长短同自由的长短成正比的关系。

　　这个世界的无穷奥秘在于人和事情之间的内在关联。个人创造了事件，事件同样也造就了个人，所说的"时期"与"时代"，难道不是那些成为了某个时代的缩影、有着卓越才能的人吗？比方说歌德、黑格尔、梅特涅、亚当斯、卡尔霍恩、基佐、皮尔、科布顿还包括别的一些人。个人同时代与事件间的关系，就如同某一动物和它的食物还包括它所利用的比较低等的动物种群间的关系一般。维持着某种和谐和适度。他觉得自己的命运是某一异己的力量，那原因在于两者的结合点是隐蔽的。任何一个人所做的事同他都是彼此相称的，事件便是他的灵肉之子。我们明白，命运的灵魂便是我们自己的灵魂，就好像哈菲兹所吟诵的那般：

　　　　唉！直到现今我才明白，
　　　　我的向导同命运的向导竟然是一体。

　　命运是某人的性格所结出来的果实，自然也就神奇地将人和他的命运联系在一起了。就仿佛鸭子喜欢在水边嬉戏，雄鹰热爱宽广无际的蓝天，涉水禽鸟在海边流连往返，猎人醉心山林，士兵由衷崇尚沙场。事件和人也是如此同根而生的。

　　人的命运就是他其品格所结出来的果实。一个人的朋友也就是此人的魅力所在。我们从希罗多德和普鲁塔克那儿追寻命运的例证，却不知道，事实上我们自己便是明证。所有人都会表现出他们天性里所

自 助

拥有的素质，在古老的信念当中，这一倾向早就有了表达：为了逃避自己的命运我们所作的诸多努力，最后的结果是我们只会将造就引向我们的命运。

有关人类情况的奥妙，有关命运、自由还有先知这些古老的疑惑，存在着某一解答疑惑的方法：也就是树立某种双重意识。一个人一定要轮流地骑在两匹马身上，其中一匹是他的个体属性，还有一匹就是他的公有属性。就如同是马戏场里的骑手一样，身手矫健地从一匹马跳到另外一匹马的身上，或是一只脚踩在这匹马的背上，另一只脚踩在那匹马的背上。

请你铭记这样一条训导：在全部大自然中，同时巧妙地存在着两种元素。不管你有着如何的残障，都会以某一形式的神力相随而来来作为补偿。善良的意图能让某个人突然间平添出无与伦比的力量。当有位天神想要骑乘之时，全部的碎石或者沙子都会绽蕾萌芽，长出有翼的脚，来给他提供坐骑。

把希望寄托在自己身上

　　本杰明博士帮助费城全体市民顺利地渡过了 1793 年的黄病热；哥白尼的天文学理论被勒威耶实践了，他将行星的具体位置推算了出来；还有好多优秀的妇女给军队建起了医院和学校。总而言之，在美国，我们有数之不尽的杰出人才在为人类的福利竭力地付出着。

　　对于他们，我们应心存感谢和崇敬之情，他们中的所有人都为我们的前进指引着方向。恰恰是这样一群优秀的人物，给人类的文明增添了一抹辉煌。

　　对于成功，有着不一样的衡量尺牍。同别的民族比较起来，我们民族的价值观，这里面包括对财富与成功的定义。人类有着活跃的思维，通常并不满足于现状。从孩提时代，撒克逊人就被教诲，任何事都要争第一名；挪威人就是永不止步的骑手、斗士以及自由主义者。我们可以从一首古代挪威民谣中了解到，这是一个执著地追求成功、不知疲倦的民族：

　　　　成功是最高的，

　　　　成功是最好的；

自 助

成功就在你的手里，

成功就在你的脚下；

成功就是同好人竞争、和坏人作斗。

亲爱的上帝啊，

他们永远不会闭上眼睛，

看啦，看啦，成功就在眼前！

我极端痛恨那些浅薄的人，他们要么期望运用借贷的手段成为富翁，要么梦想经由研究颅相学而有着经济学家的智慧；要么奢望不努力求学也可以成为智者，不做学徒也能够变成师傅；要么向人销售虚假货物；要么贿赂官员以便争取更多的选票。他们扬扬得意地觉得这就是所谓的成功，可是事实上，他们走上的却是一条犯罪之路。他们的行为，和自杀没有两样，是在堕落和将人类毁灭。我们经常自我吹嘘，渴望一夜成名，却没有重视那些真正重要与优秀的东西。曾经米开朗琪罗对自己有这样的评价："当我明白一切对上帝的美好的寄托都是虚无缥缈的时候，我才开始意识到，事实上世上的全部希望都在于我们自己。只有将希望寄托在自己身上，才是最可靠与安全的。"虽然我没法确信任何一个读者都支持我的看法，可是我猜想大部分人对我有关成功的第一准则都会认可——我们应该摒弃自我吹捧，诚恳地接受米开朗琪罗的教诲——"自信是最有价值、最让人信服的"。

我们所有人都拥有某一与生俱来的才能，所以我们要好好去把它加以利用。即便人们不太会去亲自做一切事情，比方说自己建造房子、自己打造锤子、自己烘制面包，可是我觉得，对于力所能及的事，一个人至少要尽力而为。

可惜我们经常不大信任自己，喜欢引用别人说过的话，迷信古老、权威的事物，非常愿意引进外来的宗教与法律。我们的法官通常不敢正面面对出现的新问题，却宁愿花费几个月、又或是几年的时间去找寻可以参照的先例。我们就是如此这般放弃独立思考的机会与责任的。因而，我们无法去执行自己既定的计划，也不了解该怎样去执行，原因在于我们不能从自己的鞋底将欧洲或者亚洲的尘土拂去。这个世界仿佛生下来就是陈旧的，全社会都在亲耳恭听，所有人都是效仿者。

自信是成功的第一要诀。你要相信，大自然安排了你存在的原因是：她要赋予你某种神圣的使命，因此你要努力工作，争取能够获得成功。可这一定不是在诱使你急于求成，取得那些看起来耀眼无比、哗众取宠的绩效，而是期望你可以努力工作，向正确方向发展。

善于用心地观察生活是成功的第二大法宝。人和人之所以存在智力上的高低差异，仅仅是因为大家对事物的敏感程度不一样而已，也可以说是对微小、十分细微、又或是极为细小的事物的鉴赏程度不一样而已。当学者或者是作家为某种思想、一首诗歌苦思苦想的时候，他应投入大自然的怀抱当中。在那里，他会找到在其文学或者是思想领域里从来没有过的事物。他会觉得，孩子们那清脆悦耳的哨声抑或是树枝上麻雀的鸣叫，便是一首美妙绝伦的诗歌。

我们要善于去同世界交流，要善于去总结大自然变化趋势与规律。在学习的过程中，如果我们遵循这样的启示，我们就会明白，知识不单单是那些新的定理，那种单一、呆板而有逻辑的表达式，它还包括用心的观察、睿智、道德敏感度还有正确的思想。

人和人间的差异程度在于感知力的不一样。亚里士多德、培根、康德的经典名言是哲学中的精髓，然而，这些被他们总结出的伟大名言，事实上是所有人都有过的体验，仅仅是他们灵敏地感知到了这些道理。

如果你想成为某一团体中的领导者，那样的话你就必须一直对生活持有一种敏锐的洞察力和乐观的心态，去实现某种真正的生活，并非一味索取，而是易知足、精神愉悦、志存高远。

我在报纸上看到了这样一则消息：那些曾听过查塔姆勋爵说话的人们觉得，这一位勋爵的身上散发着一种比他讲演的全部内容都还要优美的特质。这就是我们所讲的"性格"——人们身上所拥有的某种潜在力量，这种力量直接凭借风度来产生效用，也无须借助别的手段。她被人们想象成某种不可以被证明的力量。一位"精灵"或是"守护神"，人们受其冲动的引导。通常具有这种力量的人落落寡合，要么，就算他们恰好生性合群，也无需热络的人际关系，而仅仅是自得其乐。

再纯粹的文学才能，在某一时期里显得伟大，经过某段时期后就又会变得渺小了。可是，性格就像恒星，拥有某种没法减弱的伟大力量。他人的成就是凭借才华或是口才取得的，可这样一个人就是依靠着某种性格魅力来获得成功的。他的胜利的取得，凭借的是性格上的优势，而并非借助于大张旗鼓。

当伊俄勒被别人问及为何她会了解赫拉克勒斯是一位神之时，她这样回答道："我一看到他就觉得心满意足。当我看到忒修斯之时，我对他能够发起挑战，或是至少对进行战车比赛充满期待；可是，赫拉克勒斯无须这样，不管他是站立、行走、还是坐着、或者是干别的任何事情，他都可以获胜。"

为了将这个道理说得更为明白，我将会以更加现实的政治选举来举例，从那里我们就能够尽可能地理解性格的力量所拥有的前所未有的价值。人们明白，他们在其选举对象身上所要求的，不单单是他的才华，他们不能认为，只要将一位博学睿智、口若悬河的发言人给国会送去就算功德圆满了。也可以说，他们所需要的，是那种让他的才华取得信赖的力量。

一样的性格力量在贸易当中也有所表现。天才不单单会在政治、文学等领域中出现，也会在贸易方面出现。为何一个人会那么幸运，这是无任何道理可讲的，原因在于道理在那个人的身上。当你看见他的那个时候，你便能够非常容易地明白为什么他会获得成功，就仿佛当你看到拿破仑之时，你便会马上明白为何他会那么幸运一样。你一看到那个生下来就会做生意的商人，便会认为，与其说他是某一私人代理商，还不如说他代理的是大自然。他生性诚实，且颇具眼光，两者相结合就让他拥有了某一非比寻常的力量，这令他对耍弄花招不屑一顾。一个人一定要生下来就是做贸易的料，要不然他是学不会怎样成为一名杰出的商人的。

倘若这样的长处在目的较为单一的行动中出现就会更吸引人的眼球了。高尚的天性通过某一近似于催眠的能力将低劣的天性压倒了。人们相互在对方身上运用某种相似的玄奇力量。某位真正大师的影响，通常让全部的魔法故事都显得十分逼真可信！他的眼睛当中仿佛流淌着一条拥有震慑力的河川，在他的眼中，这条统摄之川淌入了一切注视着他的人的心里，这股猛烈的激流如同多瑙河一样，把他的思想传达、渗透给了他们，将一切的事件都染上了他的思想色彩。当孔奇尼的夫人被问及她是怎样对待玛丽·梅迪奇这个问题之时，她是这样回答的："不过是坚强之心给软弱的灵魂所施加的那影响而已。"

就像光与热一样，性格也是某种自然力，全部的大自然都在同它合作。为何有些人的存在我们可以感受到，可有些人的存在我们却无法感觉到呢？理由很简单，如同引力原理一样。真理就是存在的顶峰，正义就是把真理运用到具体事务当中。所有单独的自然现象全是依照它们所拥有的这种成分的纯洁性来进行级别分类的。纯洁无邪的意志从它们流向别的自然现象，就如同水从高处的容器朝低处的容器流一般。这样的自然力和其他的自然力是一样的，都是抗拒不了的。虽然有很多类似盗窃者逍遥法外、谎言有人相信这样的例子，不过，正义一定会获取最后的胜利，真理的特权，就是获得别人对它的信服。性格就是经由某种单一的自然媒介所能看到的此种道德秩序。

世界就是人的性格的某个物质基础，是人们性格演绎的某一舞台。某个健全的灵魂同正义与真理是步调一致的，仿佛磁铁与磁极保持一致一般。如此一来，在任何旁观者看来，它便是他们和太阳间的某一透明体，谁要朝太阳走，谁就一定朝向这个人走去。所以，对于所有不和他处在相同水平的人看来，它就是某一有着最高影响力的媒介。因此，有着性格力量的人就是他所属社会的良知。

对于环境的抵抗力就是衡量此种力量的自然标准。自然界的任何事物都具有两极：一个正极和一个负极。比方说男人和女人、精神和物质、南极和北极。精神作为正极，物质作为负极。意志为正极，行动为负极。我们能够将性格的天然位置看成是北极，但软弱的灵魂就被吸到南极或者是负极。他们的眼睛仅仅看着行为的利益，对于原则他们从来不会顾及，他们不想可爱，只想被别人爱。有一种性格的人非常喜欢听别人指正他的缺点，可还有一类性格的人却不喜欢听别人批评自己的缺点。

　　情形的改变补救不了性格的缺陷。我们扬言自己已将好多迷信摆脱了，可是，就算一些偶像已被我们打碎，可那也仅仅是偶像崇拜的一种转移罢了。尽管而今的我在复仇女神、天主教的炼狱或是加尔文主义进行审判的最后审判日的面前不再胆战心惊了——但是，倘若当我听到了别人的意见或是我们所以为的舆论，又或是在我收到攻击威胁、辱骂、恶邻、贫穷、残疾、革命、谋杀的谣言之时照样会发抖的话，那我又有什么长进呢？假如我仍然会紧张得发抖，那让我发抖的对象究竟是什么东西又会有怎样的关系呢？我们特有的恶按照性别、年龄或是人的气质所展现出了某一形式，假如我们会产生恐惧感，那样的话它就会随时出现。贪婪或者狠毒让我痛心不已，当我将他们归咎于其他人或者是整个社会的时候，实际上它就是源自我自己。

就我来看，性格所展现出的面目就是自给自足。我对有钱人士充满敬重，因为我觉得，他们不会孤单、不会贫困、不会离乡背井、不会闷闷不乐、不会是位普通顾客，却是一个永恒的主顾、一个恩人、一个十分幸福的人。性格便是中心，不能被置换或推翻。

我们的行为应严格地用我们的物质作为基础。世间万物都是依照它们的质、依照它们的量在产生效用，不会做自己做不到的事情，只有人例外。一切行动的力量都一定要以现实作为基础。所有建制都不会优越于创建者。

性格是最高的天性，模仿或者对抗它都徒然无功。

神圣的人就是天生的性格。大自然从来不会创造出两个一模一样的人。当我们看到某位伟人时，我们就会想着他和某一历史人物极为相似，甚至还会将他的性格和命运的结局进行预测。不过，他绝对会将我们的此种预言落空。

性格需要空间，不能经受人们的拥挤，也不能依照从忙碌的事务或诸多场合里所得到的见闻来给予判断。性格如同是一座雄伟的建筑物，应从远处来察看。

性格的光辉在黑暗中开始活动，营救那些一直没见过它的人们。我们将诸神与圣徒们的历史记载下来，再对其进行顶礼膜拜，可这一部历史，就是一部关于性格的古老文献。所有时代都会因某一青年的态度深感欣喜：他不把所有事情归咎于命运；为了最为神圣的事业，他情愿绞死在刑场上；他凭借自己那纯洁无暇的天性，将某种史诗般的光辉在自己身边照耀。他这样的态度，将会成为迄今为止我们所收获的最为硕大的果实。思想需某一种对感官的胜利，某种强大的性格力量，如此它才可以汇入山川、星辰和道德力量的川流当中。

倘若我们不能即刻就获取如此显赫的功绩，那最少让我们对它充满敬意。通常重要的优点是作为缺陷而给予占有的人的，这便需要我们在进行评估之时更为谨慎地做事。倘若我的朋友们无法了解某一优秀的品德，并未给它表示感激，给予热情的接待，那样的话我是没办法原谅他们的。到最后，我们日思夜想的事物最终到来了，从那遥远的天国放射出欢乐的光辉，照耀在我们的身上。到那个时候，以市井小人的庸俗、挑剔、无所事事与怀疑来对待如此尊贵的一位客人，于是将自己的低俗暴露出来。原因在于，他的此种做法，就仿佛是拒天国于千里之外一般。当灵魂没有了自知之明，也不晓得它的忠诚与宗教在什么地方、在适当之时，它便会陷入混乱和狂乱当中。

爱是将一切忍受、回避与激发。它对自己发誓说：在这个世上，宁愿做个可怜鬼、一个傻子，也不愿让所有屈从将自己那双洁白的双手玷污。当这样的爱来到我们的街头与住房前的时候，仅仅是那些心地善良、理想远大的人们，才可以认出它的脸庞。而他们对其表示赞美的唯一方法，就是将它占有。

尽管道德高尚的人与诗人们寻求不被干扰的隐居生活，可他的目标却是为了广大民众与整个世界。修养的奥妙，就是要让大家更为关注社会与公众，而并非他的个人价值。

我们应持有这样的一个信条：修养可以开启人类的审美意识，使我们的审美意识醒悟过来。也许我们能够修改这句话中的个别字眼，可信条的宗旨是无法变更的。如果一个人活着的目的仅仅是为了蝇头微利，那样的话他就同一个乞丐相差无几了。即便他能够成为社会这一机器上的某颗螺丝钉，不过他一定不可以说自己已将自我的价值实现了。每一天我都会为人们缺乏对美的洞察力而痛苦万分。他们对那种能够美化所有时刻和全部事物的魅力与力量不了解：风度的魅力、自我克制的魅力、仁爱的魅力。平静和欢乐是绅士的标志，那是某一拥有力量的宁静。希腊人的战争诗篇就是静穆的。无论英雄们进行哪一种暴烈行为，都会一直保持着一副神情自若的模样，就仿佛我们对尼亚加拉大瀑布进行的描绘：它镇定自若地从天而降。一张愉快而又睿智的脸庞，就是修养的最终目标，也是成功的明证，原因是，它象征着自然和智慧已经修成正果。

当我们把更高的天赋运用到日常活动当中时，沮丧与不快便会让位给自然且舒适的活动。美丽壮观的景色的感染、高耸巍峨的群山的威仪，可以把我们的愤怒平息，安抚我们的情绪。就算是座高大的殿宇、某一内部装饰华丽的教堂，对我们的行为举止也会产生显著的影响。我曾听说，当身处高悬的天花板下又或是宽敞明亮的大厅里，就算是局促不安的人也或多或少感受到一丝平和。我觉得，雕刻与绘画对于我们具有陶冶风度、消除急躁的功效。

不过，文化有着更加深刻的内涵，不单单对于那些目不识丁的人是这样，甚至对那些专家们来说也是这样。对于一个勇敢的人来说，这都是深刻的教训。我们一定要将自己那些戴着丑陋面具的朋友看清楚，要明白，人的一生中的最大的不幸，一般来自他的朋友们。

我们应如同平衡的流水一般去努力征服汹涌澎湃的急流。在这个世上，追求自我实现的人一定要品尝人生百味，他一定要容忍内心的仇恨，不记恨每一个人。他从不从外表上去判断别人，而是依照其能力的大小还有修养水平的高低来判断。

世界上的人们，如果他们生活的时间越长，就更加要去学会忍受人生的诸多逆境与磨难。任何一颗勇敢的心灵都一定要带着宝贵的童贞来对待我们的社会，一定不可以老于世故，用庸俗实用的风气来控制我们的社会。

如果爱，便带着欢笑与泪水去用心地爱；如果求索，就带着苦难与执著尽情地去求索；如果发生战争，就带着枪炮与勇敢去交战；倘若信奉基督教，就带着一颗仁慈之心去看待生活；倘若从事艺术，就要推出有独创性的作品；倘若从事科学研究，就带着激情去穿越广阔的时空，只有如此，他那日渐麻木的神经才可以再一次鲜活地跃动起来。让蝇虫破茧而出，让新的生命降临，而且得到自由——让我们将一条新的生活之路开辟出来，让我们高唱胜利的凯歌。

四足哺乳动物的时代已过去了，大脑与心灵的时代已来临，这也意味着某一理性的时代来临。人的修养源自所有事物，又可以把一切事物都改变。它可以把所有的障碍都转化成手段与工具，可以把全部的敌人都转化成力量。假如你可以从大自然整体的向上与向善的努力中洞悉到人们的未来，假如你可以察觉到在人类的身上也一样有着向善的动力，那样的话我们就可以断言：没有什么是你所不可战胜与改变的。总会有那么一天，修养就会消融混沌的世界和灼热的地狱。复仇女神会被它转变成缪斯，地狱会被它变成天堂。

只要我们开始研究自信的根源，所有原始行为所体现的那样的魅力便易如反掌地解决了。那得到信赖的人是哪一个？某种普通的依赖所基于的原始"自我"又是什么？那无视差与可测元素，让科学变得茫然的星星将美的光芒射入了猥琐恶劣的行为当中，那儿只要露出些比较独立的迹象，但它有怎样的性能呢？此种探究让我们穷本究源，原来那不但是天才的本质，而且也是美德与生命的本质，我们将其称为"自发性"或是"本能"。这种基本智慧被我们称做是"直觉"，以后的教导则全部是"传授"。在那样一种深邃的力量，也就是分析不了的最终事实里，所有的事物将他们共有的根源发现了。

　　由于生存感在寂静的时刻从灵魂中徐徐升起，我们却毫无觉察；它同世间万物，空间，跟光，时间，以及人不但无任何不一样，反而与其合二为一，并且，昭然若揭也是从其生命和存在所产生的相同的根源上产生的。我们首先来分享万事万物用以生存的生命，随后将世间万物看成自然界中的诸多现象，而将我们与他们拥有的相同的起因给忘记。这便是行动与思想的源泉。这便是产生赋予人智慧，只有不信上帝与无神论才予以否定的灵感的肺。我们在没有边界的智能怀抱里躺着，它让我们变成了其真理的接受器与活动的器官。在我们发现正义与真理的时候，我们什么事情都不主动做，而仅仅是让它的光辉通过罢了。如果我们问这是从哪来的，如果我们试图秘密探询致使万物起因的灵魂，所有哲学就成问题了。它是否存在就是我们可以证明的全部。所有人都能够将他心灵有意的行为与其无意的知觉加以区别，并且了解某一绝对的信仰应该归结于他那些没有意识的知觉。或许在表达那些知觉的时候他会出差错，但是他明白这些东西，仿佛白昼与黑夜一般，是不可以有任何争议的。

我蓄意已久的行动和获得仅仅是在漫游而已——没有任何根据的幻想，最细微的自然感情，支配着我的好奇心与崇敬之情。在陈述知觉与陈述意见的时候，不具备思想的人一样极易产生矛盾，又或是更加容易产生矛盾；由于他们无法区分知觉与观点。他们总觉得我想看见什么事就能看见什么事。不过知觉并非是异想天开的，而是无法避免的。假如我看见了某种特性，随后我的孩子们也会看到，到最后，全世界的人都会看到——尽管恰巧在我之前没人看见过它。因为我对它的知觉就像太阳那样，是件明晃晃的事实。

灵魂与神灵的关系十分纯洁，因而试图插足在里面予以帮助反而有亵渎的嫌疑。情况绝对是这样的：上帝在讲话之时，他传达的应该并非是一件事，而应将所有事都包括在内；他应让他的声音响彻整个世界；他应从现今思想的中心播撒出光明、自然、时间、灵魂，将一切从新开始，重新创造。万物的起因将它们融进了中心，并且在一般的奇迹当中，好多微小、特别的奇迹都消亡了。所以，假如一个人声称对上帝很了解，而且谈及对上帝的看法，并且让你回想起另外一个世界、另一国度的某一消失了的古老民族用语的时候，不要相信他的话。

表现圆满的与其说是橡树还不如说是橡实，某人将他成熟的存在浇铸到自己的父亲身上而并非孩子身上，所以，为什么这样崇拜过去呢？曾经的许许多多个世纪都在暗地里计划着反对灵魂的健全和权威。时间和空间仅仅是眼睛产生的生理颜色，但灵魂却是光明；它在什么地方出现，那儿就会是白天，它在哪个地方消失，那儿便是黑夜；但历史是种毫无礼貌的举动，某种伤人的行为，倘若它不单单是有关我的存在与形成的某种让人快乐的寓言的话。

正因为人们自我缺乏修养，因而大家就迷信旅游，将意大利、英国、埃及当成是偶像。所有接受过教育的美国人到现在依然对旅游如蚁附膻。曾经有人让英国、意大利或是希腊在想象中变得让人敬佩，可他们自己却如同一根地轴，在原地固守不动。在决断之时，我们发觉职责就在岗位之上。灵魂一定不是个旅行者；智者常常是足不出门，假如有必要，有义务，让他在有些场合远离他的住处，又或是到外国去，可他依然如同待在家里，并且还用自己的面部表情让大家意识到他是在传递智慧与美好的品质，仿佛某位君主访问诸多城市与人物，而并非像个商贩或者随从。

　　我并不主观臆断地反对为了艺术，或者是学术研究以及以慈善为目的的环球旅行，人只要先喜欢家居，别指望为得到比他已经掌握的更为高端的知识而出国。谁要是为了享乐，为了得到他没有的东西去旅游，那么他做的就是脱离自身的旅游，在老古董里面，就算青春年少，也会成为老朽一样的人。在底比斯，以及帕尔米拉，他的意志与灵魂已变得如同那些城市一般古老而倒塌。废墟被其带进了废墟。

　　旅行是傻子的天堂。我们起初的旅程表明：就我们而言，什么地方并不重要。在家的时候，我梦想：在那不勒斯，在罗马，我能够在美中自我沉醉，把我的忧伤丢掉。我整理好衣箱，同朋友拥抱，登船航海，后来在那不勒斯清醒过来，周围仍是那严峻的事实，原先我那逃避的、一点也不退让的、同样忧伤的自己。我找寻梵蒂冈与那些殿堂。我假意在景色与幻想中沉醉，但事实上并未沉醉。不管我走到什么地方，我的巨人都伴随着我。

不过，对旅游的热衷却是影响所有智力活动的某一更为深刻的不健全的征兆。智力是不固定的，教育制度培养了我们的骚动不安。虽然我们不得不待在家中，但我们的心仍然在彷徨。我们模仿，除心灵的彷徨之外，模仿还将是怎样的东西呢？我们的房子是依照外国风情建造的；装饰我们橱架的是外国的装饰品；我们的见的，我们爱好什么，我们的才干，都非常贫乏，还跟随着"曾经"与"远方"。在艺术已繁荣的地方，灵魂已将艺术创造了出来。艺术家恰恰是在其心灵里找寻他的原型。那仅仅是将他自己的思想用到要做的事情上与要观察的环境上面。我们为何要照搬陶立克或者是哥特式的原型呢？心灵上的美、便利、宏大还有奇怪的表现，离我们和别人都是同样的近，倘若美国的艺术家想满怀希望与爱心钻研他要做的事情，把气候、土壤、白昼的长短、人民的需求、政府的秉性与形式都列入其中，他便会创造一座所有人都认为住起来合适的房屋，并且情趣也能得到满足。

做你自己；一定不要模仿。你在任何时候都能够用一生修养所积攒的力量将你自己的天赋体现出来；不过，选用他人的才能你只可以临时地、少量地占用。所有人做得最好的事，只有其造物主才可以教给他。除非它被那个人表现出来，要不然的话，它究竟是何物，谁也不晓得，也不会晓得。不过，假如你能听到这些开山祖师说的话，你绝对也会用相同的一种音调来回答他们。原因在于虽然耳朵和舌头是两种不一样的器官，却是同一种性质。居住在你生命的朴实、高尚的地方，同你的心声相服从，你绝对会再现史前世界。

我们的宗教，教育，以及我们的艺术，眼睛向外看，我们的社会精神也是这样。人人都以社会改良为荣，而没有一个人有所改良。

从内心深处强大自己

　　社会一直都未前进。它在某一方面退步了，在其他一个方面却有进步，速度都是同样迅速。它经受着不停地变革；有野蛮社会，有文明社会，有基督教社会，有富裕社会，有科学社会，可是此种变革并非改进。由于有所得，必有所失。社会得到了新技艺，却失去了原先的本能。穿着考究、会读书、写字、会思考的美国人同赤裸身体的新西兰人形成了如何尖锐的对比，前者口袋里装着怀表、铅笔与汇票，后者的财产只是一根木棍、一支长矛、一张草席，和一间许多人一起居住的棚屋！不过，将二者的健康情况进行比较，你肯定会看到白人已经失去了他原先应有的体力。倘若旅行家给我们说的确有其事，那样的话，试用一柄巨斧砍那个野人，一两天以后，肉又愈合得就像当初一般，如同你砍进去的是软绵绵的树脂似的。不过，相同的砍击会将那白人送入坟墓。

　　文明人发明了马车，却不再对双脚加以利用。拐杖是其支撑身体的工具，肌肉的许多支持却失去了。他有了一块名贵的日内瓦表，却不再拥有根据太阳定时的本事。他拥有一份格林尼治天文年鉴，只要有需求，保证能够得到资料，可是街上行走的一般人却辨认不了天上的星星。他不观察二至点，二分点他也交接不了多少；在他内心深处，那完整无缺，光辉灿烂的年历没有任何标度盘。他的记忆力被笔记本损害了。他的智力因图书馆的存在而变得无法承受；保险公司的存在使得事故的次数增加了许多；机器到底有没有危害，我们是不是因为讲究文雅而失去了活力，是不是因为信奉某一扎根到机构与形式中的基督教而失去了一种豪迈的气质，这些都存在问题。由于任何一个斯多葛都是个斯多葛，不过在基督教世界里，基督徒又在什么地方呢？

道德标准上的差异较之高度以及块头标准上的差异而言一定会多。如今的人并非比以前的人优秀。能够看出远古的伟人同今天的伟人难分伯仲。19世纪的科学、艺术、宗教以及哲学共同发挥着作用，培养出的人并没有普鲁塔克两千三四百年前笔下的英雄们杰出。人类并非伴随时间的推移来进步的。

福西翁、苏格拉底、阿那克萨戈拉、第欧根尼都是杰出人士，可是，他们并没有留下类别。倘若哪个人真够得上他们的类别，那个人便不会被人用他们的名字来称呼他了，应是标新立异，也成了某一派别的创建人。任何时期的技艺与发明不过是那一时期的装束，并没有让人们振作奋发。经过改良的机器有利有弊。哈德森与白令载着他们的渔船把那样多伟大的业绩都完成了，就是装备已集科学技术之大成的巴利与富兰克林也为之瞠目结舌。伽利略运用某一观剧的小小望远镜观察到了诸多天文现象，他的辉煌成就让后人永远不可企及。哥伦布乘坐一只没有甲板的小船发现了新大陆。

每经历一个时期，工具与机器便会遭遇淘汰，这样的现象让人真有点不可思议，由于这样的东西几年前或几百年之前经人运用时引发了巨大的轰动。杰出的天才都拥有返璞归真的能力：战争艺术的改进被我们看成是科学的成就，可是拿破仑凭借露营把整个欧洲都征服了，里面有赤手空拳的英勇，有孤军奋战的险情。这个皇帝觉得没有建立一支完善的部队的可能，拉斯·卡斯说："并没有把我们的武器、弹药、粮秣以及车辆消灭。可是到了后来，士兵模仿罗马人的做法，竟自己解决粮食需求，用手磨面，烤起面包来。"

社会就是一个波浪。波浪朝前运动，可是构成波涛的水却不是这样。同一粒水分子不会从波谷升往波峰。波浪的统一不过是表面现象。今天有些人建立了某个国家，来年一死，他们的经验也会与其一起付诸东流。

因此，依赖财产，其中包括对保护财产政府的依赖，都是缺少自助的表现。人往往是见物不见人，长期这样的话，宗教的、学术的还有政府的机构都会被他们视为财产卫士，他们相当反对对这样一些机构进行攻击，原因是他们认为这便是对财产的进攻。他们衡量彼此的标准并非是一个人是什么，而是这个人拥有什么。但是，一个有良好教养的人鉴于对自己天性的尊重，就会对自己的财产而深感羞愧。他对自己拥有的东西特别地憎恶，倘若它是意外到手的话——通过继承、馈赠，或犯罪所得；因而他觉得那不是所有物；那不属于他，在他身上没有根基，不过是放在那儿，因革命、强盗没有把它抢走。

不过，一个人是什么，往往是通过需求得到的，人所得到的东西便是活的财产，它并非听从统治者、暴民、革命、火灾、风暴或破产的指使，而是人在什么地方呼吸，它就一直在那个地方自我更新。阿里哈里发说："你的全部或少部分生命在追求你；所以你就放弃追求它吧。"我们对外国货的依赖使得我们对数量盲目崇敬。政治党派召开数不清的会议，集会规模愈演愈大，每每宣布一件事便喧声大震。来自埃塞克斯的代表团！来自新罕布什尔来的民主党人！缅因州的辉格党员！成百上千双眼睛在注视，成千上万只臂膀在挥动，面对这样的场景，青年爱国志士就觉得比以前更为坚强。

改革家们也千篇一律，又是召开会议，又是选举投票，还作出许许多多的决定。不要这样，朋友们！只有反其道而行之，上帝才会垂爱，驻进你的心里。只有一个人摆脱了全部外援，在天地之间独立，我才能看见他的强大与成功。他的旗帜下每增加一名新兵，他就变得虚弱一些，某非一个人不及一座城？不要有求于人，在变化多端之中，只要你把台柱立稳，很快就绝对有人出现支持你身边的一切。谁要是知道力量是与生俱来的，明白他之所以软弱，是由于他从自身之外其他地方寻求善，有了这样的领会，谁便会不假思索地依赖他的思想，马上纠正自己，挺身而出，驾驭自己的躯体，创造奇迹；就好像一个凭借双脚站立的人比一个用头倒立的人有力一样。

　　因此尽可能把被称之为"命运"的所有东西都加以利用。大部分人在同她打赌，要么全盘都赢要么全盘都输，全在乎她的轮子如何转动。可是，你一定要将这些赢得的东西当成非法的东西搁下，而且同上帝的司法官"因果"交往吧。有"目的"地工作、获得吧。你已将"机遇"的轮子拴住了，从今以后，你就必定会从容自若，对她怎样旋转就毫不畏惧了。某次政治上的获胜，某次纯利的增长，你的病痛的康复，离别许久的朋友的归来，又或是其他什么好的事情，都会振奋你的精神，因而你就觉得好日子就在前面。不要相信。除你自己之外，任何事物都无法带给你安宁。除了原理的获胜，任何东西也无法给你带来安宁。

第**⑥**篇
你可以做得更好

如果你想过一种真正慎独的生活，那么你首先应该做到的就是不光要在物质上独来独往，更重要的是精神上的独立，也就是说，我们所注重的必须是精神上的提升。整个世界似乎在一次又一次地在暗中图谋用一些琐事来侵扰你、纠缠你。朋友、食客、疾病、恐惧都一齐来骚扰你，并且说——"和我们在一起吧。"但你绝对不要动心，不要加入到他们的喧闹中去。对那些来纷扰我们的人，我们都要报之以曾经沧海、见怪不怪的神情。如果是我们不愿意做的事情，那么任何人都无法说服我们。

　　我们应当抵御外界对我们的诱惑，让我们进人一种独立的状态，唤醒我们心中的勇敢与坚贞。我们生活在这样一个平淡无奇的时代里，只要我们敢于说出真理，那么我们就能做到自助自立。我们所熟悉的人对我们总是怀有一种期待，我们现在要活出真正的自我。我们要勇敢地对那些一直关注着我们的人说："父母、爱人、兄弟、朋友——过去我一直是依照世界的表象来生活的，但是从今以后我要依照表象背后的真理来生活。我不需要立任何的誓约，我只是尽力而为。我将尽力赡养我的父母，照顾好我的家庭，做一个对妻子忠诚的丈夫——但我必须按照一种新的、从来没有经过尝试的方式来实现这一切。我必须远离别人的眼光，我必须是我自己。我必须不再为了适应你们而让我自己处于一种支离破碎的状态，同样，你们也不必为了适应我而违背自己的天性。如果你们是根据自己的感受和标准来爱我，那么我将会感到非常的高兴。"

我不会刻意地来掩盖我喜爱和厌恶的感情倾向。我极其信赖那些深刻的、神圣的东西，以至于在这个世界上，无论是什么东西都可以使我产生内在的欢乐，无论真理把我引向什么地方，我都会非常地信赖它们。高贵的，我会去爱他们；卑贱的，我也不会用伪善来伤害他们。我这样做并不是出于自私，而是出于谦恭，出于充分的理性。不管我们已经生活在谎言里多么久了，但所有的人都会愿意生活在真理之中。如果我们跟随真理，那么真理就将最终把我们带向安宁的所在。但是如果你真的这样说，那么你将会给你的朋友带来痛苦，但是你不能为了顺从他们的意愿而以出卖你的自由和你的力量为代价。当人们能够突破狭隘的视野而把目光伸向绝对真理的领域时，那么他们就能够获得理性；这时他们将认识到什么是正确的，并且采取相同的立场。

成功的人们告诫还在努力的人们，要坚持自己的风格，永远不要模仿其他人。天赋每时每刻都在通过生活的教化所积累起来的力量表现出来，但是假如你能够借助别人的力量，那么你就只能够获得一些非本质的东西。对于一个人来说，他创造出了一件完美的作品，但是没有人知道也不可能有人知道它会是什么样，除非他能够清楚地演示出来。没有谁教莎士比亚如何进行创作，同样也不会有谁去指导富兰克林、华盛顿、培根、牛顿如何工作。每一个伟人都是独一无二的，人们决不可能通过对莎士比亚的研究来重新创造出一个莎士比亚。

做好每一份分派给你的工作，你不要抱有太多的希望。此时此刻，你可能能够创造出一个辉煌，拥有斐狄亚斯的凿子、埃及人的铲子，或者但丁的才能，但是你所创造出的作品与斐狄亚斯的雕塑、埃及的金字塔、《神曲》毕竟是不大一样的。所有丰富而生动的灵魂都不可能屈尊来重复它自己。坚守简单而高贵的生命，顺从你的心灵，你将可以重新创造出一个全新的精神世界。

自 助

　　所以，我们要紧紧地把握住自己的命运，而不是让命运来支配我们。曾经有许多人与命运赌博，他们或者是赢得了一切，或者是输得精光。但是我不会把人生当成一次赌博。朋友们，凭着意志来行事，只有这样才能够意志坚定，也只有这样你才能够真正地自立于世界。从此以后，你在命运面前再也不会有恐惧感。赢得胜利或者赚取财富时不应该得意忘形，身体健康或人缘颇佳时也不应该以此自傲。生活中要始终保有一颗自助自主的心，喜怒哀乐都不要受外界的影响和左右，生活在自己的意志里，才能够使心灵得到宁静，才会过上真正独立的生活。

美德与才能

　　正直、诚实、善良和勤勉是人们推崇的美德，也是衡量一个人品行的重要标准。在真理与美德之间，人们总是把美德看得更为重要。在人们的心目中，良好的品行是永远处于优势地位的。我们所做的一切都是为了让世界更加美好，而不仅仅是想证实或展示真理的存在。

　　美好的德行是人们从事某项事业的目的。勇敢，就是一旦决定实现公众的利益，面对危险也不退缩；爱，就是心甘情愿地为了对方而放弃自己的利益。面对人们的共同利益时，谦虚就显得不是那么重要了，我们应该当仁不让。

　　美好的品德使人们把目光放得更远，不会再满足于做一些琐碎的事情，而是更看重事物发展的趋势和目的；不再仅仅满足于得到食物，而是应当更加看重获得食物的权利；不再只是关心自己的利益，而更注重与他人的交流。谁都无法离开其他人独立存活，如果别人都在承受苦难，幸福也不会单独落在某一个人的头上。道德标准的确给予我们很大的帮助，但是它又以另外一种方式，使我们获得一种归属感；它使我们不再是游离的个体；它使我们处于自然的中心，处于原来就应该属于我们的地方；它使我们成为了一个整体。

　　这种感觉实在是太美妙了，人类的智慧似乎就是这样发展起来的。

因为如果没有它，天才也无法明确地把思想表达出来。美德的涵盖面十分广泛：真理、能力、善良、美丽都是它的代名词，是同一事物的不同方面。美德是万能的，品行良好的人通常都能够做到无私奉献、勇于牺牲。

有很多人为了维护真理而甘愿把生命抛在脑后，或者是为了祖国、亲人和朋友献出生命也在所不惜。能够做出这种英雄的壮举的人的灵魂将会得到升华，他们的精神也会超越时空，被人们牢记。

永远相信自己，忠实于自己灵魂深处的真实想法就是良好的品格的核心，不会轻易地被外来的意见或事件所干扰，也不会随便因为那些所谓的正确思想而改变自己的立场。我们时常对别人的顽强和执著大加赞赏，其实更为重要的是那种经过理智思考后便不再为外界左右的坚定。

美德就是永远遵循真理行事。美德在每个人的一生中永远都是居于首要位置的。美德可以使人们之间的关系更加和谐。美德在你面对陌生人甚至是敌人的时候也能够显现出来。

普拉贺拉达曾对他的父亲说："父亲啊，我眼中从来就没有敌人和朋友，因为我觉得别人的灵魂与我的是相同的。"这句话中包含着深刻的道理。所谓的朋友和敌人都是我们自己根据自己的标准划定出来的，是我们主观判断的，我们经常会做出搬起石头砸了自己的脚的事情，却要将不幸归罪于命运的安排。人类就是这样，认为好运也好噩运也罢都取决于外界因素，而认识不到自身才是一切的根源所在，世界万物不过是一种反映。将敌人消灭了，我们又能够从中获益多少呢？未知的事情太多了。我们所憎恨和畏惧的东西其实就是我们自身，藏于灵魂深处却又无法触及。孔子曾经对他的国君说："大王，您统治人民为什么一定要杀戮呢？您心中有仁，百姓才会安顺。柔和的风也可以使草弯腰，您的仁德也会使百姓臣服的。"国君又向孔子请教国家窃贼众多的问题应该如何解决。孔子说："大王，您自己如果没有贪心和欲望，就算您鼓励百姓去偷盗，他们也不会去那样做的。"

美德对人类的教育和感化是润物细无声的，在这一过程中并不存在强制或敌意。瑞典科学家、神学家史维东堡曾经说过："在精神领域内，如果谁想控制别人或是踩在别人的身上，那么他就会被排斥在外。"歌德在谈到品德时，是这样来阐述自己的看法的："善良的品性是人类最重要的东西，在它的面前，所有的荣誉、光彩和英勇都是次要的。"

　　一个懂得自我约束而且品行良好的人会把自己的存在看做是一场战争，他愉快地行进在人生之路上，从而使自己远离失败。在他看来，没有什么事是没有意义的，他能够感到有一条巨大的锁链在他的面前，他把最后一环牢牢握在手中，并由它牵引着前行。美德是无形的，却又是包容一切的。奥里列阿斯曾说："美德究竟是由什么构成的呢？"美德中包括谦虚，这种看似自我贬低的举动实际上反而会抬高自己。拥有美德并不意味着你在世间一定会幸福，一定会长寿，虽然它会使你完全有资格这样认为。

在短暂中寻找不朽

　　生活中不断有新奇的现象涌现是万事万物得以永恒的另一种象征。万象更新，周而复始，肉体的存在是短暂的，但是精神却可以历久弥新。在坟墓的周围，智慧的人看到的不是人的死亡，而是生命的延续和灵魂的重生。

　　富兰克林曾经说过："生活更像是一种胚胎，它为生命的孕育作着准备，一个人不经历死亡也就无法完成降生。"一个真正伟大的人，无论他从事的是什么职业，如发明家、政治家、演讲家、诗人、画家等，只要你真诚地与他交谈；你都可以从他身上感悟到一种特殊的东西，就好像他已经聆听了上帝永恒的承诺。

　　人类的智慧活动不是承诺而是赋予了人类绝对存在的感觉。从时间的超越中我们呼吸到了更加清新的空气。我们无法保证生命的永恒，然而却从文明的变迁史中认识到死亡绝不仅仅意味着万物的终止。

　　培根说："那些缺乏宗教神学思想的哲学家在总体上否定灵魂的不灭；然而当谈到正题的时候，他们也认为，人的灵魂是可以脱离肉体而独立存在的，人死后灵魂也是可以不朽的。他们的这种观念只是出于理智的层面，而不是出于情感的层面，因此，永恒与不灭对于他们来说就像数学一样，只是作为一种知识而存在的。"荷兰哲学家凡·荷尔蒙特是纯粹从思维活动的角度来加以证明的。他说："赞同无神论者的观点，是我最大的愿望，即便只是片刻的赞同，灵魂不灭的念头用理智去理解也许是可能的，就像我们可能会触摸到灵魂一样。"一个农夫，一个苦工，或者一个工匠，每天都在为工作奔波忙碌，但是晚上他也会停止工作，因为，他们的劳动也是有尽头的。但是，如果这个工匠或农夫同时又是一个学者或思想家，那么他的工作就永远没有尽头，因为，学无止境，他越明智，就越会感到自己的无知。也就是智者所说的："我所知道的正是我不知道的起点。"

一千年太短暂了，人类即使拥有多于十倍、百倍的潜能，也不能掌握全部的知识。学者和思想家的任务是如此的繁重，以至于他必须成为全能的人。他走路时学习，吃饭时学习，娱乐时学习，甚至是在睡觉时也在学习。孟德斯鸠说："热爱学习，是我们唯一的、永恒的动力。没有什么能够使我们停下来，除非生命走向了终结。"思想家说"艺术是永恒的，而生命是短暂的"，人只是这个世界的匆匆过客，唯有他的思想可以留存下来。洞察力来自思维的积极活动，而决不会从懒惰或迟钝的头脑中产生；勇敢通常只会出现在那些勇于面对艰辛与危险和真正了解自己力量的人身上；自信也往往只青睐那些善于利用自己的激情与力量的人；只有那些为未来做好准备的人才能够获得成功。歌德曾经感慨道："我相信灵魂是永恒存在的，因为这可以用我的意识活动来加以证实。如果我不停地工作直到死去，那么大自然一定会让我以另外一种方式存在，这种存在形式将会让我的精神得到永恒。"

有这样一句谚语：美德是智慧的孪生姐妹，善良就像是人的眼睛。所有的宗教都信奉这样一个信条：拥有美德，智慧的光芒才会照耀你的头脑。"人应该永远遵照上帝的意志行事"只有那些无知的人才会把恭敬当做自高自大的本钱。世界上的万事万物都是井然有序的，头脑健康的人对宇宙法则有一种洞察力，人的尊严同样需要在法则的基础上才能够实现。美德其实就是我们每个人所追求的尊严与高贵的一种延伸。在我看来，信奉法是非常明智的，它是与高尚相通的，是那些高贵灵魂栖身的圣殿和庇护所。

自 助

　　我们每个人都可能会遭遇失败的命运。大自然是最公平的，从来都不会偏袒某一个人，失败决不会因为我们的自尊而远离我们。但是，我们却可以从对美德和智慧的追求中得到补偿，我们的生命在这种追求中获得了永恒。一位圣徒曾经说过"如果真理存在，那么我就存在；如果正义存在，那么我就存在。"

　　牺牲是衡量美德的砝码。一个人在必要的时候，可以为了美德而毫不犹豫地奉献出财富、健康甚至生命。人们会赞扬他，为他的高尚行为落下崇敬的热泪，他的生命在人们的心中获得永生，就像穆罕默德所说的："没有死亡，只有永生，向那些在通往神的道路上死去的人们致敬吧。"

　　灵魂不灭并不意味着生命得到延长，而只是生命的延深。不朽不仅仅是指一种长久，而是指灵魂超越了时间，就像高尚的人可以通过高尚的思想和行为来达到一种超越时空的境界。当我们只是凭着感性生活时，我们很少思考时间这个问题，而精神世界却常常关注时间对于人类的意义。耶稣从来没有为我们过多地解释什么，然而他却深刻地影响着人们的精神世界，使他们超越时空，感受到某种永恒。

　　诚实正直使人们获得不朽，崇敬、挚爱和坚强的意志能够使人们超越恐惧，使我们的每一天都过得充实、美好。人们通常把耶稣尊称为灵魂不灭信条的创始人，其实，耶稣从来不曾软弱或伤感过，他对解释一向持有审慎而有节制的态度，从来没有祈祷过让自己获得不朽。而柏拉图和西塞罗却任由自己去超越精神的严格界限，用灵魂不灭来满足人们追求永恒的需要。

　　阎摩说灵魂没有诞生，所以它也不会死亡；它不是从什么地方创造出来的，所以也不创造任何事物。不是诞生的灵魂是不死的、永恒的，尽管肉体是要死亡的。灵魂是神秘中最神秘的、伟大中最伟大的。灵魂是肉体中的精神，是无常中的永恒，人无法通过知识、理智和五花八门的科学去研究和解读灵魂。唯有在灵魂的渴望中才能与灵魂同在，灵魂的真谛就在灵魂之中。

付出是回报的起点

　　一切事物都包含着两面性，二者相互依存着——打就意味着被打；眼睛换眼睛；牙齿换牙齿；血液换血液；对策换对策；爱换爱——只要懂得给予，你就可以获得。浇灌他人才能使自己得到浇灌——你想拥有什么？上帝问道——你得到的其实就是你所付出的，不多不少——谁不劳动谁就得受冻挨饿——害人等于害己——诅咒他人也会得到诅咒的报应——如果你把镣铐挂在奴隶的脖子上，那么就等于将另一头绕在了自己的脖子上——施恶的人本身就是一个傻瓜。

　　教义里就是这样书写的，因为现实生活本来也就是这个样子的。我们的行为是由超越我们的意志力之上的自然法则所掌握和规范的。我们的目标锁定在一个远离公众道德的美好结局上，但是我们又是按照计划本身，即按照连接于世界两极的不可抗拒的磁力场进行运动的。人是可以不说话的，但是他却在作着判断。根据肉眼的观察和周围人们的言辞，来顺着或背着自己的意志，来作出自己的决定。每个观点都会对观点的发出者作出反应，就像是系着丝线的圆球，一端被抛出，而另一端仍然还在投掷者的口袋里。或者说更像扎着鲸鱼的鱼叉，小船里的卷线轴不卷动，任凭鲸鱼在水里跳跃，但是如果鱼叉不坚固，缠绕不牢固，那鲸鱼就会慢慢把线断开或者反而把船儿弄沉没。

自 助

　　伯克说："没有人能够在获得一点值得庆幸的成绩时而不失去什么"。排斥主义者在排斥现代时髦生活的同时已经把自己排除在了现实生活之外，也剥夺了试图享受舒适的权利。在宗教里，那些排外主义者在试图对他人关闭天堂的大门时，并没有意识到，他同时也把自己通向天堂的大门给关闭了。如果你想留下别人的心，那么你就得奉献自己的一颗心。

　　所有那些破坏我们社会关系中爱和平等的行为都将会受到惩罚，那些人将会遭到恐惧的折磨。然而当我处于共同关系中的时候，面对的他是一个毫无韵味的东西。就像水与水的相遇，或是两股浑浊气流相遇时的扩散和自然界毫无感情的相互作用一样。但很快就各自分散并一分为二，或是利益归我，害处归他了，我的邻居感觉到了这种非道德性；他很快就疏远了我，就像我疏远他一样。他的眼神不再是那么友好了；眼里充满了火药味；他周身充满了怨恨，而我却怀揣着恐惧。

　　所有的侮辱，不论是在社会上，还是在宇宙中和个体生活里，所有不公平的财富积累和权力的获得，都会以不同的方式得到报应。恐惧是睿智的指示针和革命的传令兵，他教给人们一个意味深长的道理，那就是腐败物始终存在于它起源的地方。我们的财富是脆弱的，我们的法律是脆弱的，我们的接受过文明教化的阶层也是无力的。随着年龄的增长，人为的恐惧减轻了，却开始对政府和财富进行喋喋不休的批判，也就意味着不道德的行为必须要加以纠正。

　　我们必须坚定地站在正义行为的一边。用心去关爱他人，你也就会得到他人的关爱。所有的关爱都是人人可得的而且是平等的，就像数学方程式的等式两边一样。善良的人具有绝对的善行，就像燃烧着的火焰可以尽现本性，因此你无法对他做任何的伤害。

因为灵魂在一直前进，它从来都不重复它自己，但是它的每一个行动都在试图创造出一个新的更加美丽的世界。这就表现在那些既有用又好看的艺术作品中。

　　好的艺术作品并不是模仿出来的，而是创造出来的。在风景画中，画家应当给出更加美好的创造，而不仅仅是画出他所看到的和知道的。他应当忽略自然的一些具体细节，而是给出自然的精神和辉煌。他应当知道风景是优美的，因为自然向世人表达了一种很好的思想；艺术家通过自己的眼力，能够在风景中看到这一点。他将会高度地评价自然本身，于是，他在他的作品中提升了这种特点。

　　艺术的创新总是从旧的艺术中发展出来的。时间的天才在作品中刻下了不可磨灭的印记，表达了难以用语言描绘的优美。只要时代的精神被艺术家所掌握，而且是在其作品中得到了表达，那么这样的作品就肯定是一幅巨作，对于未来的人来说，它也就意味着神圣。没有人能够完全把这个必然性从作品中排除出去。也没有人能够完全的把自己从他的时代和国家中解放出来，或者只是创造一个那个时代的教育、宗教、政治和艺术都不能够接受的怪物。

　　从历史的角度来看，艺术的功能就在于训练人们对美的感受。我们深陷于美之中，但是我们的眼睛却并没有清楚地看到这一切。艺术的功效在于能够把一个物体与周围的品种区分开。直到把一个物体从与之相关联的物体中分离出来，这时就会有享受、沉思，但是却没有思想。我们的高兴和痛苦是产生不了什么美的。

所有的作品都是对于原始力量的参照，这也就说明了所有的艺术精品都有一个共同的特性，那就是让所有的人都能够理解和接受；使我们的思想恢复到最单纯的状态，直到虔诚。既然现实中所显示的东西是对原始灵魂的再现，那么它就应当对那些由自然物体组成的作品有一个大体相同的印象。心情愉悦的时候，自然对于我们来说就是艺术，完美的艺术，天才的杰作。

最好的美就是一种比外表和外形都更加优雅的美，艺术的规则是曾经传授过的，即艺术作品反映了人性——通过石头、帆布或音乐等都表达了大自然最深和最纯洁的特性，因此，那些具有这些特性的灵魂也就最容易理解。

如果艺术不是与世界的最强音一起前进的，是不实用的或者不道德的，不与良心相关联的，不能够使穷人和文盲感到她是在用很高兴的语气与他们说话，那么这种艺术就还没有走向成熟。艺术需要创新，但是在本质上，它却是被束缚着手脚去工作的，这和所有的绘画和雕塑是一样的。

人和自然的创新就是艺术的终点，人应当为自己的精力找到一个出口。只要他能够做，那么他就会坚持着绘画和雕刻。艺术应当可以让艺术家兴奋起来，消除各种阻碍，以旁观者的身份对世界的联系和权力的感受保持清醒的头脑，这种联系和权力在艺术家的作品中都得到了充分的体现，而这种联系和权力的最高影响就是努力培养新的艺术家。

绘画和雕塑是形式的艺术。但真正的艺术从来都不是固定的，而是流动的。最美妙的音乐并不在宗教剧里，而是在人的声音里，这种声音来自生活的温柔、理性或充满勇气的语调。艺术肯定不是一种肤浅的才能，而是一种高层次的东西。

人们认为自然中的东西并不是美丽的，于是他们就创造了自认为非常漂亮的雕像。他们憎恨人们的冷漠、愚蠢和顽固，于是他们就用彩色的布袋和一堆堆的大理石来安慰自己。他们反对生活的浪漫，于是他们就逃离生活的琐碎，而逃向了安逸享受的空想。他们大吃大喝，以为这样就可以实现理想。这是艺术所不齿的。他们这种想象有点与自然相矛盾，从一开始就受到了死亡的挑战。

走出人生低谷

倘若一个人从未经受过磨难，那么他的人生就不是完整的，又或是说，这个人就不是完整的。就仿佛地球上大多数的面积都被海水覆盖一般，在一个人的生命中，忧伤的成分要比幸福多。在日常生活中我们所谈论的，大多数是生活中的遗憾和忧愁。在那些悲观的人的眼里，世界上的任何事物都沉浸在忧伤之中。在困难的环境之下，我们的生活就仿佛是一场弥漫着硝烟的战争，同自然与社会进行着殊死的较量拼杀。我们的灵魂仿佛缩小了它的领域，又回到了狭小的范围内，而且把以前开垦过的田地也放弃了，任其荒芜。有很多人在困境和悲伤里慢慢失去了自己的记忆，对于他自己的思想言行也慢慢感到了陌生，伴随而来的，就是希望的破灭。那些曾一度饶有兴趣的工作，现今也让他觉得极其厌烦，再也不想从事那样的工作了，最想做的就是立马躺下来。

当某个人沉迷在沮丧之中无法自拔的时候，任何事情对他来说都毫无兴趣可言，然而我又不想随随便便就放弃全部同切身相关的利益——尽管一时半会这些东西我们并不需要，不过，只要我们把它们放在手心里，就会十分安心，就能够把它们当做一种储备，以便防止明天会来临的灾难。我们不得不承认，从古至今还没有任何一个时代同现今这样容易让人感到沮丧颓废。我们身边的人，或多或少都是脆弱的。然而，人生在世，无论哪一种正确的生活理论，都一定要把罪恶、痛苦、病魔、穷苦、危难、恐惧还有死亡包括在内。如果缺乏悲剧因素，如果生活里没有了忧伤，那样的话这个世界也便会不复存在了。

　　我觉得，人生当中最大的悲哀，要数对命运又或是定数的笃信和盲从，觉得所有都是被某一至高无上、恒定不变的规则所掌握的，可是人类到现在都没有将这一法则掌握。在好多情况下，对于自然还有自身，人类都会觉得无所适从。如果说人们的愿望刚好和这相符，那样的话它便会向人类服务；不过，如果愿望与其相反，它就要将人类毁灭。古希腊悲剧的生活基础就在于这。也正由于这样，我们才会那样同情俄狄浦斯、安提戈涅以及奥雷斯特斯。古希腊悲剧里的这些人物，宿命里注定要经受毁灭，可是又无层次更高的意志与力量来阻挡或是延迟毁灭的结局。至高的法则在运行着，持有战胜不了的力量，把我们带到了一个可怕的世界里。

　　印度神话始终萦绕在人们脑海中挥之不去的原因在于其中的内容让人们越发感觉恐惧。土耳其人所谓的宿命论，也是基于相同的观念。有一部分人没接受过很高的教育，不懂得怎样去进行自我反省，也没有任何一种宗教情结。所有来世的惩罚，并非基于事物的本质，而是来源于命运那专横跋扈的意志。我们时常担心会违反一种我们所未知的、并且是没法认知的意志。不过，只要我们稍加思索，这样的恐惧就会消失，那是因为，这样的意志并不存在。

　　伴随着社会文明程度的发展，这一对不可知的意志所产生的恐惧就会慢慢地消失，这就如同我们长大之后的绝不会再像小时候那般对鬼怪妖魔感到很是惧怕一般。乐天派觉得，一切人都会发现，自己是宇宙中的一员。可是，在现实生活当里，大家的利益并不是最好的意志体现。人们的行为，不过都只是某一特殊意志的具体体现。多舛的命运恰恰是心中产生恐惧与绝望的原因之所在，也同样是古典悲剧的基础。

　　可是，我们从始至终都认为，悲剧的最重要的因素并非能一一列举出来。饥饿、病痛、软弱、残废、痛苦、疯狂——在明白了这全部之后，我们还应意识到，悲剧最本质的原因还是在于恐惧。那些无法预知的凶兆如同鬼怪一般，不停地困扰着我们，让我们随时随地都处在担惊受怕里。

在我们周围仿佛常常有一个卑鄙的魔鬼在计划着一些无法预计的罪恶。偷听到的对话、他人的自言自语、凶恶的眼神、没有原因的恐慌与怀疑，都会让人充满了恐惧感。那些洞察力不敏锐、个性不全、头脑简单的人们更是备感折磨。他们所有的不幸，基本上都是因为自身弱点造成的，而并非外在的客观事实，他们确实也是可怜至极。还有一些人仿佛对悲伤特别喜爱，就像生活还不算太刺激，只有痛苦才是真正意义上的生活。他们是天生就受苦的命，不管什么也安抚不了他们的哀伤。这些人整天都是个苦瓜脸、满腹疑虑。

可以看出，所有悲伤都是最低级的、表面化的，大部分都仅仅是一种幻想，只属于事物的表面却不是核心。表面而言，苦难就仿佛是一个让人承受不住的重担，就连大地也因它的重压而发出了一阵阵痛苦的呻吟。不过，如果你认真分析一下，便能发现，苦难并非因为痛苦与不幸，而是在于被夸大而产生的恐惧。假若有人这样悲叹："啊，我实在太痛苦了！"那样的话，很明显他并非真正的痛苦，真正的悲伤是没有声音的，我们不能够将它表达出来。要是悲伤分摊在了好多人的头上，则它就不可能将人类毁灭了。那些似乎无法忍受的批评，又或是配偶、子女的死亡，并不足以让经受批评或失去至亲的人寝食不安。我们当中的有一部分人可以超越悲伤，可是还有一部分人却永远沉浸在悲伤与痛苦当中。

在遭受不幸之时，性情比较迟钝的人是没有任何感觉的，由于他们的反应相当缓慢；可那些性情浅薄的人仅仅会用相当做作的方式表现出他的痛苦。总是在抱怨，绝对不会是真正的悲伤。我们都听草木皆兵的故事，对于鬼，我们都很害怕，害怕从地窖或是楼梯间传来的那些幽灵般的声音，这所有的一切都令我们双腿打战。可是，这些都不过是幻象而已。而那些最易面对危险的人——军人、水手、贫穷的人，却一定不缺应对待困难的勇气。人的精神一定不会辜负自己，不论在哪种情况下，它都可以发现到支撑自己的力量。它明白怎样在所谓的灾难里生存下去，正如它能够在所谓的幸福里自由自在一样。一个人万万不可将自己心情好坏全部寄托在外部事物上，而应尽最大可能地把握自己的人生。

我们发现，最早的雕塑刻画得最多的，莫过于那种崇高且恬静的面容。就好比埃及的狮身人面像一般——如今它们仍然端坐在北非那片浩瀚无垠的沙漠里，历经千百年的风雨侵袭、岁月变迁，却依旧没有改变。希腊人、罗马人去了又来；土耳其人、英国人、法国人在观赏一番以后也离开了，可是它们却依旧屹立在那里，屹然不动，默默地注视着眼前这条奔流不息的尼罗河。它们呈现给大家的，是某种宁静和满足。在大部分情形下，生活给我们的要求，就是要求我们保持一种均衡、一种警剔。

在情绪低落的时候，有些人通常需凭借外在的行为来进行发泄，他们往往会觉得心烦意乱，因而就将这样一种烦躁的心态表现为慌乱的步伐、表现成杂乱的对话。他们很习惯用负面的心态来应对日常生活。这样的人确实是太可悲了，还不如让他们去砌石墙、干体力活，从而发泄掉过多的烦躁不安。

我们应沉着地、以一种超然的态度在大自然中行走，而并非慌乱地行走。一个人应该勇敢地直面人生，应像一位具有正义感的审判官那般，不带一点成见，也没有什么值得担忧的事情，甚至也无任何可要求的。他不过是依照自然和命运的功过对错来判断人事。一切的哀愁，就仿佛全部的热情一般，不过是生活的表面而已。

倘若一个人缺少根基，并未扎根在神圣的生命当中，仅仅是依靠感情的蔓藤依附于社会上面，那样的话，只要社会产生了变革，只要风俗、法律、观点产生了变化，他的生活便会乱成一团。身边所发生的混乱将会被他扩大成整个世界的混乱，如此一来，他面前的世界便会变得浑浑噩噩。不过实际上，他把自己思想的困境显露出来，他已如同一条居无定所的破败的帆船一样随波逐流。但是，如果一个人拥有主见与定力，则社会的不安定就不会让他心里充满恐惧感，也不会觉得悲凉了。因为他懂得，它们都有其逾越不了的局限性。即便处在罪恶猖狂的世道上，这样的人也可以保持自我，而且联合很多人同罪恶展开搏斗。个人的努力，可以在适当的时间和地点消除人们的灾难，因为，这个世界一定得维持均衡，不准许任何的极端和夸大。

时间可以安抚我们，时间带给我们无尽的变化，我们因此看到了新的人，听到了新鲜的声音，穿上了崭新的衣衫，踏上了全新的道路，风干曾经我们滴落的泪水。如同西风将那暴风雨中倒伏的麦子扶正一般，理顺了缠绕在一起的杂草，时间如同是一股清凉的风吹入我们的思想，可以把我们的思想变得镇定和理性，也可以使我们忘记生活中的沉重打击，获得本有的信心。

尽管时间可以安抚我们，可是，抵抗苦难打击的更为有利的力量就是来源人类本身。自然的防御力量同攻击力量永远都是成正比的。大自然相当具有韧性，倘若她没法在这个方面获得满足，那样的话她就肯定会从别的方面获得。痛苦大部分不过是某种表象，我们觉得那些悲剧相当的残酷，却不知道，受难者肯定有他自己补偿的方式。有些人可以在疾病中获得一种自我适应的能力，这也可能是久病成良医的道理吧。

　　杰出的医生贝尔爵士说："在我从事工作的医院里，专门设有一个收留那些患有绝症的患者的病房。那个地方的病人们全部都忍受着一般人无法想象的痛苦，并且必死无疑。可是他们却是那样的镇静和欢快。我发现，就算身处绝境当中，人类也可以产生出某种同死神相搏斗的精神力量。"当拿破仑囚禁在圣勒拿岛的时候，他曾向一位友人说过："大自然仿佛早已预料到了我将遭到的重大挫折，可是，它给予了我某种如同大理石一样屹然不动的气质。就算是再大的挫折，也伤害不到到我的肉体或者灵魂。"

　　理智也能够帮我们战胜恐惧。一个十分理智的人可以战胜苦难，了解命运的真相，在他们的事业中找寻到寄托。如此一来，苦难便不再是某种悲剧——就算是个悲剧，我们也能够从中体会到人生的某种悲壮之美，体会到一种更加崇高的事物。因而，我们的思想境界就会得到提升，我们的人性也因此而得到升华。

人类将自己分成两种类型：慈善家与恶棍。第二种人几乎占多半，而第一种人仅仅是少数而已。曾经富兰克林说过："人类极其的浅薄与胆怯，尽管他们已开始在干某一事情，可只要碰到了难题，他们就会垂头丧气地逃走。不过，他们并不是没有能力，只要他们可以对自己的能力加以利用，就能够得到最后的成功。"既然是这样，我们最终是应根据大部分人还是应根据少部分人对一个国家进行判断呢？当然应依据少部分人了。如果我们对一个国家进行判断的依据是人口调查、又或是土地的面积、或是别的什么东西，而并非依据它对现代人才的重视程度，那将会是一种十分迂腐的做法。

　　摈弃空谈大众的虚情假意的说教吧。大众的要求与影响是蒙昧无知的、低劣卑下的、变态可恶的甚至是有害的。大众最需要的是教育，而并非假意的恭维。对他们我可不想作出任何的让步，我们现今所要做的，应是将他们驯服、培训、区分开来，从他们其中抽出某些个体出来。慈善之举所遭受的最糟糕的环境就是：我们要去保护的生命并不值得被人保护。有时候民众是某种灾难。我可不要成为千百万个手扁掌宽、头窄脑小、喝着烈酒、穿着长统袜的愚民或是乞丐；我只想要那些诚实的男人还有可爱、漂亮、完美的女人。如果政府明白该怎样做,那么我愿看到它对人口的膨胀加以阻止,而并非加快人口的繁殖。当政府可以顺应其真正的行动规则时,那么所有出生的人都应作为必不可少的生命而得到欢呼。

让我们谨慎地考虑那些依照荣誉与良心来发表言论的个人所投上的神圣一票吧。在古老的埃及,预言家的一票同一百张普通民众的投票奇虎相当,这已成为了一种既定法则。人和人相比,都有与别人不一样的威严。每天我们都在发现该点,我们每个人都有自己的选择标准。在华盛顿我们的政客们所采用的那种一对一的策略是多么恶劣的一项实践啊。如同一个打算投上错误一票的人离去后,准备投上正确一票的你也就能够有足够的理由离开了;就像你的存在所拥有的价值,不过是你的选票罢了。

每每自然造就出一个良种瓜,就会创造出五十个劣质瓜来。倘若你希望找到十几颗新鲜水果,她就不得不摇下满树满布虫眼与半生半熟的苦涩果实出来。自然创造出赤裸身体的印度民族,她也会创造出以衣蔽体的基督教徒,在他们当中,都有那么零星般的头脑不凡的卓越人物。自然不辞辛苦地工作着,在成百上万次的投射当中,仅有一次会射中靶心。在人类当中,假如她可以每隔一百年就会创造出一位杰出的伟人,那么她就会备感满足了。

造就杰出人物的难度系数越大,他们在这个世上所产生的作用也便越多。曾经我在某一人烟稀少的街道里做过一个大略的统计,统计结果表明,对于任何一个身体强壮的人而言,都会有十二到十五个人凭借他去得到物质上的资助。在他们眼里,他是一个汤勺、一个水壶;他是一个支持者、一位赞助商;他是一个幼儿园、一家医院。除这以外,他还拥有好多别的身份。他只要对落在自己身上的诸多义务不毅然回绝,这些帮助别人的事情就会用各种各样的方式到达他的家里。杰出人士降临这个世上是要作为中心人物来发挥他的个人作用的。我们时代的所有重大的变故,都能够在某一个人的脑海中去找寻根源。我们的文化之所以可以产生,这所有的功绩,都是由于屈指可数的几位精英们的伟大思想。

保持特立独行的性格

　　根据流行的评价，与其说美德是规则，倒不如说是例外。人同他的德行并非一码事。人做出所认为的善举，比方说见义勇为、乐善好施这样的，就如同他们不参与日常的游行一定交钱补过那般。他们干这样的事就算是他们生活在世上的某种赔礼——如同病人与患有精神病的人交昂贵的膳食费那样，他们的德行便是苦修赎罪。我只想生活，不想赎罪。我生活为的是生活本身，并非是为了观瞻。我倒宁可它格调不高，这样才可能真实、平等，而不愿它熠熠生辉，动荡不安。我希望它甜美健全，不必规定饮食与放血。我需要的是"你是一个人"这样的主要的证据，而并非把人撇开只讲他的行动。我明白，不管我做出或是避免这些高明行动，在我看来并无区别。在我拥有固定权利的地方再购买特权，我不同意。即便我胸无点墨，我却真实存在着，所以无须为了让我自己心安或让我的同伴心安而要别人以保证。

　　我一定做的是同我与之相关的事，而不是别人所想的事。这样的规定，在现实生活与精神生活当中一样严厉，因而绝对能够用来区分伟大与渺小。原因是你总会发现这样一类人，他们觉得他们对你的职责是要比你自己还更为清楚地了解你自己，所以这样的规定显得更加严格了。在这个世上，依照世人的观点生活是很容易的；在独自隐居的时候，依照自己的想法生活也不是难事；然而伟人之所以是伟人的原因是他在大庭广众之下完美地保持了处世独立的性格。

　　为何反对顺从那些在你看来已经僵死的习俗的原因是这样会将你的精力分散。它浪费了你的时间，让人对你的性格产生模糊的印象。假如你维护一所僵死的教堂，为某个僵死的圣经社会出力，跟上一个大党要不投政府的赞成票，要不投其反对票，如同没有能耐的管家婆一样摆你的餐桌——在这所有的掩盖之下，我便不容易发现真正的你。是的，非常多的精力从你生命里抽走了。不过，做你的工作，我便能对你有所了解。做你的工作，你便会充实你自己。一个人一定要考虑：顺从这样的把戏完完全全是捉迷藏。假如我知道你的派别，我便会将你的论调加以预料。我听说某位牧师将其教会制定的某种制度的权宜之策宣布为布道的题目。他不会说出一句自然新鲜的话，莫非事先我不知道？虽然他将制度的根据说得不着边际，他一定不会去干那样的事情，莫非我不知道？他保证只看问题的某个方面——准许看的那个方面，并非作为某个人去看，而是作为某个教区牧师去看，莫非我不知道？他是一位受聘律师，法官席上的那样的派头都是空洞无比的装模作样。

　　唉，大部分人已用一块手绢将自己的眼睛蒙住了，是将自己拴到某一共通的观点上去了。这样的顺从让他们不但在诸多件事上招摇撞骗，不单单编造几句谎言，而是在一切事情上都弄虚作假。他们的所有真理都不是很真。他们的二并非真正的二，他们的四并非真正的四；所以他们说的任何话都让我们懊恼不已，我们不知道该从哪个地方开始叫他们改邪归正。同样地，本性也迫不及待地给我们穿上我们所信赖的党派的囚服。我们慢慢长成了一副面容，某种体形，逐渐地学会了最温柔的蠢驴一样的表情。尤其是有一种禁欲苦行的经历，它也在普通历史当中成功地大显神通，我所说的是"那颂扬的蠢脸"，强颜欢笑，那是我们在与人共处，在我们一点也不感兴趣的对话中套词时装出来的。肌肉并非自然地活动，而是由某种极其低俗、横行霸道的力量拨弄，在脸的轮廓上紧紧地绷着，心里确实不是滋味。

　　因为不顺从，世人便漠视你，鞭笞你。因而一个人就一定要懂得如何判断一张愠怒的面容。在街上，在好友的客厅当中，他会遭人白眼。假如此种反感也同他自己的一样源自于轻蔑与反抗，他不如哭丧着脸回家算了，然而群众愠怒的面容，与他们欣喜的面容一样，并没有深沉的原因，却是根据风向的变化、报纸的操纵而变化。可是大众的激愤同议院或是学府的不满还要可怕得多。某一阅世深沉的坚强之人，忍受有教养的阶级的愤怒并非难事。他们的愤怒有理有节，由于他们胆小懦弱，原本就不堪一击。可是，倘若在他们阴柔的愤怒以外，再加上群众的愤慨，假如无名小卒也被鼓动起来，假如社会底层愚昧无知的势力也被激发起来咆哮号叫、张牙舞爪，那便需要宽广的胸襟与宗教的修养大显身手，将它当成区区小事来应付了。

让我们无法自信的另一个恐惧就是我们总要求前后统一；将我们以前的言行看成是神明，由于他人的眼睛除了我们以前的行为，再无其他的资料来对我们的轨迹进行推算，并且我们也不愿让他们失望。

可是你为何要有头脑呢？为何要将你记忆的死尸拖过来拖过去，惶恐同你在某一公共场合发表的言论彼此矛盾呢？即便你自我矛盾，那又有何了不起呢？智慧的一个标准仿佛就是一定别总是依赖你的记忆，甚至也不是很相信纯记忆的行为，而是将以前带到众目昭彰的现在鉴定，并一直在这个新时代里生活。在你的形而上学里，你已不打算赋予上帝人格；可是当灵魂的诸多虔诚来临之际，那一心一意地服从它们好了，虽然他们竟给了上帝形态与色彩。仿佛约瑟将自己的衣裳丢给淫妇手上那般，将你的理论丢开逃走吧。

一贯的愚蠢是渺小心灵上的恶魔，得到小政客、小哲学家以及小牧师的崇拜。假如强行要求一成不变，杰出的灵魂就碌碌无为。他还是去关心自己墙上的影子好了。如今你有怎样的想法，就用铿锵有力的语言讲出来，明天再将明天的想法用铿锵有力的语言说出来，虽然它也许同你今天说的所有事相矛盾——"啊，那你绝对会受人误解。"——莫非遭人误解就那样糟糕透顶吗？人们误解过毕达格拉斯、苏格拉底、耶稣、路德、哥白尼、伽利略、牛顿，但凡有血肉之躯的所有纯洁与睿智的精神都是这样。要想伟大就必定会受人误解。

保持精神上的崇高

　　人往往胆小懦弱，在心灵深处内疚；他再无任何正直刚强的气质了；他害怕说"我觉得"，"我就是"，却是不停地援引圣贤之言。在面对一大片草叶与某朵盛开的玫瑰花的时候，他会觉得无地自容。我窗前的玫瑰花，无论以前的玫瑰花还是比它们好得多的玫瑰花；它们对自己的现状很满足；现今它们和上帝同在。就它们而言，没有时间，有的仅仅是玫瑰。它只要存在，无论什么时候它都是完美无瑕的。还没等花蕾开放，它的全部生命便已活动了；在盛开的花朵里见到的并不多；在无叶的根里也未见其少。它的天性得以满足，它也同样满足了大自然，每时每刻都一样。可是人存在着延宕，记忆，他不生活在现在，却是眼睛朝后，对过去进行哀悼，否则，便是对身边的财富毫不理会，却踮起脚来展望未来。假如他不和大自然一同将时间超越，在现在生活中，他便不会觉得快乐，也不会坚强。

　　这一点应当是一望而知的了。不过看看如此坚强的智者竟不遵照上帝本人的意愿行事，除非他说的是我一点也不理解的大卫、耶利米或是保罗的语句。我们总不可一直对几篇经文、传记定那样高的价吧。我们就仿佛是死记硬背老奶奶、家庭老师语句的小孩，等长大之后，又死记硬背他们恰巧看到的有才情、有性格的人们的语句——不辞劳苦地回忆别人说过的原话；后来，当他们拥有了以前说过这样的话的人的观点的时候，他们才算真正理解了那些说这些话的人，才愿丢开那些话；由于只要时机成熟，他们任何时候都能把话说得同样得体。假如我们生活得很真实，我们就会看得很真实。那就如同强者维持坚强一般简单，也像弱者维持软弱一般简单。倘若我们有了新知觉的时候，我们就会十分乐意把秘密收藏的财宝像曾经的垃圾一般从记忆上抹去。当一个人和上帝在一起生活时，他的声音也就如同潺潺的溪水与沙沙的谷田一般甜美可亲。

如今到了最后，有关这个论题的最高真理还没有谈论到；可能也谈论不到，原因在于我们所谈的全部仅仅是对直觉的远距离的记忆。我通过目前最能接近的手段来表达的那种思想便是下面的此种情况。当善与你接近之时，当你身上存在生命之时，那并非经由司空见惯的渠道获得，你是无法发现他人的足迹的；你是无法看到他人的面容的；你是无法听到一切名字的——那样的渠道，那样的思想，那种善，绝对是无比新奇的。它肯定不把实例与经验全部安排在内。

你走的路是从人那儿来的，不是到人那儿去。所有以前生活过的人都是它的被遗忘掉的代理人。惶恐与希望一样都在其影响之下。就算希望里也有某一低极的东西。在幻想时，无任何能够称之为感激的东西，严格意义上来讲，也无任何能够称之为快乐的东西。凌驾在激情之上的灵魂看到了同一性与永恒之间的因果关系，发现了正义与真理的自我存在，由于知晓万事如意，就泰然处之。自然界广阔无垠的空间，大西洋，南太平洋——久远的时间间隔，年复一年，一个世纪又一个世纪——都不要紧。这样的我想到与感觉到的东西曾经构成了所有以前的生活和环境状况的基础，就如同现今它们构成了我的当前基础，构成所谓的生与死的基础一般。

有用的仅仅是生命，而并非已生活过了。一旦力静止便不再存在；它存在于从某一旧状态到新状态的过渡期，存在于海湾的澎湃汹涌当中，存在于朝目标的射击当中。这是全世界讨厌的事实，但又是灵魂产生的事实；由于它一直对过去加以贬低，将全部的财富变为了贫穷，将一切的信誉变成耻辱，将圣徒和恶霸混淆在一起，将耶稣与犹大都放在一边。那我们为何还要成天说自助呢？因为只要有灵魂，便有力量的存在，它并非自信力，而是作用力。论及他助不过是某种可怜的表面讲话方式罢了。还是说说存在依赖作用的事吧，由于它起到作用，存在着。比我更能服从的人主宰着我，尽管他不费举手之劳。我必须借助精神的引力围着他转。当我们谈到突出的美德的时候，我们觉得它华而不实。我们没有看到美德就是"顶峰"，也无法看到一个人或者是一群人，只要对原理有适应能力与渗透能力，就绝对会凭借自然规律，征服与控制一切城市、国家、国王、富人以及诗人，因为这些都并非顶峰。

要是在任何论题上都相同，这便是我们这么快速地在此种论题上所得到的最终事实：所有转化成永久神圣的"一"。自我生存便是最终因的属性。它程度不一样地进入了一切较为低级的形式，依据这一程度它把衡量善的标准制定了。世间万物的真实程度与他们所蕴涵的优点有关。商务，放牧，打猎，捕鲸，战争，辩论，个人影响都是至关重要的东西，而且作为自我生存的存在和不纯行动的实际例子获得了我的尊重。在大自然中，我看到相同的规律在为保护与发展而起到作用。在大自然中，能力是衡量正义的基本尺牍。一切没有自助能力的东西停留在她的每一领域是大自然所不允许的事情。任何一个行星的起源与发展，它的平衡与轨道，强风过后压弯的树又直立起来，所有动植物的生命力，诸多这些，全是此种自给自足的，所以也是自助灵魂的体现。

这样，什么都在集中，我们千万不可飘游不定，让我们和这动因一同在家里待着。让我们只是宣布一下这神圣的事实，叫那强行闯进的一堆乱糟糟的人、书和制度目瞪口呆吧。叫入侵的人将鞋从脚上脱掉，因为上帝就在这儿。让我们的单纯对它们进行裁判吧，让我们对自己规律的顺从在我们天生的财富旁边演示自然与命运的贫穷吧。

可是现在我们是群氓。人对人无敬畏之心，他的天才并未得到规劝待在家中，让自己和心中的海洋进行交流，却是走到户外从他人的缸里讨杯水。我们一定要独来独往。我喜欢礼拜式开始前沉默的教堂胜过一切讲道。看上去那些人是如何遥远，如何冷默，如何贞洁，运用一块围地或是一座殿堂将彼此圈住！因此让我们一直坐着。我们为何要装出我们的朋友、妻子、父亲或是子女的那副糊涂样，仅仅因为他们在炉边围坐着，听说同我们有相同的血统吗？所有人都有我的血统，我也有全部的人的血统。我并非由于这，便要沿袭他们的冲动或愚昧，就算到为其备感羞愧的程度。可是你的孤立一定不会是物质上的，而应是精神上的，同样也就是说，必须要崇高。有的时候，整个世界仿佛都在秘密计划着用夸大了的琐事来与你纠缠。朋友、客人、子女、病痛、恐慌、匮乏、救济，全部拥来将敲你那私室的门，说道——"出来，来我们这儿。"不过，维持你原先的状态；一定别出来卷入它们的纠纷当中。别人打扰我是很有能耐的，我只好置之不理。没有我的行动，任何人也别想同我接近。"我们爱什么，我们便有什么。但是因为贪心不足，我们反倒失去了这样的爱。"

认清自己的价值

倘若我们不可以马上具备服从和信任的神圣感情，最少让我们抵抗下对我们的诱惑吧；让我们进入战争状态；在我们的撒克逊胸怀里把雷神与战神唤醒，勇敢与坚定。只要说实话，在太平盛世这点就能够做到。对这种假殷勤与假慈悲进行制止吧。永远别满足同我们交谈的受骗的与骗人的人们的期许了。对他们而言，父亲啊，母亲啊，妻子啊，兄弟啊，朋友啊，到现在为止，表面上我总是跟你们生活在一起。从今以后我要做真挚的人。如今让你们了解，从今以后只要是比永恒法则要低的法则我一定不服从。我仅仅要亲近，不要盟约。我要尽心照顾父母，养育子女，做个对妻子忠贞不二的丈夫——但我一定要按照某一前所未有的新方式供养这些亲属。我不服从你们的习俗。我一定要成为我自己。我再不可以因你而毁掉自己，又或是毁了你。倘若你看中我的本质来爱我，我们就会更加幸福。倘若你无法做到，我同样愿意给你你应得的东西。我不想将自己的好恶加以隐藏。我愿衷心希望：只要是深沉的东西便是神圣的东西，我愿衷心希望：在太阳、月亮面前，只要是让我打心眼里高兴的事，心灵委派的事，我都愿做。倘若你高尚，我就会爱你；倘若你并非这样，我不想献假的殷勤伤害你，也把我自己伤害了。假如你诚实，但又同我的诚实不一样，那就忠于和你有相同志趣的人；我也愿去找寻我的同道。我这样做并非是因为自私，而是因为谦虚与真诚。无论我们在谎言里生活了多长时间，在真诚中生活依然符合你我的利益，符合全部人的利益。莫非这话现在听起来极其刺耳？你很快便会爱上你我的天性所需的东西，并且倘若我们追随真理，最终它会将我们安全地领出去——不过，这样做或许会给你这些朋友带来伤害。确实是这样，可是，我不可以出卖我的自由与力量去顾及他们的感情。何况，当人们朝外望的时候，窥进绝对真理的领域时，每个人都有他自己理性的时刻；到那个时候，他们会证实我是正确的，并且会做相同的事情。

广大人民觉得你要是把大众的标准摒弃就相当于是将全部的标准都摒弃了，是货真价实的道德律废弃论；无耻荒淫的人会假借哲学的名义给他的罪恶贴金。不过，意识的法则总存在。有两种忏悔，我们不得不做其中的一种才可以为自己赎罪。你能够用最直接的方式，也能用反射的方式以此证明自己是没有罪的，因而把你的一系列职责完成。相信你是否对你与父母亲、表兄弟、邻里、城镇、猫、狗这样的关系表示满足；里面的任何一个是不是可以责备你。不过我也能将这种反射的标准忽略不计，赦免自己。我有自己严格的要求与完善无缺的循环论证。好多职务都被称做是职责，意识法则可将这样的称谓拒绝。不过假如我赦免了它的债务，它就令我可以摒弃人们的准则。假如有人觉得这样的法则过于宽松，那就某一天让其维护他的戒律好了。

谁会丢掉人的一般动机，敢相信自己会做一位监工，那便需要他拥有一种神力。他的心灵要高尚，意志要忠诚，他的眼神要明亮，如此一来，他才能够认认真真地变成自己的学说，自己的社会与法律。如此一来，对他而言，一个简单的目标才能够如同铁定的需要之于别人那般坚强！

人们把某种东西明确地称做是社会，倘若有人把它的各个方面进行考虑的话，他便能够看到这样一些伦理道德的必要性。人的筋骨与心脏仿佛被抽出去了，因此我们就变成了胆小如鼠、垂头丧气、忍气吞声的可怜虫。我们对真理，命运，死亡，以及别人都非常害怕。我们所处的时代无法产生杰出完美的人。我们需要可以革新生活、革新我们社会状况的人们，但我们发现大部分人都是些破落户，就算是自己的需求也无法满足，仅仅有凌云般的志向，却没有回天之力，只好昼夜屈身乞讨。我们管家就相当于在行乞，我们的艺术，我们的工作，我们的家庭，我们的宗教，都并非我们选择的，而是社会帮我们选择的。我们就是大厅里的士兵。躲着命运的恶战，可力量恰好就是从那儿产生的。

倘若年轻人在他们的第一个事业中失利，他们便会完完全全地心灰意冷。倘若年轻商人失败了，别人就说他破产了。倘若最杰出的天才在我们的某所大学学习，毕业一年后还未在波士顿或是纽约的市区或郊区担任某一职位，他与他的朋友仿佛都觉得他应心灰意冷，应遗憾终生。来自新罕布什尔或是佛蒙特来的某个强壮少年将全部的职业都试了个遍，他赶车，种地，当过沿街吆喝的小贩，办过学校，做过牧师，编过报刊，参加过议会，买过一片六英里见方的地皮，如此这些，不一而足，很多年以来，并且一直如同一只猫，从不摔跤，他抵得上一百个城市里的玩偶。他与时俱进，并不会由于没有"学专业"而觉得很丢脸，由他的生命没有被他延误，而是已生活过了。他并非只有一个机会，而是有成百上千个机会。让一个斯多葛放开人的聪明才智，告诉人们：他们没有靠着柳树，不仅可以，并且一定要把自己分开。伴随着自信的产生，新的力量绝对会出现。一个人就是成了肉身的道，生下来就是为医治万民，他应当对我们的同情感到羞愧，只要他依照自己的意愿行动，将法律、书籍、偶像与风俗全部扔出窗外，我们便不会再可怜他，而要对他表示感谢与尊重——并且那个导师绝对会恢复生命的光彩，流芳千古。

要让某一更为杰出的自助在大家的全部责任与关系里，在他们的宗教，教育，事业、生活方式，交际以及财富，理论里面掀起一场革命是很容易的。

人们准许自己做怎样的祈祷呀！他们所说的神职并非如何地勇敢、坚毅。祈祷的眼睛朝外看，要求某一外来的添加品来供给某一外在美德，后来将自己迷失在自然的与超自然的、调停性的和奇迹般的无穷无尽的迷宫里。恳请某种东西——低于所有善的东西——的祈祷，是罪大恶极的。祈祷是从至高观点对生活事实的观照。它是某个观察者的欣喜的心灵独白。它是宣示自己造物很好的上帝的精神。可是，祈祷作为某种达到个人目的的手段，就和所谓的狗盗鼠窃没什么两样了。它表明着天性与意识之间有着二重性与不统一。只要人和上帝合为一体，他便不再乞求了。到那个时候，他便会在全部行动中看见祈祷。农民在自家地里跪着祈祷去除地里的杂草，船夫在船上跪着，边划桨，边祈祷，这些全是在大自然中听到的真正的祈祷，虽然目的都不是很高贵。弗莱契创作的《邦杜卡》一剧里的卡拉塔奇，在人们劝他领会一下奥达特神的心意是时候，他回答说：

> 他的隐义就在我们的努力当中；
> 我们的英勇就是最好的神灵。

还有种假祈祷是我们的悔恨。不满就相当于缺少自助，也就等同于意志不坚定。懊悔灾祸去吧，倘若你可以借此帮助受灾的人的话；要是不能帮上什么忙，那就一心一意做你自己的事，如此一来，祸害便已开始被补救了。我们的同情也是同样地恶劣。我们去探望他们，他们号啕大哭，我们就坐下来一同陪他们哀号，而并非用振聋欲聋的方式让他们晓之以理，送来健康，让其重新和自己的理智进行交流。我们手中的欢乐就是幸运的秘诀。自助的人一直都会受神和人的欢迎。一切大门都向他敞开；千言万语对他致敬，荣誉的桂冠统统都戴给他，一切的目光都急切地追随于他。我们的爱出去找他，同他拥抱，可是他并不曾需要。我们牵肠挂肚地、心怀歉疚意地爱抚他，表扬他，由于他一直都是我行我素，完全不屑于把我们的非难放在眼里。诸神都很爱他，原因在于众人曾经恨他。"天国的神动不动就去招待那个锲而不舍的人。"琐罗亚斯德说。

人们的祈祷是精神意志上的某一弊病，相同的道理，他们的信条也便是智力上的某一弊病。他们同那些愚昧的以色列人说："因为害怕死亡，我们不想与上帝说话。你说吧，无论什么人和我们说，我们都愿听从于他。"不管走到什么地方，我兄弟心中的上帝我都没法遇到，因为他已把他的庙门关上了，不过是在背诵他兄弟的上帝，又或是他兄弟的兄弟的上帝寓言。所有新的心灵都是一种新的类型。假如它证明了某个拥有非凡活动和能力的灵魂，表明了一个洛克，一个拉瓦锡，一个赫顿，一个边沁，一个傅立叶，那它就将它的类型强行加在别人身上了。

看！某种新的体系。倘若某一学生的思想越是深沉，思想所接触的，并让他可以获得的东西越多，他便越自负。不过，在教义与教会中，此点表现得更为突出，由于教义与教会也是依照责任的基本思想与人和上帝之间的关系而行动的某一杰出的灵魂的类别。加尔文派，斯维登堡派，教友派都是如此。学生喜欢让某种事物服从新的术语，就仿佛一个刚学习了生物学的女孩子喜欢从里面看到新的土壤与新的季节一般。过了一些时间，学生会了解到通过专研他的老师的灵魂，他的智力提高了。可是在一切失衡的灵魂深处，这样的类型被偶像化了，它被看成是目的，而并非某一能够很快用完的手段。

因此，他们认为，在遥远的地平线上，体系的墙与宇宙的墙混淆在一起了；就他们而言，天空中的日月星辰就挂在其老师所建的拱顶上。他们想象不出你们这样的门外汉为何有权看见——你们为何能看到；"那绝对是你们用哪种办法把光从我身边偷走了。"他们依然看不出那种光因为不成体系，顽固不化，会射进所有荆室蓬户，就算他们的也不例外。让他们唧唧喳喳议论片刻，随后，就将它占为己有。倘若他们心地诚实，举止得体，那样的话，他们洁净、全新的家畜栏下就显得过于狭窄，低矮，现在便会裂缝，便会倾倒，便会腐朽，便会消亡，可那不朽的光不但年轻而且快活，霞光万道，多姿多彩，将会普照大地，如同它在第一个清晨做过的那样。

我们可以找到自己，在某个我们无法知晓而且不相信有其极限的序列当中。我们醒来，发觉自己站在某一阶梯上；往下看去，阶梯通往低处，所以我们认为自己是在向上走，朝上看去，上面又有好多台阶，一直通往视线无法达到的高处。依照古老的信仰，守卫的神灵站在生活的入口的地方，当我们前往这一入口时，他们要我们将这忘川之水喝下了，因而我们便对生活的秘密毫不了解。我们喝的忘川之水是这样的多，使得在正午时分我们也无法摆脱浑浑噩噩的状态。在我们一生当中，往往睡意在我们的眼睛附近萦绕，就如同白天黑夜的阴影一直在枞树的枝杈间游走不定。全部的东西都在游荡，忽明忽暗。

　　可是我们的生活并非我们自己感到的那么岌岌可危。我们如同鬼魂一样地在自然中飘乎不定，再也不知晓我们身在何处。是否我们在某一程度上生下来便适应了自然界的贫穷和吝啬？——自然是那样吝惜她的火，可给我们提供的土地却是那样宽广，它是不是在同我们说明我们缺少严明的训诫，所以即便我们拥有了健康和理性，也无精神的优势来进行创新？我们还能够生活得下去，年复一年，却没有就算是一盎司的钱拿去分给他人或是去进行投资。哦，我们的守护神不单单是守护神。我们如同是在小河的下游开了个磨坊，可处于上游的工厂已将水用光了。甚至我们猜想上游绝对筑起了一座大坝。

　　倘若我们其中有人明白到底我们在做什么，我们正朝什么地方走，还有我们何时最宜于思想该多好！我们不了解今天我们是忙碌还是空闲。有多少次，我们觉得自己是游手好闲的，可后来我们发现自己竟然做成了好多事，为很多事起了个头。我们全部的日子就那么白白浪费了，以致在某天、某个地方我们有了我们称其为智慧、诗、可贵品德的东西，我们便无比激动。我们从来都没有真正拥有日历上的日子，时不时出现的神灵一样的日子绝对是刻意安排进来的，如同赫尔米斯为了俄西利斯的出生而同月神打赌赢得的那些日子。听说在殉难之时那些刚强的义士们也难免显出卑下的态度。

　　任何一艘船都是弥漫着传奇色彩的，除了我们自己的这艘之外。搭乘别的船的企图还包括有关他人的船的浪漫幻想让我们的船只停留不前，留恋于我们可以看见的任意一艘船。我们的生活看起来是那样无聊琐碎，我们不想将其记住。人们仿佛从身边的环境里学会了某一退缩和计较的艺术。"过了这崎岖的丘陵地带便是肥美的牧场。我的邻人有着大片肥沃的牧场，可我的土地，"一个满腹牢骚的农夫说，"不过是在这儿作为陪衬而已。"我想等某个人说完话，随后跟着他说，可非常不幸的是，这个人却和我同样畏手畏脚，一样是让我先说完话后自己再说。这是自然的诡谲，用意是为了贬低我们的今天。

　　随处都是吵吵闹闹的声音，说不定在什么地方就出现某一让人瞠目结舌的魔幻性场景。所有房顶都是那么让人赏心悦目，直到它被再一次翻新。尔后，我们看见悲剧发生了，看到悲恸的妇人，目光严厉的男人还有汹涌而来的忘川之水。这些人一直都在问："有何新情况？"，仿佛以前的一切就是那样坏。我们在社会中可以数出多少位真正的个人，多少种真正的行为，多少种真正的意见？我们将多少时间花费在等待鸿鹄的来临，花费在日常杂事，花费在无所谓的怀旧上！使得所有人一生的天才的精华部分萎缩成仅存几小时。文学的历史——照提那波切、华顿以及施莱格尔兄弟的话说的话——仅仅是为数很少的几样观点与故事的叠加。全部别的观念与故事仅仅是这几种观念与故事的等质变换。倘若我们对我们置身在里面的如此广大的社会进行某种批判分析，我们便会发现，原创性的行为相当稀少，有的基本上都是些习俗与粗鄙的感觉。就算是意见也是少之又少，即便有，也仿佛仅仅是一些和提意见的人有直接关系的局部性的意见，完全触及不到普遍的必然性。

一切灭顶之灾都注进了鸦片！在我们刚走近灾难的时候，它看起来是那样的可怕，可最后从中我们感受到的并非粗糙的锉具产生的摩擦，却是最滑溜的表面，我们在内心感到的是软软的。埃特蒂一直都是温柔的——

高踏于人的头颅上面，
温存的双脚践踏得这般柔和。

赶走心中的忧郁

　　人们都在为自己而伤心、哭泣，不过他们可悲可泣的程度连他们所说的一半都不到。一旦我们陷入一些情绪当中，便会感到痛苦。单以希望来举例，当我们期许自己可以发现真实性，发现真理清晰能见的最高峰和边界的时候，我们便会在痛苦之中无法自拔。最后我们发现自己所追求的"真实性"，仅仅是某种舞台布景与赝品之类的东西。这样一件可悲的事让我明白了拥有此种希望是多么轻薄。

　　此种赝品一类的东西都仅仅是在表面上绕圈子，从来没有将我引进真实性当中，原因是要真正接触这样的真实性是要付出作为儿子与情人本应无偿付出的代价的。波斯柯维奇不是发现了相异的两个生命体间是不可能结合为一体的规律吗？确实是这样，灵魂永远也触及不到它们的对象。一个我们没有办法航行其上的海洋用没有声息的波浪在我们和为我们所关注并与我们保持关联的事物间激荡着。悲伤还会把我们变成一个理念主义者。

　　在我的儿子死去之时（这已是两年之前的事了），我觉得自己失去了一份美好的财富，一份不会再有比他更加有价值的财富。我无法令它和我稍微亲近一些。倘若明天我知晓我的主要债产破产了，而引发我在财产上的损失将有可能在之后的好多年间都给我造成很大的不便，可它将对我产生的不便恰恰如它以前提供给我的好处一般，既不可以让我变好，也不能够让我变坏。前面所说的此种灾难也是这样。它并未触及我，我所幻想的便是我的一部分，当它被人从我身上撕扯下去的时候，我绝对不会不被撕扯，当它变大时我也不会说是不增大，当它在我的身上掉下时我身上绝对会留下疤痕。它是昙花一现。

我觉得难过的是，忧伤无法教给我任何东西，也无法让我朝真正的自然迈出一小步。当印度人在诅咒某个人时，会说，风将不会往这个人的身上吹，水也不会朝他身边流，火也无法将他燃烧，这样一个被诅咒的人便是现在我们全部的人的真实写照。值得我们珍惜的是炎炎夏日的雨水，可是我们却发明了滴水不漏的雨衣。一切属于我们的都随我们远去，除死亡之外。我们拥有着某一不可一世的满足感，嘴里说着盛气凌人的话语，看着四周的一切。不过，至少还存在着某种一定不会躲避我们的"真实性"。

万物都拥有烟雾般的消散性和狡猾性，即便他们最为可靠的某部分被我们抓住了，这消散性和狡猾性也能够让它们从我们手里溜走。我觉得这样的消散性和狡猾性是我们身处境地最为恶劣的部分。自然不乐意被观察，它希望我们做它的玩伴，我们或许有板球运动中的大圆球，但没有能作为我们的哲学对象的小樱桃。我们从来没有被自然赋予和它有直接接触的能力。全部和自然的一闪而过的撞击都是突发性的，人和所有外物的关系都是隔膜且偶然的。

梦将我们带进其他的梦，幻象永无止境。生活是一连串的体验，仿佛用线连成一串的珠子。当我们得到诸多体验之时，任何一种体验就如同色彩斑斓的透镜，任何一个透镜都给世界装点上了它们自己的色彩，并且所有透镜仅仅显示出在它的焦点上的事物。你身处此山中，看到的也无非是这座山。我们仅仅可以给那些我们可以赋予生机的东西以生机，可我们看到的不过是我们将其赋予了生机的东西。

　　自然与书本仅仅属于真正"看见"了它们的眼睛。"看见"在于人的心境，不管是看落日又或是读一首好诗，都是这样。落日一直都会有的，天才也是如此，可我们让自己的心达到无限宁静与晴朗状态的时间段却不过是几小时，只有在这样的心境之下，我们才能够体会自然的真义，见识天才的风采。

　　这多少和人的天赋与秉性有关。秉性是穿珠子的铁丝。对某个冷酷且本性不完善的人而言，资质与禀赋有什么用？倘若一个人在自己的椅子上睡着了，那谁还想到他在某一时刻能有敏锐感受力与辨别力？又或是，倘若他没有节制地大笑，"哧哧哧"地偷笑，倘若他喜欢哆里哆嗦地为自己辩解，倘若他有了以自我为中心的毛病，满心想的都是他的钱，倘若他无法对吃的东西产生淡漠感，倘若当他自己不过是个孩子的时候便有了孩子……那他还有何敏锐的感知力与辨别力呢？假若天才的眼睛过于近视或远视，以致不可以在人类生活的实际视野当中找到某一恰当的位置，那这天才还有何用？倘若一个人的头脑太过于冷静或者是太过不理智，对加在他身上的刺激与试验的结果关心不够，又或是情绪太脆弱，极易被愉快与痛苦的情绪所支配，使得因接受得太多而并未适当地发散，最后让自己的生命变得迟滞不前，那样的话，人还要头脑干什么？倘若一个人怙恶不悛，就算是立下痛改前非的誓言又有何用？倘若宗教情感被人们猜想为同一年中的四季与血型有着秘密的联系，那它还可以产生怎样的欢乐？

我同一个说话风趣的医生相识，他发现了输胆管理论，他总是断言假如一个人肝脏有病，则这个人便就会成为一个加尔文主义者，倘若肝脏没有病，他就成为一个唯一神教派的成员。有些我们十分不想体验的感觉是非很让人痛心，有些不恰当的过头行为还有一些愚蠢至极的行为让一些天才许下的诺言化为乌有。我看到一些青年们，他们立志要建造一个新世界，他们立下誓言时是如此坚定，那么慷慨奋进，可他们一直都不去清还他们誓言的债。他们要么年纪轻轻便死去，逃避责任，要么活下了，可却泯然众人。

人的性情往往也彻底进入到某一幻象系统当中，将我们关入某一透明的我们看不见的监牢里。我们对我们看到的所有人都产生某种视觉幻象。实际上，他们都是一种有确定的秉性、以一种给定的性格出现的人，他们一定不会逾越出他们已被给定的秉性和性格的疆域以外。可当我们观察他们的时候，看起来他们非常活跃，我们假想他们身上有某一旺盛的冲动力。可是在特定时间上来看那是某种冲动力，不过从一年、从一生上来看，这样的冲动仅仅如八音盒的旋转管循环往复奏出的同一首乐曲。

人的秉性是比时间、空间以及条件等所有的一切都更能支配人的东西，它是某种保证宗教激情火焰永久燃烧的能源，人们也许早晨还拒斥这样的结论，可当夜幕来临之际便会接受这一结论。外在的强制对道德情操的形成有好处，不过个人内在素质却起着决定性的作用，倘若它并非影响人的道德判断的产生的话，至少也会对人的行动范围与心中欢喜的程度有所影响。

我是在日常行为的层次上表达这一规律的，可我不一定要考虑到某一重要的例外。不想听到赞美之声是人之常情，当然自己得到的称赞除外。在物理学这一层次上，我们无法抗拒所谓的科学那让人萎缩的影响力。人的日常性情将全部神圣的东西都世俗化了。我明白医生们的精神趣向，我听得到骨相学家自我得意的笑声。这些医生与骨相学家是在用他们的理论进行绑架，依据理论来对人进行非人一般的折磨。他们觉得所有人是他人的猎物，人根据对另一个人习惯的了解就能够随意操纵他。又或是，单单从某人胡子的颜色与后脑门的形状，就可以了解他财产的数目、他性格的内容。再鄙夷的无知也不会如同此类恬不知耻的"知识"让人感到恶心。

　　这些医生说他们并非物质主义者，可事实上他们的确是卑下的物质主义者：他们觉得精神仅仅是某一薄到极点的东西。很好，"非常薄的东西"！不过精神的定义应是：某一自明（自明便是自身存在的证明）的物质。他们的概念和爱本身有怎样的关系？同宗教有怎样的关系？有此种人在场，你都不想提及这些词，而让这些人去把这些词玷污好了。对这，我们可千万别像我看到过的一位看起来非常体面的绅士，他在和人交流时常常投其所好。我曾经设想过，生活的意义在于它的诸多不可测量的可能性当中。实际上，每当我同一位素不相识的人交谈时，对于我接下来将面临怎样的情形我毫无知晓。

　　我将自己城堡的钥匙握在手里，时刻准备把钥匙抛到我主人的脚下，而不管在任何时刻，他是作怎样的打扮。我了解到他就是我邻居，夹杂在流浪人群当中。莫非我应正襟危坐，投其所好地和人交流，而对我的未来置之不理吗？倘若真的是这样的话，那些医生将会对我非常傲慢——"可是，先生，医学史……给研究院的报告……已将这些事实证明了。"——我对这些事实与推理不相信。

　　人的天性是某一在人格整体当中占据否决与制衡力的事物，它十分公正地防范人格整体当中的某个方面毫无节制地发展，可它又让人无法理解地阻碍人格达到最初的公平状态。当真正的美德出现的时候，一切从属的力量都会隐退。从其自身标准而言，又或者从自然的观点来说，最终起作用的因素是人的天性。我从来没有看到过一个人一度误入所谓的科学中而随后又可以从物理学的必然性锁链里挣脱开来。只要有了开头，就绝对会出现与之对应的结局。在这一层次上，倘若一个人坠进了感觉主义的泥潭之中的话，用不了多长时间，他就会自找绝路。

可是，创造的伟力一定不会枯竭。任何一个心灵都有扇永远敞开的门，某扇创造力因之而入的门。寻求绝对真理的心灵，也可以说是酷爱至善的心，给我们送来强有力的帮助，这样一些伟大的力量将我们从同梦魇的打斗中唤醒。这样的梦魇被我们愤然投进它所属的地狱，与这个这样卑贱的生存状态当机立断。

幻象的秘密在人的情绪或者是物体绝对会处在某种连续性当中。我们非常愿意让自己的情绪抛锚停止，可我们的锚往往是抛在毫无稳定性的流沙上面。自然的这种从未停止过的骗局一点也不以我们的意志为转移——Pero is muove。当我在晚上看月亮与星星之时，我往往感觉自己是静止的，可星星与月亮正不间断地转动。我们喜欢追查事情真相的倾向将我们引向恒定性，然而身体是否健康在于身体的循环，心智是否健全在于反应与交流的能力。我们需要我们的对象不停地变化。死守着某种思想是让人讨厌的。我们与癫狂的人、蠢人在一起相处，就一定要顺应他们；可随之我们便与他们没有话说了。

在我读到蒙田的书籍的时候我体验到了极强的快意，甚至我认为自己不再需要读一切其他的书了。可是在此以前，我在读莎士比亚的书籍时这么想，在读普鲁塔克的书籍时这么想，在读普罗提诺的书籍时是这么想，有段时间在读培根的书籍时也是如此想的。后来我在读歌德的书籍，就算是在读毕泰因的书籍时也是如此想的。可是我现今随意翻翻他们当中任意一人的书籍时，都深深地体会到他们所有人的天才。

我在看一幅画时也有过与其相似的情形。起初任何一幅画都让人觉得作者非凡才能，可是这样的感觉一点也不长久，即便我们依旧喜欢这样的一幅画。当我们看见一幅优秀的画作时，我们是那么的欣喜不已。不过带着此种感觉看这这样一幅画仅有一次。从那些我不具备感情与评价地看过的那些画中得到了非常好的教训。有关一本新书又或是某一新事件的意见都一定要大打折扣。从人们的意见里我能了解到他们的情绪，并且可以大致地猜到一些和他们有关的新事实，可倘若相信这样的意见表明了心智和事物间一直存在的关系就不理智了。

有个小孩问："妈妈，为什么昨天你给我讲这个故事的时候我是那样的喜欢听，可今天我就不像昨天那么喜欢它了呢？"啊！孩子，别说你听到的这样一个故事，就算是最古老的知识秘籍也是这般。那是因为你是为全世界而并非为某一故事而生的，一个故事不过是构成这一世界的一分子——我们可以这样回答你吗？这样的发现为何让我们痛苦是因为对艺术作品和身心的尊重让我们已将这一发现延缓了，悲剧通过对人、对友情与爱情的表现将这样的发现倾诉出来了。

在艺术上我们发现的这样的凝固性与不具有伸缩性的特点，在艺术家身上也看到了，不过是费了更大的劲。人并无扩展的力量。起初我们的朋友是作为一些观念体现者在我们面前出现的，此后他们就没有越出或超过这样的观念。他们站在思想与力量的海岸边，没有再往前走一步，可他起初恰恰是一步一步走到这儿来的。一个人就如同一块水晶石，你将它拿在手里转来转去，也无法看到它有何奇特的地方，直到你将它翻转到某一特殊角度，它才会散发出神秘且漂亮的光彩。人不会是全才，所有人都有他特殊的天分，人成功的要诀就在于他们可以娴熟地控制自己在恰当的地点、恰当的时间来发挥他的天才。我们做我们必须做的事，我们用我们可以想出的最好的名字来命名我们所做的事情，并且愿意因促成以后出现的结果而得到称赞。我从来没有见过在什么情况下都不觉得多余的人。可是这不可悲吗？所有的生活都没法与在其中大放光彩的几个时刻相比。

确实，只有全社会才可以给我们提供我们所追寻的和谐。涂上各种各样颜色的轮子一定要转得非常快才可以显出白色来。和过多的愚昧行为和过失打交道也非常有好处。不管结果是哪个人失败，我们也都是胜利的一方。愚行和失败背后也隐藏着神性。孩子们的游戏是无用之举，不过它是某种能够教化人的"无用之举"。因此它和最伟大、最庄重的事情，同通商、政府、教会、婚姻是有一定联系的，同样，它也和所有人生计的历史还有怎样谋取生计的方法联系在一起。如同树上的鸟并不在某一固定的地点落脚，却是不停地从一根树枝跳到另外一个树枝上，某一强大的力量也不固定在哪个男人或是女人身上，它有时从这个人的身上迸发出来，有时又从那个人的身上迸发出去。